高等院校基础课教材

课书房
新/形/态/教材

高等数学（理工类下册）

Gaodeng Shuxue （Ligonglei Xiace）

主　编　张炳彩

副主编　王　艳　吴继军

主　审　刘　锐

U0379400

重庆大学出版社

内容提要

《高等数学》(理工类上、下册)是为适应教学改革,针对向独立院校应用型人才培养而编写的教材.本书为下册,内容包括向量与空间解析几何、多元函数微分学、多元函数微分学的应用、多元函数积分学(Ⅰ)、多元函数积分学(Ⅱ)及无穷级数.全书每节后均配有与该节内容对应的习题,每章后还配有综合性习题.

本书的特点是根据目前应用型本科理工科专业学生实际情况和教学现状,本着以"应用为目的,以必需、够用为度"的原则,对教学内容、要求和篇幅进行适度调整,在保证教学内容系统性和完整性的基础上,适当降低某些理论内容的深度,尽量突出对"基本概念、基本理论、基本方法与运算"的教与学.本书深入浅出、突出实用、通俗易懂,注重培养学生解决实际问题的能力,注意知识的拓展.针对不同院校课程设置的情况,可根据教材内容取舍,便于教师使用.

本书可作为应用型高等学校(包括新升本科院校、地方本科院校)的公共基础课教材.

图书在版编目(CIP)数据

高等数学:理工类.下册/张炳彩主编. -- 重庆:
重庆大学出版社,2022.5
ISBN 978-7-5689-3277-6

Ⅰ.①高… Ⅱ.①张… Ⅲ.①高等数学 – 高等学校 –
教材 Ⅳ.①O13

中国版本图书馆 CIP 数据核字(2022)第 079305 号

高等数学(理工类下册)
主 编 张炳彩
副主编 王 艳 吴继军
主 审 刘 锐
策划编辑:鲁 黎
责任编辑:李定群 版式设计:鲁 黎
责任校对:姜 凤 责任印制:张 策
*
重庆大学出版社出版发行
出版人:饶帮华
社址:重庆市沙坪坝区大学城西路 21 号
邮编:401331
电话:(023)88617190 88617185(中小学)
传真:(023)88617186 88617166
网址:http://www.cqup.com.cn
邮箱:fxk@ cqup.com.cn(营销中心)
全国新华书店经销
重庆长虹印务有限公司印刷
*
开本:787mm×1092mm 1/16 印张:11 字数:276 千
2022 年 5 月第 1 版 2022 年 5 月第 1 次印刷
印数:1—2 000
ISBN 978-7-5689-3277-6 定价:35.00 元

前言

"高等数学"是高等院校本科理工科专业(非数学)的一门公共基础课.其内容和方法对学生后续专业课程的学习及学业规划起着重要的作用.数学作为一门基础学科,是人类文明的起点,是各类学科和技术的基础,也是最具创造力的学科,能广泛应用于各个学科领域.因此,高等数学的基本理论和方法是高等院校理工科类学生必须具备的数学基本知识之一.高等院校为培育人才开设数学课程具有重要的意义.

《高等数学》(理工类上、下册)是为应用型高等学校本科理工类专业学生编写的高等数学教材.本书为下册,在吸收国内外同类教材优点的基础上,结合多年的教学经验,确立本书编写以"因材施教,学以致用"为指导思想,贯彻"以应用为目的,以必需、够用为度"的教学原则,突出"基本概念、基本理论、基本方法与运算"的教学要求.

本书编写力求有利于教师组织教学,有利于学生学习掌握课程的基本知识内容,使教师易讲、易教,学生易懂、易学,适当降低部分理论知识的深度,突出某些知识的应用背景、概念、方法的介绍,加强学生基本数学技能的训练,培养数学的思维和方法,提高应用数学知识解决实际问题的能力.

在本书的编写中,妥善处理学科的系统性、严肃性与达到基本教学要求之间的关系,以及知识内容学习掌握与应用能力提高的关系,加强基础的教与学和兼顾素质教育的关系;重视概念、侧重计算、启发应用;简化定理、性质的证明,以及对纯数学的定义、构造性的证明;对技巧性强的数学计算作几何直观或淡化、省略的处理.

参与本书的编写人员都是长期在一线从事本科数学教学的教师,有一定的教学经历和教学经验,在编写内容及深度方面较好地反映和体现了应用型本科的教学需求.本书由张炳彩任主编,王艳和吴继军任副主编.其中,第 7 章、第 12 章由吴继军编写;第 8 至第 11 章由王艳编写;全书由刘锐主审.

宁夏大学新华学院领导对本书的出版给予了极大的关注和支持,重庆大学出版社的领导和编辑们对本书的编辑和出版给予了具体的指导和帮助,编者对此表示衷心的感谢.

由于编者水平有限,本书难免存在不妥之处,在此诚挚地希望得到专家、同行和读者的批评与指正,使本书在教学实践中不断完善.

编 者

2021 年 12 月

目录

第 **7** 章
向量与空间解析几何

空间解析几何是多元函数微积分学必备的基础知识. 本章首先建立空间直角坐标系;然后引进有广泛应用的向量及其运算,以它为工具讨论空间的平面和直线;最后介绍空间曲面和空间曲线的部分内容.

7.1　空间直角坐标系

解析几何的基本思想是用代数的方法来研究几何的问题,为了把代数运算引入几何中,最根本的做法就是设法把空间的几何结构有系统地代数化、数量化. 平面解析几何使一元函数微积分有了直观的几何意义. 因此,为了更好地学习多元函数微积分,空间解析几何的知识就有着非常重要的地位.

本章首先给出空间直角坐标系,然后介绍向量的基础知识,以向量为工具讨论空间的平面和直线,最后介绍空间曲面和空间曲线的部分内容.

7.1.1　空间直角坐标系

用代数的方法来研究几何的问题,需要建立空间的点与有序数组之间的联系,为此可通过引进空间直角坐标系来实现.

1)空间直角坐标系

过定点 O,作 3 条互相垂直的数轴,这 3 条数轴分别称为 x 轴（横轴）、y 轴（纵轴）、z 轴（竖轴）,它们都以 O 为原点且具有相同的长度单位. 通常把 x 轴和 y 轴配置在水平面上,而 z 轴则是铅垂线;它们的正方向要符合右手规则:右手握住 z 轴,当右手的四指从 x 轴的正向转过 $\dfrac{\pi}{2}$ 角度指向 y 轴正向时,大拇指的指向就是 z 轴的正向,这样就建立了一个空间直角坐标系（见图 7.1.1）,称为 $Oxyz$ 直角坐标系,点 O 称为坐标原点.

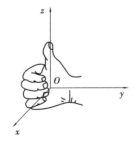

图 7.1.1

在 $Oxyz$ 直角坐标系下,数轴 Ox,Oy,Oz 统称坐标轴;3 条坐标轴中每两条可确定一个平面,称为坐标面,分别为 xOy,yOz,zOx;3 个坐标平面将空间分为 8 个部分,每一部分称为一个卦限(见图 7.1.2),分别用 Ⅰ,Ⅱ,Ⅲ,Ⅳ,Ⅴ,Ⅵ,Ⅶ,Ⅷ表示.

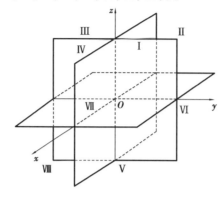

图 7.1.2

2)空间点的直角坐标

设 M 为空间中的任一点,过点 M 分别作垂直于 3 个坐标轴的 3 个平面,与 x 轴、y 轴和 z 轴依次交于 A,B,C 3 点. 若这 3 点在 x 轴、y 轴、z 轴上的坐标分别为 x,y,z,于是点 M 就唯一确定了一个有序数组 (x,y,z),则称该数组 (x,y,z) 为点 M 在空间直角坐标系 $Oxyz$ 中的坐标,如图 7.1.3 所示. x,y,z 分别称为点 M 的**横坐标、纵坐标和竖坐标**.

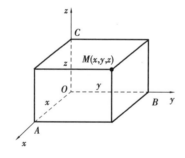

图 7.1.3

反之,若任意给定一个有序数组 (x,y,z),在 x 轴、y 轴、z 轴上分别取坐标为 x,y,z 的 3 个点 A,B,C,过这 3 个点分别作垂直于 3 个坐标轴的平面,这 3 个平面只有一个交点 M,该点就是以有序数组 (x,y,z) 为坐标的点. 因此,空间中的点 M 就与有序数组 (x,y,z) 之间建立了一一对应的关系.

注 A,B,C 这 3 点正好是过 M 点作 3 个坐标轴的垂线的垂足.

7.1.2 空间中两点之间的距离

设两点 $M(x_1,y_1,z_1)$,$N(x_2,y_2,z_2)$,则 M 与 N 之间的距离为

$$d = \sqrt{(x_2 - x_1)^2 + (y_2 - y_1)^2 + (z_2 - z_1)^2}. \tag{7.1.1}$$

事实上,过点 M 和 N 作垂直于 xOy 平面的直线,分别交 xOy 平面于点 M_1 和 N_1,则 $MM_1 /\!/ NN_1$,显然,点 M_1 的坐标为 $(x_1,y_1,0)$,点 N_1 的坐标为 $(x_2,y_2,0)$(见图 7.1.4).

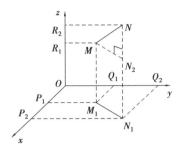

图 7.1.4

由平面解析几何的两点间距离公式可知，M_1 和 N_1 的距离为

$$|M_1N_1| = \sqrt{(x_2 - x_1)^2 + (y_2 - y_1)^2}.$$

过点 M 作平行于 xOy 平面的平面，交直线 NN_1 于 N_2，则 $M_1N_1 /\!/ MN_2$. 因此，N_2 的坐标为 (x_2, y_2, z_1)，且

$$|MN_2| = |M_1N_1| = \sqrt{(x_2 - x_1)^2 + (y_2 - y_1)^2}.$$

在直角三角形 MN_2N 中，

$$|N_2N| = |z_2 - z_1|,$$

故点 M 与 N 间的距离为

$$d = \sqrt{|MN_2|^2 + |N_2N|^2}$$
$$= \sqrt{(x_2 - x_1)^2 + (y_2 - y_1)^2 + (z_2 - z_1)^2}.$$

例1　设 $A(-1, 2, 0)$ 与 $B(-1, 0, -2)$ 为空间两点，求 A 与 B 两点间的距离.

解　由式 (7.1.1) 可得，A 与 B 两点间的距离为

$$d = \sqrt{[-1 - (-1)]^2 + (0 - 2)^2 + (-2 - 0)^2} = 2\sqrt{2}.$$

例2　在 z 轴上求与点 $A(3, 5, -2)$ 和 $B(-4, 1, 5)$ 等距的点 M.

解　由于所求的点 M 在 z 轴上，因此，M 点的坐标可设为 $(0, 0, z)$. 又由于

$$|MA| = |MB|,$$

由式 (7.1.1)，得

$$\sqrt{3^2 + 5^2 + (-2 - z)^2} = \sqrt{(-4)^2 + 1^2 + (5 - z)^2}.$$

因此，解得 $z = \dfrac{2}{7}$，即所求的点为 $M\left(0, 0, \dfrac{2}{7}\right)$.

习题 7.1

1. 在空间直角坐标系中，定出下列各点的位置：

　(1)$(1, 2, 3)$；　　　　　　(2)$(-2, 3, 4)$；　　　　　　(3)$(2, -3, -4)$；

　(4)$(3, 4, 0)$；　　　　　　(5)$(0, 4, 3)$；　　　　　　(6)$(3, 0, 0)$.

2. xOy 坐标面上的点的坐标有什么特点？yOz 面上的呢？zOx 面上的呢？

3. 对 x 轴上的点，其坐标有什么特点？y 轴上的点呢？z 轴上的点呢？

4. 求下列各对点之间的距离：

　(1)$(0, 0, 0)$，$(2, 3, 4)$；　　　　　　(2)$(0, 0, 0)$，$(2, -3, -4)$；

(3)$(-2,3,-4),(1,0,3)$;　　　　　　　(4)$(4,-2,3),(-2,1,3)$.

5. 求点$(4,-3,5)$到坐标原点和各坐标轴之间的距离.

6. 在z轴上求一点,使该点与两点$A(-4,1,7)$和$B(3,5,-2)$等距离.

7. 试证:以3点$A(4,1,9)$,$B(10,-1,6)$,$C(2,4,3)$为顶点的三角形是等腰直角三角形.

7.2　向量及其运算

7.2.1　向量及其线性运算

1)向量概念

人们曾经遇到的物理量有两种:一种是只有大小的量,称为**数量**,如时间、温度、距离、质量等;另一种是不仅有大小而且还有方向的量,称为**向量**或**矢量**,如速度、加速度、力等.

在数学上,往往用一条有向线段来表示向量,有向线段的长度表示向量的大小,有向线段的方向表示向量的方向. 如图7.2.1所示,以M_1为始点、M_2为终点的有向线段所表示的向量,用记号$\overrightarrow{M_1M_2}$表示. 有时,也用一个黑体字母或上面加箭头的字母来表示向量,如向量a,b,i,u,或$\vec{a},\vec{b},\vec{i},\vec{u}$等.

图 7.2.1

向量的大小称为向量的**模**,向量$\overrightarrow{M_1M_2}$或a的模分别记为$|\overrightarrow{M_1M_2}|$或$|a|$.

在研究向量的运算时,将会用到以下几个特殊向量与向量相等的概念:

(1)单位向量

模等于1的向量,称为单位向量.

(2)逆向量(或**负向量**)

与向量a的模相等而方向相反的向量,称为a的逆向量,记为$-a$.

(3)零向量

模等于0的向量,称为零向量,记作$\mathbf{0}$,零向量没有确定的方向,也可以说它的方向是任意的.

(4)向量相等

两个向量a与b,如果它们方向相同且模相等,即这两个向量相等,记作$a=b$.

(5)自由向量

与始点位置无关的向量,称为自由向量(即向量可在空间平行移动,所得向量与原向量相等).目前所研究的向量均为自由向量,今后必要时,可把一个向量平行移动到空间任一位置.

2)向量的线性运算

(1)向量的加(减)法

仿照物理学中力的合成,可按以下方式定义向量的加(减)法:

定义1 设 a,b 为两个(非零)向量,把 a,b 平行移动使它们的始点重合于 M,并以 a,b 为邻边作平行四边形,把以点 M 为一端的对角线向量 $\overrightarrow{M_1N}$ 定义为 a,b 的和,记为 $a+b$(见图 7.2.2).这样,用平行四边形的对角线来定义两个向量的和的方法,称为**平行四边形法则**.

由于平行四边形的对边平行且相等,因此,由图 7.2.2 可知,$a+b$ 也可按下列方法得出:把 b 平行移动,使它的始点与 a 的终点重合,这时从 a 的始点到 b 的终点的有向线段 $\overrightarrow{M_1N}$ 就表示向量 a 与 b 的和 $a+b$(见图 7.2.3).这个方法称为**三角形法则**.

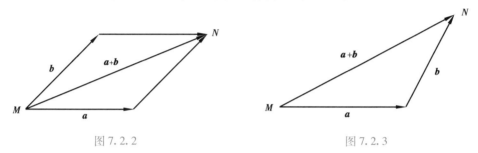

图 7.2.2   图 7.2.3

定义2 设 a,b 为两个(非零)向量,b 的逆向量为 $-b$.称向量 a 与向量 $-b$ 的和向量为向量 a 与向量 b 的**差向量**,简称向量 a 与向量 b 的**差**.即

$$a-b=a+(-b).$$

按定义容易用作图法得到向量 a 与 b 的差.把向量 a 与 b 的始点放在一起,则由 b 的终点到 a 的终点的向量就是 a 与 b 的差 $a-b$(见图 7.2.4).

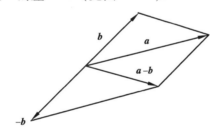

图 7.2.4

在定义1与定义2中,都假设 a,b 为非零向量.其实这只是为了几何直观的需要,事实上 a,b 都可以是零向量.根据零向量的定义,可将零向量看成一个没有方向的点.这样,就可约定:

任何向量与零向量的和与差都等于该向量自己.

向量的加法满足下列性质:

① $a+b=b+a$(交换律);

②$(a+b)+c=a+(b+c)$(结合律);

③ $a+0=a;a+(-a)=0$.

(2)向量与数量的乘法

定义3 设 λ 是一实数,向量 a 与 λ 的乘积 λa 是一个这样的向量:

当 $\lambda>0$ 时,λa 的方向与 a 的方向相同,它的模等于 $|a|$ 的 λ 倍,即 $|\lambda a|=\lambda|a|$;

当 $\lambda<0$ 时,λa 的方向与 a 的方向相反,它的模等于 $|a|$ 的 $|\lambda|$ 倍,即 $|\lambda a|=|\lambda||a|$;

当 $\lambda=0$ 时,λa 是零向量,即 $\lambda a=0$.

向量与数量的乘法满足下列性质(λ,μ 为实数)：

①$\lambda(\mu\boldsymbol{a}) = (\lambda\mu)\boldsymbol{a}$(结合律)；

②$(\lambda + \mu)\boldsymbol{a} = \lambda\boldsymbol{a} + \mu\boldsymbol{a}$(分配律)；

③$\lambda(\boldsymbol{a} + \boldsymbol{b}) = \lambda\boldsymbol{a} + \lambda\boldsymbol{b}$(分配律).

设$\boldsymbol{e}_a$ 是方向与 $\boldsymbol{a}$ 相同的单位向量,则根据向量与数量乘法的定义,可将 $\boldsymbol{a}$ 写成

$$\boldsymbol{a} = |\boldsymbol{a}|\boldsymbol{e}_a.$$

这样,就把一个向量的大小和方向都明显地表示出来. 由此若 $\boldsymbol{a}$ 为非零向量,也有

$$\boldsymbol{e}_a = \frac{\boldsymbol{a}}{|\boldsymbol{a}|}.$$

就是说,把一个非零向量除以它的模就得到与它同方向的单位向量.

7.2.2 向量的坐标表示

1)向量在轴上的投影

为了用分析方法来研究向量,需要引进向量在轴上的投影的概念.

（1）两向量的夹角

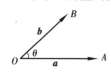

图 7.2.5

设 $\boldsymbol{a},\boldsymbol{b}$ 为两个非零向量,任取空间一点 O,作$\overrightarrow{OA} = \boldsymbol{a},\overrightarrow{OB} = \boldsymbol{b}$,则称这两向量正向间的夹角 θ 为两向量 $\boldsymbol{a}$ 与 $\boldsymbol{b}$ 的**夹角**(见图7.2.5),记作

$$\theta = (\widehat{\boldsymbol{a},\boldsymbol{b}}) \text{ 或 } \theta = (\widehat{\boldsymbol{b},\boldsymbol{a}}), \qquad 0 \leqslant \theta \leqslant \pi.$$

当 $\boldsymbol{a}$ 与 $\boldsymbol{b}$ 同向时,$\theta = 0$;当 $\boldsymbol{a}$ 与 $\boldsymbol{b}$ 反向时,$\theta = \pi$.

（2）点 A 在数轴上的投影

为了表达方便,若无特别声明,不妨设数轴为 x 轴. 过点 A 作与 x 轴垂直的平面,交 x 轴于点 A',则点 A' 称为**点 A 在 x 轴上的投影**(见图7.2.6). 点 A 和 A' 之间的距离,称为点 A 到 x 轴的距离.

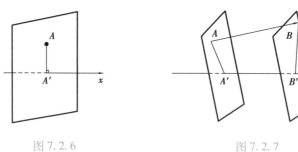

图 7.2.6   图 7.2.7

（3）向量$\overrightarrow{AB}$在 x 轴上的投影

首先引进轴上有向线段的值的概念.

设$\overrightarrow{AB}$是 x 轴上的有向线段. 如果数 λ 满足 $|\lambda| = |\overrightarrow{AB}|$,且当$\overrightarrow{AB}$与 x 轴同向时 λ 是正的,当$\overrightarrow{AB}$与 x 轴反向时 λ 是负的,那么数 λ 称为 x 轴上**有向线段$\overrightarrow{AB}$的值**,记作 AB,即 $\lambda = AB$. 设 A,B 两点在 x 轴上的投影分别为 A',B'（见图7.2.7）,则有向线段$\overrightarrow{A'B'}$的值 $A'B'$ 称为向量$\overrightarrow{AB}$在 x 轴上的投影,记作 $\mathrm{Prj}_x\overrightarrow{AB} = A'B'$. 它是一个数量. x 轴称为**投影轴**.

这里应特别指出的是,投影不是向量,也不是长度,而是数量,它可正、可负,也可以是零.

关于向量的投影,有以下两个定理：

定理 1　向量 $\overrightarrow{AB}$ 在 x 轴上的投影等于向量 $\overrightarrow{AB}$ 的模乘以 x 轴与向量 $\overrightarrow{AB}$ 的夹角 α 的余弦,即

$$\mathrm{Prj}_x\overrightarrow{AB} = |\overrightarrow{AB}|\cos\alpha.$$

证　过 A 作与 x 轴平行,且有相同正向的 x' 轴,则 x 轴与向量 $\overrightarrow{AB}$ 间的夹角 α 等于 x' 轴与向量 $\overrightarrow{AB}$ 间的夹角(见图 7.2.8),从而有

$$\mathrm{Prj}_x\overrightarrow{AB} = \mathrm{Prj}_{x'}\overrightarrow{AB} = AB'' = |\overrightarrow{AB}|\cos\alpha.$$

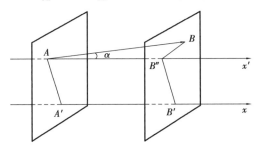

图 7.2.8

显然,当 α 是锐角时,投影为正值;当 α 是钝角时,投影为负值;当 α 是直角时,投影为 0.

定理 2　两个向量的和在某轴上的投影等于这两个向量在该轴上投影的和,即

$$\mathrm{Prj}_x(\boldsymbol{a}_1 + \boldsymbol{a}_2) = \mathrm{Prj}_x\boldsymbol{a}_1 + \mathrm{Prj}_x\boldsymbol{a}_2$$

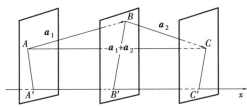

图 7.2.9

证　设有两个向量 $\boldsymbol{a}_1, \boldsymbol{a}_2$ 及某 x 轴,由图 7.2.9 可知

$$\mathrm{Prj}_x(\boldsymbol{a}_1 + \boldsymbol{a}_2) = \mathrm{Prj}_x(\overrightarrow{AB} + \overrightarrow{BC}) = \mathrm{Prj}_x\overrightarrow{AC} = A'C',$$

而

$$\mathrm{Prj}_x\boldsymbol{a}_1 + \mathrm{Prj}_x\boldsymbol{a}_2 = \mathrm{Prj}_x\overrightarrow{AB} + \mathrm{Prj}_x\overrightarrow{BC} = A'B' + B'C' = A'C',$$

所以

$$\mathrm{Prj}_x(\boldsymbol{a}_1 + \boldsymbol{a}_2) = \mathrm{Prj}_x\boldsymbol{a}_1 + \mathrm{Prj}_x\boldsymbol{a}_2.$$

显然,定理 2 可推广到有限个向量的情形,即

$$\mathrm{Prj}_x(\boldsymbol{a}_1 + \boldsymbol{a}_2 + \cdots + \boldsymbol{a}_n) = \mathrm{Prj}_x\boldsymbol{a}_1 + \mathrm{Prj}_x\boldsymbol{a}_2 + \cdots + \mathrm{Prj}_x\boldsymbol{a}_n$$

2)向量的坐标表示

(1)向量的分解

设空间直角坐标系 $Oxyz$,以 $\boldsymbol{i}, \boldsymbol{j}, \boldsymbol{k}$ 表示沿 x 轴、y 轴、z 轴正向的单位向量,并称它们为这一坐标系的**基本单位向量**. 始点固定在原点 O、终点为 M 的向量 $\boldsymbol{r} = \overrightarrow{OM}$,称为点 M 的**向径**.

设向径 $\overrightarrow{OM}$ 终点 M 的坐标为 (x, y, z). 过点 M 分别作与 3 条坐标轴垂直的平面,依次交坐标轴于 P, Q, R(见图 7.2.10). 根据向量的加法,有

$$\boldsymbol{r} = \overrightarrow{OM} = \overrightarrow{OP} + \overrightarrow{PM'} + \overrightarrow{M'M},$$

但

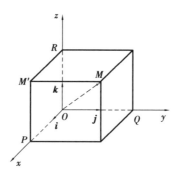

图 7.2.10

$$\overrightarrow{PM'} = \overrightarrow{OP}, \quad \overrightarrow{M'M} = \overrightarrow{OQ},$$

所以

$$r = \overrightarrow{OP} + \overrightarrow{OQ} + \overrightarrow{OR}.$$

向量 $\overrightarrow{OP}, \overrightarrow{OQ}, \overrightarrow{OR}$ 分别称为向量 $r = \overrightarrow{OM}$ 在 x 轴、y 轴、z 轴上的分向量. 根据数与向量的乘法,得

$$\overrightarrow{OP} = x\boldsymbol{i}, \quad \overrightarrow{OQ} = y\boldsymbol{j}, \quad \overrightarrow{OR} = z\boldsymbol{k}.$$

因此,有

$$\overrightarrow{OM} = r = x\boldsymbol{i} + y\boldsymbol{j} + z\boldsymbol{k}.$$

这就是向量 r 在坐标系中的分解式. 其中,x, y, z 3 个数是向量 $r = \overrightarrow{OM}$ 在 3 条坐标轴上的投影.

一般地,设向量 $\boldsymbol{a} = \overrightarrow{M_1M_2}$,$M_1, M_2$ 的坐标分别为 $M_1(x_1, y_1, z_1)$ 及 $M_2(x_2, y_2, z_2)$,如图 7.2.11 所示. 因

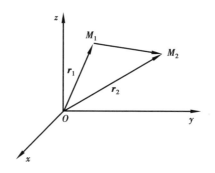

图 7.2.11

$$\overrightarrow{M_1M_2} = \overrightarrow{OM_2} - \overrightarrow{OM_1} = r_2 - r_1,$$

而

$$r_2 = x_2\boldsymbol{i} + y_2\boldsymbol{j} + z_2\boldsymbol{k},$$
$$r_1 = x_1\boldsymbol{i} + y_1\boldsymbol{j} + z_1\boldsymbol{k},$$

故

$$\boldsymbol{a} = \overrightarrow{M_1M_2} = (x_2\boldsymbol{i} + y_2\boldsymbol{j} + z_2\boldsymbol{k}) - (x_1\boldsymbol{i} + y_1\boldsymbol{j} + z_1\boldsymbol{k})$$
$$= (x_2 - x_1)\boldsymbol{i} + (y_2 - y_1)\boldsymbol{j} + (z_2 - z_1)\boldsymbol{k}.$$

上式称为**向量 $\overrightarrow{M_1M_2}$ 按基本单位向量的分解式**. 其中,3 个数量

$$a_x = x_2 - x_1, \quad a_y = y_2 - y_1, \quad a_z = z_2 - z_1$$

是向量 $\boldsymbol{a} = \overrightarrow{M_1M_2}$ 在 3 个坐标轴上的投影. 也可将向量 $\boldsymbol{a}$ 的分解式写成

$$\boldsymbol{a} = a_x\boldsymbol{i} + a_y\boldsymbol{j} + a_z\boldsymbol{k}.$$

（2）向量的坐标表示

向量 $\boldsymbol{a}$ 在 3 个坐标轴上的投影 a_x, a_y, a_z，称为**向量 $\boldsymbol{a}$ 的坐标**，并将 $\boldsymbol{a}$ 表示为

$$\boldsymbol{a} = (a_x, a_y, a_z).$$

上式称为**向量 $\boldsymbol{a}$ 的坐标表示式**.

因此，基本单位向量的坐标表示式为

$$\boldsymbol{i} = (1,0,0), \quad \boldsymbol{j} = (0,1,0), \quad \boldsymbol{k} = (0,0,1).$$

零向量的坐标表示式为 $\boldsymbol{0} = (0,0,0)$.

起点为 $M_1(x_1, y_1, z_1)$、终点为 $M_2(x_2, y_2, z_2)$ 的向量的坐标表示式为

$$\overrightarrow{M_1M_2} = (x_2 - x_1, y_2 - y_1, z_2 - z_1).$$

特别地，点 M 的向径 $\overrightarrow{OM}$ 的坐标就是终点 M 的坐标，即

$$\overrightarrow{OM} = (x, y, z).$$

（3）向量的模与方向余弦的坐标表示式

向量可用它的模和方向来表示，也可用它的坐标来表示. 为了找出向量的坐标与向量的模、方向之间的联系，这里先介绍一种表达空间方向的方法.

与平面解析几何里用倾角表示直线对坐标轴的倾斜程度相类似，可用向量 $\boldsymbol{a} = \overrightarrow{M_1M_2}$ 与 3 条坐标轴（正向）的夹角 α, β, γ 来表示此向量的方向，并规定 $0 \leqslant \alpha \leqslant \pi, 0 \leqslant \beta \leqslant \pi, 0 \leqslant \gamma \leqslant \pi$（见图 7.2.12），$\alpha, \beta, \gamma$ 称为向量 $\boldsymbol{a}$ 的**方向角**.

过点 M_1, M_2 各作垂直于 3 条坐标轴的平面，如图 7.2.12 所示. 可知，因 $\angle PM_1M_2 = \alpha$，又 $M_2P \perp M_1P$，故

$$
\begin{aligned}
a_x &= M_1P = |\overrightarrow{M_1M_2}|\cos\alpha = |\boldsymbol{a}|\cos\alpha, \\
a_y &= M_1Q = |\overrightarrow{M_1M_2}|\cos\beta = |\boldsymbol{a}|\cos\beta, \\
a_z &= M_1R = |\overrightarrow{M_1M_2}|\cos\gamma = |\boldsymbol{a}|\cos\gamma.
\end{aligned}
\tag{7.2.1}
$$

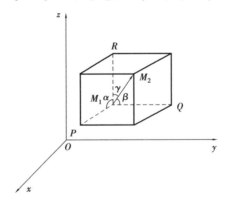

图 7.2.12

式（7.2.1）中出现的不是方向角 α, β, γ 本身而是它们的余弦，因此，通常也用数组 $\cos\alpha, \cos\beta, \cos\gamma$ 来表示向量 $\boldsymbol{a}$ 的方向，称为向量 $\boldsymbol{a}$ 的**方向余弦**.

把式（7.2.1）代入向量的坐标表示式，就可用向量的模及方向余弦来表示向量

$$\boldsymbol{a} = |\boldsymbol{a}|(\cos\alpha\boldsymbol{i} + \cos\beta\boldsymbol{j} + \cos\gamma\boldsymbol{k}), \tag{7.2.2}$$

而向量 $\boldsymbol{a}$ 的模为

$$|\boldsymbol{a}| = |\overrightarrow{M_1M_2}| = \sqrt{|M_1P|^2 + |M_1Q|^2 + |M_1R|^2}.$$

由此可得向量 $\boldsymbol{a}$ 的模的坐标表示式

$$|\boldsymbol{a}| = \sqrt{a_x^2 + a_y^2 + a_z^2}. \tag{7.2.3}$$

再把式(7.2.3)代入式(7.2.1)，可得向量 $\boldsymbol{a}$ 的方向余弦的坐标表示式

$$\begin{cases} \cos\alpha = \dfrac{a_x}{\sqrt{a_x^2 + a_y^2 + a_z^2}} \\[2mm] \cos\beta = \dfrac{a_y}{\sqrt{a_x^2 + a_y^2 + a_z^2}} \\[2mm] \cos\gamma = \dfrac{a_z}{\sqrt{a_x^2 + a_y^2 + a_z^2}} \end{cases}. \tag{7.2.4}$$

把式(7.2.4)的 3 个等式两边分别平方后相加，则得到

$$\cos^2\alpha + \cos^2\beta + \cos^2\gamma = 1,$$

即任一向量的方向余弦的平方和等于 1. 由此可知，由任一向量 $\boldsymbol{a}$ 的方向余弦所组成的向量 $(\cos\alpha, \cos\beta, \cos\gamma)$ 是单位向量，即

$$\boldsymbol{e}_a = \cos\alpha\boldsymbol{i} + \cos\beta\boldsymbol{j} + \cos\gamma\boldsymbol{k}.$$

例 1 已知两点 $P_1(2, -2, 5)$ 及 $P_2(-1, 6, 7)$，试求：

(1) $\overrightarrow{P_1P_2}$ 在 3 条坐标轴上的投影及分解表达式；

(2) $\overrightarrow{P_1P_2}$ 的模；

(3) $\overrightarrow{P_1P_2}$ 的方向余弦；

(4) $\overrightarrow{P_1P_2}$ 上的单位向量 $\boldsymbol{e}_{P_1P_2}$.

解 (1) 设 $\overrightarrow{P_1P_2} = (a_x, a_y, a_z)$，则 $\overrightarrow{P_1P_2}$ 在 3 条坐标轴上的投影分别为

$$a_x = -3, \quad a_y = 8, \quad a_z = 2.$$

于是，$\overrightarrow{P_1P_2}$ 的分解表达式为

$$\overrightarrow{P_1P_2} = -3\boldsymbol{i} + 8\boldsymbol{j} + 2\boldsymbol{k};$$

(2) $$|\overrightarrow{P_1P_2}| = \sqrt{(-3)^2 + 8^2 + 2^2} = \sqrt{77};$$

(3) $$\cos\alpha = \frac{a_x}{|\overrightarrow{P_1P_2}|} = \frac{-3}{\sqrt{77}},$$

$$\cos\beta = \frac{a_y}{|\overrightarrow{P_1P_2}|} = \frac{8}{\sqrt{77}},$$

$$\cos\gamma = \frac{a_z}{|\overrightarrow{P_1P_2}|} = \frac{2}{\sqrt{77}};$$

(4) $$\boldsymbol{e}_{P_1P_2} = \frac{1}{\sqrt{77}}(-3\boldsymbol{i} + 8\boldsymbol{j} + 2\boldsymbol{k}).$$

(4) 用坐标进行向量的线性运算

利用向量的分解式，向量的线性运算可化为代数运算.

设 λ 是一数量，$\boldsymbol{a} = a_x\boldsymbol{i} + a_y\boldsymbol{j} + a_z\boldsymbol{k}, \boldsymbol{b} = b_x\boldsymbol{i} + b_y\boldsymbol{j} + b_z\boldsymbol{k}$，则

$$a \pm b = (a_x i + a_y j + a_z k) \pm (b_x i + b_y j + b_z k)$$
$$= (a_x \pm b_x) i + (a_y \pm b_y) j + (a_z \pm b_z) k;$$
$$\lambda a = \lambda (a_x i + a_y j + a_z k) = \lambda a_x i + \lambda a_y j + \lambda a_z k$$

或

$$(a_x, a_y, a_z) \pm (b_x, b_y, b_z) = (a_x \pm b_x, a_y \pm b_y, a_z \pm b_z),$$
$$\lambda (a_x, a_y, a_z) = (\lambda a_x, \lambda a_y, \lambda a_z).$$

这就是说,两向量之和(差)的坐标等于两向量同名坐标之和(差);数与向量之积等于此数乘上向量的每一个坐标.

例 2　从点 $A(2, -1, 7)$ 沿向量 $a = 8i + 9j - 12k$ 的方向取线段 AB,使 $|\overrightarrow{AB}| = 34$,求点 B 的坐标.

解　设点 B 的坐标为 (x, y, z),则

$$\overrightarrow{AB} = (x - 2)i + (y + 1)j + (z - 7)k.$$

按题意可知,$\overrightarrow{AB}$ 上的单位向量与 a 上的单位向量相等,即

$$e_{AB} = e_a.$$

而 $|\overrightarrow{AB}| = 34$,$|a| = \sqrt{8^2 + 9^2 + (-12)^2} = 17$,故

$$e_{AB} = \frac{\overrightarrow{AB}}{|\overrightarrow{AB}|} = \frac{x - 2}{34} i + \frac{y + 1}{34} j + \frac{z - 7}{34} k,$$

$$e_a = \frac{a}{|a|} = \frac{8}{17} i + \frac{9}{17} j + \frac{12}{17} k.$$

比较以上两式,得

$$\frac{x - 2}{34} = \frac{8}{17},$$

$$\frac{y + 1}{34} = \frac{9}{17},$$

$$\frac{z - 7}{34} = -\frac{12}{17},$$

解得

$$x = 18, \quad y = 17, \quad z = -17.$$

因此,点 B 的坐标为 $(18, 17, -17)$.

例 3　已知 $a = 2i - j + 2k$,$b = 3i + 4j - 5k$,求 $3a - b$ 方向的单位向量.

解　因为

$$c = 3a - b = 3(2i - j + 2k) - (3i + 4j - 5k)$$
$$= 3i - 7j + 11k,$$

于是

$$|c| = \sqrt{3^2 + (-7)^2 + (11)^2} = \sqrt{179},$$

所以

$$e_c = \frac{c}{|c|} = \frac{3a - b}{|3a - b|} = \frac{1}{\sqrt{179}}(3i - 7j + 11k).$$

7.2.3 向量的数量积与向量积

1)两向量的数量积

在物理学中,已知当物体在力 $\boldsymbol{F}$ 的作用下(见图 7.2.13),产生位移 $\boldsymbol{s}$ 时,力 $\boldsymbol{F}$ 所做的功

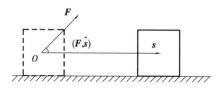

图 7.2.13

$$W = |\boldsymbol{F}||\boldsymbol{s}|\cos (\widehat{\boldsymbol{F},\boldsymbol{s}}).$$

这样,由两个向量 $\boldsymbol{F}$ 和 $\boldsymbol{s}$ 决定了一个数量 $|\boldsymbol{F}||\boldsymbol{s}|\cos (\widehat{\boldsymbol{F},\boldsymbol{s}})$. 根据这一实际背景,把由两个向量 $\boldsymbol{F}$ 和 $\boldsymbol{s}$ 所确定的数量 $|\boldsymbol{F}||\boldsymbol{s}|\cos (\widehat{\boldsymbol{F},\boldsymbol{s}})$ 定义为两向量 $\boldsymbol{F}$ 与 $\boldsymbol{s}$ 的**数量积**.

定义 1 $\boldsymbol{a}$ 与 $\boldsymbol{b}$ 的模与它们的夹角余弦的乘积,称为 $\boldsymbol{a}$ 与 $\boldsymbol{b}$ 的数量积,记为 $\boldsymbol{a}\cdot\boldsymbol{b}$,即

$$\boldsymbol{a}\cdot\boldsymbol{b} = |\boldsymbol{a}||\boldsymbol{b}|\cos (\widehat{\boldsymbol{a},\boldsymbol{b}}).$$

因其中的 $|\boldsymbol{b}|\cos (\widehat{\boldsymbol{a},\boldsymbol{b}})$ 是向量 $\boldsymbol{b}$ 在向量 $\boldsymbol{a}$ 的方向上的投影,故数量积又可表示为

$$\boldsymbol{a}\cdot\boldsymbol{b} = |\boldsymbol{a}|\mathrm{Prj}_{\boldsymbol{a}}\boldsymbol{b},$$

同样

$$\boldsymbol{a}\cdot\boldsymbol{b} = |\boldsymbol{b}|\mathrm{Prj}_{\boldsymbol{b}}\boldsymbol{a}.$$

数量积满足下列运算性质:

① $\boldsymbol{a}\cdot\boldsymbol{b} = \boldsymbol{b}\cdot\boldsymbol{a}$(交换律);

② $\boldsymbol{a}\cdot(\boldsymbol{b}+\boldsymbol{c}) = \boldsymbol{a}\cdot\boldsymbol{b}+\boldsymbol{a}\cdot\boldsymbol{c}$(分配律);

③ $(\lambda\boldsymbol{a})\cdot\boldsymbol{b} = \lambda(\boldsymbol{a}\cdot\boldsymbol{b}) = \boldsymbol{a}\cdot(\lambda\boldsymbol{b})$(结合律).

由数量积的定义,容易得出下面的结论:

① $\boldsymbol{a}\cdot\boldsymbol{a} = |\boldsymbol{a}|^2$;

②两个非零向量 $\boldsymbol{a}$ 与 $\boldsymbol{b}$ 互相垂直的充要条件是 $\boldsymbol{a}\cdot\boldsymbol{b} = 0$.

2)数量积的坐标表示式

设

$$\boldsymbol{a} = a_x\boldsymbol{i}+a_y\boldsymbol{j}+a_z\boldsymbol{k}, \quad \boldsymbol{b} = b_x\boldsymbol{i}+b_y\boldsymbol{j}+b_z\boldsymbol{k},$$

因基本单位向量 $\boldsymbol{i},\boldsymbol{j},\boldsymbol{k}$ 两两互相垂直,故

$$\boldsymbol{i}\cdot\boldsymbol{j} = \boldsymbol{j}\cdot\boldsymbol{k} = \boldsymbol{k}\cdot\boldsymbol{i} = \boldsymbol{j}\cdot\boldsymbol{i} = \boldsymbol{k}\cdot\boldsymbol{j} = \boldsymbol{i}\cdot\boldsymbol{k} = \boldsymbol{0}.$$

又因 $\boldsymbol{i},\boldsymbol{j},\boldsymbol{k}$ 的模都是 1,故

$$\boldsymbol{i}\cdot\boldsymbol{i} = \boldsymbol{j}\cdot\boldsymbol{j} = \boldsymbol{k}\cdot\boldsymbol{k} = 1.$$

因此,根据数量积的运算性质可得

$$\boldsymbol{a}\cdot\boldsymbol{b} = a_x b_x+a_y b_y+a_z b_z,$$

即两向量的数量积等于它们同名坐标的乘积之和.

由于 $\boldsymbol{a} \cdot \boldsymbol{b} = |\boldsymbol{a}||\boldsymbol{b}|\cos(\widehat{\boldsymbol{a},\boldsymbol{b}})$，当 $\boldsymbol{a},\boldsymbol{b}$ 都是非零向量时，有

$$\cos(\widehat{\boldsymbol{a},\boldsymbol{b}}) = \frac{\boldsymbol{a} \cdot \boldsymbol{b}}{|\boldsymbol{a}||\boldsymbol{b}|} = \frac{a_x b_x + a_y b_y + a_z b_z}{\sqrt{a_x^2 + a_y^2 + a_z^2}\sqrt{b_x^2 + b_y^2 + b_z^2}}.$$

这就是两向量夹角余弦的坐标表示式. 由此公式可知, 两非零向量互相垂直的**充要条件**为

$$a_x b_x + a_y b_y + a_z b_z = 0. \tag{7.2.5}$$

例 4　求向量 $\boldsymbol{a} = (3, -2, 2\sqrt{3})$ 和 $\boldsymbol{b} = (3,0,0)$ 的夹角.

解　因为

$$\boldsymbol{a} \cdot \boldsymbol{b} = 3 \cdot 3 + (-2) \cdot 0 + 2\sqrt{3} \cdot 0 = 9,$$
$$|\boldsymbol{a}| = \sqrt{3^2 + (-2)^2 + (2\sqrt{3})^2} = 5,$$
$$|\boldsymbol{b}| = 3,$$

所以

$$\cos(\widehat{\boldsymbol{a},\boldsymbol{b}}) = \frac{\boldsymbol{a} \cdot \boldsymbol{b}}{|\boldsymbol{a}||\boldsymbol{b}|} = \frac{9}{5 \times 3} = \frac{3}{5}.$$

故其夹角

$$(\widehat{\boldsymbol{a},\boldsymbol{b}}) = \arccos\frac{3}{5} \approx 53°8'.$$

例 5　求向量 $\boldsymbol{a} = (4, -1, 2)$ 在 $\boldsymbol{b} = (3,1,0)$ 上的投影.

解　因为

$$\boldsymbol{a} \cdot \boldsymbol{b} = 4 \cdot 3 + (-1) \cdot 1 + 2 \cdot 0 = 11,$$
$$|\boldsymbol{b}| = \sqrt{3^2 + 1^2 + 0^2} = \sqrt{10},$$

所以

$$\mathrm{Prj}_b \boldsymbol{a} = \frac{\boldsymbol{a} \cdot \boldsymbol{b}}{|\boldsymbol{b}|} = \frac{11}{\sqrt{10}} = \frac{11\sqrt{10}}{10}.$$

例 6　在 xOy 平面上, 求一单位向量与 $\boldsymbol{p} = (-4,3,7)$ 垂直.

解　设所求向量为 (a,b,c), 因为它在 xOy 平面上, 所以 $c = 0$. 又 $(a,b,0)$ 与 $\boldsymbol{p} = (-4,3,7)$ 垂直, 且是单位向量, 故有

$$-4a + 3b = 0, \quad a^2 + b^2 = 1.$$

由此求得

$$a = \pm\frac{3}{5}, \quad b = \pm\frac{4}{5}.$$

因此, 所求向量为

$$\left(\pm\frac{3}{5}, \pm\frac{4}{5}, 0\right).$$

3) 两向量的向量积

在研究物体转动问题时, 不但要考虑此物体所受的力, 还要分析这些力所产生的力矩. 下面举例说明表示力矩的方法.

设 O 为杠杆 L 的支点, 有一个力 $\boldsymbol{F}$ 作用于这杠杆上 P 点处, $\boldsymbol{F}$ 与 $\overrightarrow{OP}$ 的夹角为 θ（见图

7.2.14).由物理学可知,力 $\boldsymbol{F}$ 对支点 O 的力矩是一向量 $\boldsymbol{M}$,它的模

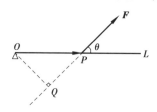

图 7.2.14

$$|\boldsymbol{M}| = |\overrightarrow{OQ}||\boldsymbol{F}| = |\overrightarrow{OP}||\boldsymbol{F}|\sin\theta,$$

而 $\boldsymbol{M}$ 的方向垂直于 $\overrightarrow{OP}$ 与 $\boldsymbol{F}$ 所确定的平面(即 $\boldsymbol{M}$ 既垂直于 $\overrightarrow{OP}$,又垂直于 $\boldsymbol{F}$),$\boldsymbol{M}$ 的指向按右手规则,即当右手的 4 个手指从 $\overrightarrow{OP}$ 以不超过 π 的角转向 $\boldsymbol{F}$ 握拳时,大拇指的指向就是 $\boldsymbol{M}$ 的指向.

由两个已知向量按上述规则来确定另一向量,在其他物理问题中也会遇到,抽象出来,就是两个向量的向量积的概念.

定义 2 设 $\boldsymbol{a},\boldsymbol{b}$ 为两个向量,若向量 $\boldsymbol{c}$ 满足:

① $|\boldsymbol{c}| = |\boldsymbol{a}||\boldsymbol{b}|\sin(\widehat{\boldsymbol{a},\boldsymbol{b}})$,即等于以 $\boldsymbol{a},\boldsymbol{b}$ 为邻边的平行四边形的面积;

② $\boldsymbol{c}$ 的方向垂直于 $\boldsymbol{a},\boldsymbol{b}$ 所确定的平面,并且按顺序 $\boldsymbol{a},\boldsymbol{b},\boldsymbol{c}$ 符合右手法则.

则称向量 $\boldsymbol{c}$ 为向量 $\boldsymbol{a}$ 与向量 $\boldsymbol{b}$ 的**向量积**,记为 $\boldsymbol{a}\times\boldsymbol{b}$(见图 7.2.15),即

$$\boldsymbol{c} = \boldsymbol{a}\times\boldsymbol{b}.$$

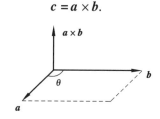

图 7.2.15

向量积满足下列规律:

① $\boldsymbol{a}\times\boldsymbol{b} = -\boldsymbol{b}\times\boldsymbol{a}$(向量积不满足交换律);

② $(\boldsymbol{a}+\boldsymbol{b})\times\boldsymbol{c} = \boldsymbol{a}\times\boldsymbol{c} + \boldsymbol{b}\times\boldsymbol{c}$;

③ $(\lambda\boldsymbol{a})\times\boldsymbol{b} = \boldsymbol{a}\times(\lambda\boldsymbol{b}) = \lambda(\boldsymbol{a}\times\boldsymbol{b})$.

由向量积的定义,容易得出以下结论:

① $\boldsymbol{a}\times\boldsymbol{a} = \boldsymbol{0}$;

②两个非零向量 $\boldsymbol{a}$ 与 $\boldsymbol{b}$ 互相平行的充要条件是 $\boldsymbol{a}\times\boldsymbol{b} = \boldsymbol{0}$.

4)向量积的坐标表示式

设 $\boldsymbol{a} = a_x\boldsymbol{i} + a_y\boldsymbol{j} + a_z\boldsymbol{k},\boldsymbol{b} = b_x\boldsymbol{i} + b_y\boldsymbol{j} + b_z\boldsymbol{k}$,则

$$\begin{aligned}\boldsymbol{a}\times\boldsymbol{b} &= (a_x\boldsymbol{i} + a_y\boldsymbol{j} + a_z\boldsymbol{k})\times(b_x\boldsymbol{i} + b_y\boldsymbol{j} + b_z\boldsymbol{k})\\ &= a_xb_x(\boldsymbol{i}\times\boldsymbol{i}) + a_xb_y(\boldsymbol{i}\times\boldsymbol{j}) + a_xb_z(\boldsymbol{i}\times\boldsymbol{k}) + a_yb_x(\boldsymbol{j}\times\boldsymbol{i}) + a_yb_y(\boldsymbol{j}\times\boldsymbol{j}) + a_yb_z(\boldsymbol{j}\times\boldsymbol{k}) +\\ &\quad a_zb_x(\boldsymbol{k}\times\boldsymbol{i}) + a_zb_y(\boldsymbol{k}\times\boldsymbol{j}) + a_zb_z(\boldsymbol{k}\times\boldsymbol{k}).\end{aligned}$$

由于

$$i \times i = j \times j = k \times k = 0,$$
$$i \times j = k, \quad j \times k = i,$$
$$k \times i = j, \quad j \times i = -k,$$
$$k \times j = -i, \quad i \times k = -j.$$

因此

$$a \times b = (a_y b_z - a_z b_y)i + (a_z b_x - a_x b_z)j + (a_x b_y - a_y b_x)k.$$

这就是向量积的坐标表示式. 这个公式可用行列式写成下面便于记忆的形式,即

$$a \times b = \begin{vmatrix} i & j & k \\ a_x & a_y & a_z \\ b_x & b_y & b_z \end{vmatrix}$$

由此式可知,两非零向量 a 和 b 互相平行的**充要条件**为

$$a_y b_z - a_z b_y = 0, \quad a_z b_x - a_x b_z = 0, \quad a_x b_y - a_y b_x = 0,$$

或

$$\frac{a_x}{b_x} = \frac{a_y}{b_y} = \frac{a_z}{b_z}. \tag{7.2.6}$$

例 7　设 $a = 2i + j - k, b = i - j + 2k.$ 计算 $a \times b.$

解　$a \times b = \begin{vmatrix} i & j & k \\ 2 & 1 & -1 \\ 1 & -1 & 2 \end{vmatrix}$

$= [1 \cdot 2 - (-1)^2]i + [(-1) \cdot 1 - 2 \cdot 2]j + [2 \cdot (-1) - 1 \cdot 1]k$

$= i - 5j - 3k.$

例 8　求以 $A(1,2,3), B(3,4,5), C(2,4,7)$ 为顶点的三角形的面积 $S.$

解　根据向量积的定义可知,所求三角形的面积 S 等于

$$\frac{1}{2}|\overrightarrow{AB} \times \overrightarrow{AC}|.$$

因为

$$\overrightarrow{AB} = 2i + 2j + 2k, \quad \overrightarrow{AC} = i + 2j + 4k,$$

$$\overrightarrow{AB} \times \overrightarrow{AC} = \begin{vmatrix} i & j & k \\ 2 & 2 & 2 \\ 1 & 2 & 4 \end{vmatrix}$$

$$= 4i - 6j + 2k,$$

所以

$$S = \frac{1}{2}|\overrightarrow{AB} \times \overrightarrow{AC}|$$

$$= \frac{1}{2}\sqrt{4^2 + (-6)^2 + 2^2}$$

$$= \sqrt{14}.$$

例 9　已知 $a = (2,1,1), b = (1,-1,1)$,求与 a 和 b 都垂直的单位向量.

解　设 $c = a \times b$,则 c 同时垂直于 a 和 b. 于是,c 上的单位向量是所求的单位向量. 因为

$$c = a \times b = 2i - j - 3k,$$

$$|c| = \sqrt{2^2 + (-1)^2 + (-3)^2} = \sqrt{14},$$

所以

$$e_c = \frac{c}{|c|} = \left| \frac{2}{\sqrt{14}}, \frac{-1}{\sqrt{14}}, \frac{-3}{\sqrt{14}} \right|,$$

$$-e_c = \left(-\frac{2}{\sqrt{14}}, \frac{1}{\sqrt{14}}, \frac{3}{\sqrt{14}} \right).$$

都是所求的单位向量.

习题 7.2

1. 验证: $(a + b) + c = a + (b + c)$.

2. 设 $u = a - b + 2c, v = -a + 3b - c$. 试用 a, b, c 表示 $2u - 3v$.

3. 把 $\triangle ABC$ 的 BC 边 5 等分, 设分点依次为 D_1, D_2, D_3, D_4, 再把各分点与 A 连接, 试以 $\overrightarrow{AB} = c, \overrightarrow{BC} = a$ 表示向量 $\overrightarrow{D_1A}, \overrightarrow{D_2A}, \overrightarrow{D_3A}$ 和 $\overrightarrow{D_4A}$.

4. 设向量 $\overrightarrow{OM}$ 的模是 4, 它与投影轴的夹角是 $60°$, 求此向量在该轴上的投影.

5. 一向量的终点为点 $B(2, -1, 7)$, 它在 3 坐标轴上的投影依次是 4, -4 和 7, 求此向量起点 A 的坐标.

6. 一向量的起点是 $P_1(4, 0, 5)$, 终点是 $P_2(7, 1, 3)$, 试求:

(1) $\overrightarrow{P_1P_2}$ 在各坐标轴上的投影;　　　(2) $\overrightarrow{P_1P_2}$ 的模;

(3) $\overrightarrow{P_1P_2}$ 的方向余弦;　　　(4) $\overrightarrow{P_1P_2}$ 方向的单位向量.

7. 3 个力 $F_1 = (1, 2, 3), F_2(-2, 3, -4), F_3(3, -4, 5)$ 同时作用于一点, 求合力 R 的大小和方向余弦.

8. 求出向量 $a = i + j + k, b = 2i - 3j + 5k$ 和 $c = -2i - j + 2k$ 的模, 并分别用单位向量 e_a, e_b, e_c 来表达向量 a, b, c.

9. 设 $m = 3i + 5j + 8k, n = 2i - 4j - 7k, p = 5i + j - 4k$, 求向量 $a = 4m + 3n - p$ 在 x 轴上的投影及在 y 轴上的分向量.

10. 已知单位向量 a 与 x 轴正向夹角为 $\frac{\pi}{3}$, 与其在 xOy 平面上的投影向量的夹角为 $\frac{\pi}{4}$, 试求向量 a.

11. 已知两点 $M_1(2, 5, -3), M_2(3, -2, 5)$, 点 M 在线段 M_1M_2 上, 且 $\overrightarrow{M_1M} = 3\overrightarrow{MM_2}$, 求向径 $\overrightarrow{OM}$ 的坐标.

12. 已知点 P 到点 $A(0, 0, 12)$ 的距离是 7, $\overrightarrow{OP}$ 的方向余弦是 $\frac{2}{7}, \frac{3}{7}, \frac{6}{7}$, 求点 P 的坐标.

13. 已知 a, b 的夹角 $\varphi = \frac{2\pi}{3}$, 且 $|a| = 3, |b| = 4$, 计算:

(1) $a \cdot b$;　　　(2) $(3a - 2b) \cdot (a + 2b)$.

14. 已知 $a = (4, -2, 4), b = (6, -3, 2)$, 计算:

(1) $a \cdot b$;　　　(2) $(2a - 3b) \cdot (a + b)$;

(3) $|a - b|^2$.

15. 已知 $a = 3i + 2j - k, b = i - j + 2k$，求：

(1) $a \times b$;　　　　　　　　　　　　　(2) $2a \times 7b$;

(3) $7b \times 2a$;　　　　　　　　　　　　(4) $a \times a$.

16. 已知向量 a 和 b 互相垂直，且 $|a| = 3, |b| = 4$，计算：

(1) $|(a + b) \times (a - b)|$;　　　　　　(2) $|(3a + b) \times (a - 2b)|$.

7.3　空间直线与平面

本节将以向量为工具,在空间直角坐标系中建立最简单的空间图形——平面和直线的代数方程.

7.3.1　平面及其方程

垂直于平面的非零向量,称为该平面的**法向量**. 容易看出,平面上的任一向量都与该平面的法向量垂直.

由立体几何可知,过空间一点可作且只能作一平面垂直于一已知直线,故当平面 Π 上的一点 $M_0(x_0, y_0, z_0)$ 和它的法向量 $n = (A, B, C)$ 为已知时,平面 Π 的位置就完全确定了.

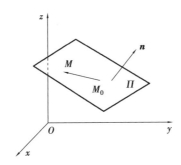

图 7.3.1

设 $M_0(x_0, y_0, z_0)$ 是平面 Π 上一已知点, $n = (A, B, C)$ 是它的法向量(见图7.3.1), $M(x, y, z)$ 是平面 Π 上的任一点,那么向量 $\overrightarrow{M_0M}$ 必与平面 Π 的法向量 n 垂直,即它们的数量积等于零: $n \cdot \overrightarrow{M_0M} = 0$. 由于 $n = (A, B, C), \overrightarrow{M_0M} = (x - x_0, y - y_0, z - z_0)$,因此有

$$A(x - x_0) + B(y - y_0) + C(z - z_0) = 0. \tag{7.3.1}$$

因所给的条件是已知一定点 $M_0(x_0, y_0, z_0)$ 和一个法向量 $n = (A, B, C)$,故方程(7.3.1)称为**平面的点法式方程**.

例1　求过点 $(2, -3, 0)$ 及法向量 $n = (1, -2, 3)$ 的平面方程.

解　根据平面的点法式方程(7.3.1),得所求平面方程为

$$(x - 2) - 2(y + 3) + 3z = 0,$$

或

$$x - 2y + 3z - 8 = 0.$$

将方程(7.3.1)化简,得

$$Ax + By + Cz + D = 0, \tag{7.3.2}$$

其中，$D = -Ax_0 - By_0 - Cz_0$. 由于方程(7.3.1)是 x,y,z 的一次方程，因此，任何平面都可用三元一次方程来表示.

反过来，对任给的一个形如式(7.3.2)的三元一次方程，取满足该方程的一组解 $x_0,y_0,$ z_0，则

$$Ax_0 + By_0 + Cz_0 + D = 0. \tag{7.3.3}$$

由方程(7.3.2)减去方程(7.3.3)，得

$$A(x - x_0) + B(y - y_0) + C(z - z_0) = 0. \tag{7.3.4}$$

把它与方程(7.3.1)相比较，便知方程(7.3.4)是通过点 $M_0(x_0,y_0,z_0)$，且以 $\boldsymbol{n} = (A,B,C)$ 为法向量的平面方程. 因为方程(7.3.2)与方程(7.3.4)同解，所以任意一个三元一次方程(7.3.2)的图形是一个平面. 方程(7.3.2)称为**平面的一般式方程**. 其中，x,y,z 的系数就是该平面的法向量 n 的坐标，即

$$\boldsymbol{n} = (A,B,C).$$

例2 如图7.3.2所示，平面 Π 在 3 个坐标轴上的截距分别为 a,b,c，求此平面方程(设 $a \neq 0, b \neq 0, c \neq 0$).

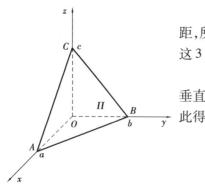

图7.3.2

解 因为 a,b,c 分别表示平面 Π 在 x 轴、y 轴、z 轴上的截距，所以平面 Π 通过 3 点 $A(a,0,0)$，$B(0,b,0)$，$C(0,0,c)$，且这 3 点不在一直线上.

先找出平面 Π 的法向量 $\boldsymbol{n}$，由于法向量 $\boldsymbol{n}$ 与向量 $\overrightarrow{AB}, \overrightarrow{AC}$ 都垂直，可取 $\boldsymbol{n} = \overrightarrow{AB} \times \overrightarrow{AC}$，而 $\overrightarrow{AB} = (-a,b,0)$，$\overrightarrow{AC} = (-a,0,c)$，因此得

$$\boldsymbol{n} = \overrightarrow{AB} \times \overrightarrow{AC} = \begin{vmatrix} \boldsymbol{i} & \boldsymbol{j} & \boldsymbol{k} \\ -a & b & 0 \\ -a & 0 & c \end{vmatrix}$$

$$= bc\boldsymbol{i} + ac\boldsymbol{j} + ab\boldsymbol{k}.$$

再根据平面的点法式方程(7.3.1)，得此平面方程为

$$bc(x - a) + ac(y - 0) + ab(z - 0) = 0.$$

因 $a \neq 0, b \neq 0, c \neq 0$，故上式可改写为

$$\frac{x}{a} + \frac{y}{b} + \frac{z}{c} = 1. \tag{7.3.5}$$

式(7.3.5)称为**平面的截距式方程**.

下面讨论一下特殊位置的平面方程.

1)过原点的平面方程

因为平面通过原点，所以将 $x = y = z = 0$ 代入方程(7.3.4)，得 $D = 0$. 因此，过原点的平面方程为

$$Ax + By + Cz = 0, \tag{7.3.6}$$

其特点是常数项 $D = 0$.

2)平行于坐标轴的平面方程

如果平面平行于 x 轴，则平面的法向量 $\boldsymbol{n} = (A,B,C)$ 与 x 轴的单位向量 $\boldsymbol{i} = (1,0,0)$ 垂直，故

$$\boldsymbol{n} \cdot \boldsymbol{i} = 0,$$

即

$$A \cdot 1 + B \cdot 0 + C \cdot 0 = 0.$$

由此,有

$$A = 0,$$

从而得到平行于 x 轴的平面方程为

$$By + Cz + D = 0,$$

其方程中不含 x.

类似地,平行于 y 轴的平面方程为

$$Ax + Cz + D = 0;$$

平行于 z 轴的平面方程为

$$Ax + By + D = 0.$$

3)过坐标轴的平面方程

因为过坐标轴的平面必过原点,且与该坐标轴平行.根据上面讨论的结果,可得过 x 轴的平面方程为

$$By + Cz = 0;$$

过 y 轴的平面方程为

$$Ax + Cz = 0;$$

过 z 轴的平面方程为

$$Ax + By = 0.$$

4)垂直于坐标轴的平面方程

如果平面垂直于 z 轴,则该平面的法向量 $\boldsymbol{n}$ 可取与 z 轴平行的任一非零向量 $(0,0,C)$,故平面方程为 $Cz + D = 0$.

类似地,垂直于 x 轴的平面方程为 $Ax + D = 0$,垂直于 y 轴的平面方程为 $By + D = 0$;而 $z = 0$ 表示 xOy 坐标面,$x = 0$ 表示 yOz 坐标面,$y = 0$ 表示 zOx 坐标面.

例 3　指出下列平面位置的特点,并作出其图形:

(1) $x + y = 4$;　　　　　　　　　　(2) $z = 2.$

解　(1) $x + y = 4$,由于方程中不含 z 的项,因此平面平行于 z 轴(见图 7.3.3);

(2) $z = 2$,表示过点 $(0,0,2)$ 且垂直于 z 轴的平面(见图 7.3.4).

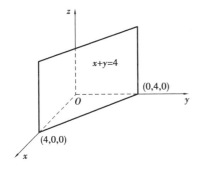

图 7.3.3　　　　　　　　　　　　　　　　图 7.3.4

7.3.2 空间直线的方程

空间中的直线 L 可看成两个不重合的相交平面 Π_1 和 Π_2 的交线. 若平面 Π_1 和 Π_2 的方程分别是

$$A_1 x + B_1 y + C_1 z + D_1 = 0 \text{ 和 } A_2 x + B_2 y + C_2 z + D_2 = 0,$$

则直线 L 上任何点的坐标应同时满足这两个平面方程,即应满足方程组

$$\begin{cases} A_1 x + B_1 y + C_1 z + D_1 = 0 \\ A_2 x + B_2 y + C_2 z + D_2 = 0 \end{cases}. \tag{7.3.7}$$

反过来,如果点 M 不在直线 L 上,那么它不可能同时在平面 Π_1 和 Π_2 上,所以它的坐标不满足方程组(7.3.7).

因此,可用方程组(7.3.7)来描述直线 L. 方程组(7.3.7)称为直线的**一般方程**.

通过空间中一条直线 L 的平面可以有无穷多个,只要在这无穷多个平面中任取两个,把它们的方程联系起来就得到该直线的一般方程.

由平面解析几何已知,xOy 平面上的一定点和一非零向量就确定了一条直线. 在三维空间的情形也是一样. 设空间直线 L 过定点 $M_0(x_0, y_0, z_0)$,且平行于非零向量

$$s = m\boldsymbol{i} + n\boldsymbol{j} + p\boldsymbol{k}.$$

这时,直线的位置就完全确定了(见图7.3.5). 下面来求这条直线的直线方程.

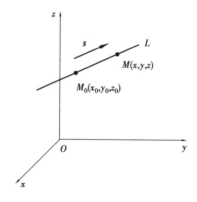

图 7.3.5

设 $M(x, y, z)$ 是直线 L 上任意一点,因为 L 平行于向量 s,所以

$$\overrightarrow{M_0 M} = (x - x_0)\boldsymbol{i} + (y - y_0)\boldsymbol{j} + (z - z_0)\boldsymbol{k}.$$

$\overrightarrow{M_0 M}$ 平行于向量 s,由两向量平行的充要条件式(7.2.6),有

$$\frac{x - x_0}{m} = \frac{y - y_0}{n} = \frac{z - z_0}{p}. \tag{7.3.8}$$

方程(7.3.8)称为直线 L 的**对称式方程**,也称直线 L 的**标准式方程**.

在建立直线 L 的标准式方程(7.3.8)时,用到了向量 $\overrightarrow{M_0 M}$ 平行于向量 s 的充要条件,即这两个向量的对应坐标成比例. 如果设这个比列系数为 t,则有

$$\frac{x - x_0}{m} = \frac{y - y_0}{n} = \frac{z - z_0}{p} = t,$$

那么

$$x = x_0 + mt, \quad y = y_0 + nt, \quad z = z_0 + pt. \tag{7.3.9}$$

当 t 从 $-\infty$ 变到 $+\infty$ 时,方程 (7.3.9) 就是过点 $M_0(x_0, y_0, z_0)$ 的直线 L 的**参数方程**. 其中,t 是参数,向量 s 称为直线 L 的**方向向量**. 向量 s 的坐标 m, n, p 称为直线的**方向数**.

例 4　求过两点 $M_1(x_1, y_1, z_1)$,$M_2(x_2, y_2, z_2)$ 的直线的方程.

解　可取方向向量

$$s = \overrightarrow{M_1 M_2} = (x_2 - x_1, y_2 - y_1, z_2 - z_1).$$

由直线的标准式方程可知,过两点 M_1, M_2 的直线方程为

$$\frac{x - x_1}{x_2 - x_1} = \frac{y - y_1}{y_2 - y_1} = \frac{z - z_1}{z_2 - z_1}.$$

上式称为直线的**两点式方程**.

例 5　用标准式方程及参数式方程表示直线

$$\begin{cases} x + y + z + 1 = 0 \\ 2x + y + 3z + 4 = 0 \end{cases}.$$

解　为寻找这直线的方向向量 s,在直线上找出两点即可. 令 $x_0 = 1$,代入题中方程组,得

$$y_0 = 0, \quad z_0 = -2.$$

同理,令 $x_1 = 0$ 代入题中方程组,得

$$y_1 = \frac{1}{2}, \quad z_1 = -\frac{3}{2},$$

即点 $A(1, 0, -2)$ 与点 $B\left(0, \frac{1}{2}, -\frac{3}{2}\right)$ 在直线上.

取 $s = \overrightarrow{AB} = \left(-1, \frac{1}{2}, \frac{1}{2}\right)$,故所给直线的标准式方程为

$$\frac{x - 1}{-2} = \frac{y}{1} = \frac{z + 2}{1}.$$

参数方程为

$$\begin{cases} x = 1 - 2t \\ y = t \\ z = -2 + t \end{cases}.$$

注意　本例提供了化直线的一般方程为标准方程和参数方程的方法.

7.3.3　平面与直线的位置关系

1) 两平面的夹角及平行、垂直的条件

设平面 Π_1 与 Π_2 的法向量分别为 $n_1 = (A_1, B_1, C_1)$ 和 $n_2 = (A_2, B_2, C_2)$. 如果这两个平面相交,它们之间有两个互补的二面角 (见图 7.3.6),其中一个二面角与向量 n_1 与 n_2 的夹角相等. 因此,把这两平面的法向量的夹角中的锐角,称为**两平面的夹角**. 根据两向量夹角余弦的公式,有

$$\cos \theta = |\cos (n_1, \hat{}\, n_2)| = \frac{|A_1 A_2 + B_1 B_2 + C_1 C_2|}{\sqrt{A_1^2 + B_1^2 + C_1^2} \cdot \sqrt{A_2^2 + B_2^2 + C_2^2}}, \tag{7.3.10}$$

由两非零向量垂直、平行的条件,可推得两平面垂直、平行的条件.

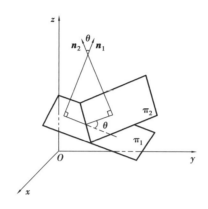

图 7.3.6

两平面 Π_1，Π_2 互相垂直的**充要条件**是

$$A_1A_2 + B_1B_2 + C_1C_2 = 0;\tag{7.3.11}$$

两平面 Π_1，Π_2 互相平行的**充要条件**是

$$\frac{A_1}{A_2} = \frac{B_1}{B_2} = \frac{C_1}{C_2}.\tag{7.3.12}$$

例 6　设平面 Π_1 与平面 Π_2 的方程分别为 $x - y + 2z - 6 = 0$，$2x + y + z - 5 = 0$，求它们的夹角.

解　根据式(7.3.10)，得

$$\cos\theta = \frac{|1 \times 2 + (-1) \times 1 + 2 \times 1|}{\sqrt{1^2 + (-1)^2 + 2^2} \cdot \sqrt{2^2 + 1^2 + 1^2}} = \frac{1}{2}.$$

因此，平面 Π_1 与平面 Π_2 的夹角为 $\theta = \dfrac{\pi}{3}$.

例 7　一平面通过点 $P_1(1,1,1)$ 和 $P_2(0,1,-1)$，且垂直于平面 $x + y + z = 0$，求此平面方程.

解　平面 $x + y + z = 0$ 的法向量为 $\boldsymbol{n}_1 = (1,1,1)$，又向量 $\overrightarrow{P_1P_2} = (-1,0,-2)$ 在所求平面上，设所求平面的法向量为 $\boldsymbol{n}$，则 $\boldsymbol{n}$ 同时垂直于向量 $\overrightarrow{P_1P_2}$ 及 $\boldsymbol{n}_1$，故可取

$$\boldsymbol{n} = \boldsymbol{n}_1 \times \overrightarrow{P_1P_2} = \begin{vmatrix} \boldsymbol{i} & \boldsymbol{j} & \boldsymbol{k} \\ 1 & 1 & 1 \\ -1 & 0 & -2 \end{vmatrix} = -2\boldsymbol{i} + \boldsymbol{j} + \boldsymbol{k},$$

故所求平面方程为

$$-2(x-1) + (y-1) + (z-1) = 0,$$

或

$$2x - y - z = 0.$$

2)两直线的夹角及平行、垂直的条件

设两直线 L_1 和 L_2 的标准式方程分别为

$$\frac{x - x_1}{m_1} = \frac{y - y_1}{n_1} = \frac{z - z_1}{p_1}$$

和

$$\frac{x - x_2}{m_2} = \frac{y - y_2}{n_2} = \frac{z - z_2}{p_2},$$

两直线的方向向量 $s_1 = (m_1, n_1, p_1)$ 与 $s_2 = (m_2, n_2, p_2)$ 的夹角(这里指锐角或直角),称为两直线的夹角,记为 θ,则

$$\cos \theta = \frac{|m_1 m_2 + n_1 n_2 + p_1 p_2|}{\sqrt{m_1^2 + n_1^2 + p_1^2} \sqrt{m_2^2 + n_2^2 + p_2^2}}. \qquad (7.3.13)$$

由此可推出两直线互相垂直的**充要条件**是

$$m_1 m_2 + n_1 n_2 + p_1 p_2 = 0; \qquad (7.3.14)$$

两直线互相平行的**充要条件**是

$$\frac{m_1}{m_2} = \frac{n_1}{n_2} = \frac{p_1}{p_2}. \qquad (7.3.15)$$

例8 求直线 $L_1: \dfrac{x-1}{1} = \dfrac{y}{-4} = \dfrac{z+3}{1}$ 和直线 $L_2: \dfrac{x}{2} = \dfrac{y+2}{-2} = \dfrac{z}{-1}$ 的夹角.

解 直线 L_1 的方向向量 $s_1 = (1, -4, 1)$,直线 L_2 的方向向量为 $s_2 = (2, -2, -1)$,故直线 L_1 与 L_2 的夹角 θ 的余弦为

$$\cos \theta = \frac{|1 \times 2 + (-4) \times (-2) + 1 \times (-1)|}{\sqrt{1^2 + (-4)^2 + 1^2} \sqrt{2^2 + (-2)^2 + (-1)^2}}$$

$$= \frac{1}{\sqrt{2}} = \frac{\sqrt{2}}{2},$$

所以

$$\theta = \frac{\pi}{4}.$$

例9 求经过点 $(2, 0, -1)$ 且与直线

$$\begin{cases} 2x - 3y + z - 6 = 0 \\ 4x - 2y + 3z + 9 = 0 \end{cases}$$

平行的直线方程.

解 所求直线与已知直线平行,其方向向量可取为

$$s = n_1 \times n_2 = \begin{vmatrix} i & j & k \\ 2 & -3 & 1 \\ 4 & -2 & 3 \end{vmatrix} = -7i - 2j + 8k.$$

根据直线的标准式方程,可得所求直线的方程为

$$\frac{x-2}{-7} = \frac{y}{-2} = \frac{z+1}{8}.$$

例10 求过点 $(2, 1, 3)$,且与直线 $\dfrac{x+1}{3} = \dfrac{y-1}{2} = \dfrac{z}{-1}$ 垂直相交的直线方程.

解 先作一平面过点 $(2, 1, 3)$,且垂直于已知直线,则此平面方程应为

$$3(x-2) + 2(y-1) - (z-3) = 0.$$

再求已知直线与这平面的交点. 把已知直线的参数方程

$$\begin{cases} x = -1 + 3t \\ y = 1 + 2t \\ z = -t \end{cases}$$

代入平面方程,解之得 $t = \dfrac{3}{7}$. 再将求得的 t 值代入直线参数方程中,即得

$$x = \frac{2}{7}, \quad y = \frac{13}{7}, \quad z = -\frac{3}{7}.$$

因此,交点的坐标是 $\left(\dfrac{2}{7}, \dfrac{13}{7}, -\dfrac{3}{7}\right)$.

于是,向量 $\left(\dfrac{2}{7} - 2, \dfrac{13}{7} - 1, -\dfrac{3}{7} - 3\right)$ 是所求直线的一个方向向量,故所求直线的方程为

$$\frac{x-2}{\frac{2}{7} - 2} = \frac{y-1}{\frac{13}{7} - 1} = \frac{z-3}{-\frac{3}{7} - 3},$$

即

$$\frac{x-2}{2} = \frac{y-1}{-1} = \frac{z-3}{4}.$$

3) 直线与平面的夹角及平行、垂直的条件

过平面 $\varPi$ 外一点 A 作垂直于 $\varPi$ 的垂线交 $\varPi$ 于点 A',则点 A' 称为点 A 在平面 $\varPi$ 上的投影. 点 A 和点 A' 之间的距离,称为点 A 到平面 $\varPi$ 的距离. 设直线 L 上相异两点 A_1 和 A_2 在平面 $\varPi$ 上的投影分别为 A_1' 和 A_2'. 若 A_1' 和 A_2' 不重合,则过 A_1' 和 A_2' 的直线称为直线 L 在平面 $\varPi$ 上的投影;若 A_1' 和 A_2' 重合,则必有直线 L 垂直于平面 $\varPi$. 此时,直线 L 上任一点在平面 $\varPi$ 上的投影都为同一点,即直线 L 在平面 $\varPi$ 上的投影退化为一点.

直线 L 与它在平面 $\varPi$ 上的投影所成的角,称为直线 L 与平面 $\varPi$ 的**夹角**,一般 $0 \leqslant \theta \leqslant \dfrac{\pi}{2}$(见图7.3.7).

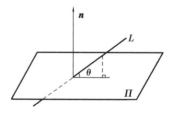

图 7.3.7

设直线 L 的方程为

$$\frac{x - x_0}{m} = \frac{y - y_0}{n} = \frac{z - z_0}{p},$$

其方向向量 $\boldsymbol{s} = (m, n, p)$.

平面 $\varPi$ 的方程为 $Ax + By + Cz + D = 0$,其法向量 $\boldsymbol{n} = (A, B, C)$,则

$$\cos\left(\frac{\pi}{2} - \theta\right) = \frac{|\boldsymbol{n} \cdot \boldsymbol{s}|}{|\boldsymbol{n}||\boldsymbol{s}|},$$

即

$$\sin\theta = \frac{|Am + Bn + Cp|}{\sqrt{A^2 + B^2 + C^2}\sqrt{m^2 + n^2 + p^2}}. \tag{7.3.16}$$

因此,直线 L 与平面 $\varPi$ 平行的**充要条件**是

$$Am + Bn + Cp = 0;\tag{7.3.17}$$

直线 L 与平面 Π 垂直的**充要条件**是

$$\frac{A}{m} = \frac{B}{n} = \frac{C}{p}.\tag{7.3.18}$$

例 11 设平面 Π 的方程为 $Ax + By + Cz + D = 0$，$M_1(x_1, y_1, z_1)$ 是平面外的一点，试求 M_1

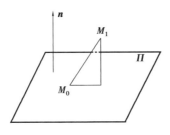

图 7.3.8

到平面 Π 的距离.

解 在平面 Π 上取一点 $M_0(x_0, y_0, z_0)$（见图 7.3.8），则点 M_1 到平面 Π 的距离

$$d = |\operatorname{Prj}_n \overrightarrow{M_0M_1}| = \frac{|\boldsymbol{n} \cdot \overrightarrow{M_0M_1}|}{|\boldsymbol{n}|},$$

而

$$|\boldsymbol{n} \cdot \overrightarrow{M_0M_1}| = |A(x_1 - x_0) + B(y_1 - y_0) + C(z_1 - z_0)|.$$

由于点 (x_0, y_0, z_0) 在平面 Π 上，有

$$Ax_0 + By_0 + Cz_0 + D = 0,$$

即

$$Ax_0 + By_0 + Cz_0 = -D.$$

由此可得

$$|\boldsymbol{n} \cdot \overrightarrow{M_0M_1}| = |Ax_1 + By_1 + Cz_1 + D|,$$

因此

$$d = \frac{|Ax_1 + By_1 + Cz_1 + D|}{\sqrt{A^2 + B^2 + C^2}}.\tag{7.3.19}$$

式 (7.3.19) 称为点到平面的距离公式.

习题 7.3

1. 求过点 $(4, 1, -2)$，且与平面 $3x - 2y + 6z = 11$ 平行的平面方程.

2. 求过点 $M_0(1, 7, -3)$，且与连接坐标原点到点 M_0 的线段 OM_0 垂直的平面方程.

3. 设平面过点 $(1, 2, -1)$，而在 x 轴和 z 轴上的截距都等于在 y 轴上的截距的 2 倍，求此平面方程.

4. 求过 $(1, 1, -1)$，$(-2, -2, 2)$ 和 $(1, -1, 2)$ 3 点的平面方程.

5. 指出下列各平面的特殊位置，并画出其图形：

(1) $y = 0$；　　　　　　　　　(2) $3x - 1 = 0$；

(3) $2x - 3y - 6 = 0$；　　　　(4) $x - y = 0$；

（5）$2x - 3y + 4z = 0$.

6. 通过两点 $(1,1,1)$ 和 $(2,2,2)$ 作垂直于平面 $x + y - z = 0$ 的平面.

7. 求通过下列两已知点的直线方程：

（1）$(1, -2, 1)$，$(3, 1, -1)$；　　（2）$(3, -1, 0)$，$(1, 0, -3)$.

8. 求直线 $\begin{cases} 2x + 3x - z - 4 = 0 \\ 3x - 5y + 2z + 1 = 0 \end{cases}$ 的标准式方程和参数式方程.

9. 决定参数 k 的值，使平面 $x + ky - 2z = 9$ 适合下列条件：

（1）经过点 $(5, -4, 6)$；　　（2）与平面 $2x - 3y + z = 0$ 成 $\dfrac{\pi}{4}$ 的角.

10. 确定下列方程中的 l 和 m：

（1）平面 $2x + ly + 3z - 5 = 0$ 和平面 $mx - 6y - z + 2 = 0$ 平行；

（2）平面 $3x - 5y + lz - 3 = 0$ 和平面 $x + 3y + 2z + 5 = 0$ 垂直.

11. 通过点 $(1, -1, 1)$ 作垂直于两平面 $x - y + z - 1 = 0$ 和 $2x + y + z + 1 = 0$ 的平面.

12. 求平行于平面 $3x - y + 7z = 5$，且垂直于向量 $\boldsymbol{i} - \boldsymbol{j} + 2\boldsymbol{k}$ 的单位向量.

13. 求下列直线的夹角：

（1）$\begin{cases} 5x - 3y + 3z - 9 = 0 \\ 3x - 2y + z - 1 = 0 \end{cases}$ 和 $\begin{cases} 2x + 2y - z + 23 = 0 \\ 3x + 8y + z - 18 = 0 \end{cases}$；

（2）$\dfrac{x - 2}{4} = \dfrac{y - 3}{-12} = \dfrac{z - 1}{3}$ 和 $\begin{cases} \dfrac{y - 3}{-1} = \dfrac{z - 8}{-2} \\ x = 1 \end{cases}$.

14. 求下列直线与平面的交点：

（1）$\dfrac{x - 1}{1} = \dfrac{y + 1}{-2} = \dfrac{z}{6}$，$2x + 3y + z - 1 = 0$；

（2）$\dfrac{x + 2}{2} = \dfrac{y - 1}{3} = \dfrac{z - 3}{2}$，$x + 2y - 2z + 6 = 0$.

15. 求点 $(1, 2, 1)$ 到平面 $x + 2y + 2z - 10 = 0$ 的距离.

7.4　空间曲面与曲线

7.4.1　曲面及其方程

空间曲面方程的意义与平面解析几何中曲线与方程的意义相仿，那就是在建立了空间直角坐标系之后，任何曲面都看成点的几何轨迹，由此可定义空间曲面的方程.

定义　如果曲面 Σ 与方程

$$F(x, y, z) = 0$$

满足：

①曲面 Σ 上每一点的坐标都满足方程 $F(x, y, z) = 0$；

②以满足方程 $F(x, y, z) = 0$ 的解为坐标的点都在曲面 Σ 上.

则称方程 $F(x, y, z) = 0$ 为**曲面 Σ 的方程**，而称曲面 Σ 为此方程的**图形**.

上一节已考察了最简单的曲面——平面,以及最简单的空间曲线——直线,建立了它们的一些常见形式的方程.本节将介绍几种类型的常见曲面.

1) 球面方程

到空间一定点 M_0 之间的距离恒定的动点的轨迹为球面.

例 1　建立如图 7.4.1 所示球心在 $M_0(x_0, y_0, z_0)$、半径为 R 的球面方程.

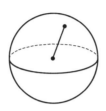

图 7.4.1

解　将球面看成空间中与定点等距离的点的轨迹.设 $M(x, y, z)$ 是球面上的任一点,则

$$|M_0M| = R.$$

由于

$$|M_0M| = \sqrt{(x-x_0)^2 + (y-y_0)^2 + (z-z_0)^2},$$

因此

$$\sqrt{(x-x_0)^2 + (y-y_0)^2 + (z-z_0)^2} = R.$$

两边平方,得

$$(x-x_0)^2 + (y-y_0)^2 + (z-z_0)^2 = R^2. \tag{7.4.1}$$

显然,球面上的点的坐标满足这个方程,而不在球面上的点的坐标不满足这个方程.因此,方程 (7.4.1) 就是以 $M_0(x_0, y_0, z_0)$ 为球心、以 R 为半径的球面方程.

如果 M_0 为原点,即 $x_0 = y_0 = z_0 = 0$.这时,球面方程为

$$x^2 + y^2 + z^2 = R^2. \tag{7.4.2}$$

若记 $A = -2x_0, B = -2y_0, C = -2z_0, D = x_0^2 + y_0^2 + z_0^2 - R^2$,则式 (7.4.1) 可化为

$$x^2 + y^2 + z^2 + Ax + By + Cz + D = 0. \tag{7.4.3}$$

式 (7.4.3) 称为**球面的一般方程**.

由式 (7.4.3) 可知,球面方程是关于 x, y, z 的二次方程,它的 x^2, y^2, z^2 3 项系数相等,并且方程中没有 xy, yz, zx 的项.

对形如式 (7.4.3) 的一般方程,有以下结论:

① 当 $A^2 + B^2 + C^2 - 4D > 0$ 时,上式为一球面方程;

② 当 $A^2 + B^2 + C^2 - 4D = 0$ 时,上式只表示一个点;

③ 当 $A^2 + B^2 + C^2 - 4D < 0$ 时,上式表示一个虚球,或者它不代表任何图形.

例 2　方程 $x^2 + y^2 + z^2 - 2x + 4y = 0$ 表示怎样的曲面?

解　通过配方,原方程可改写为

$$(x-1)^2 + (y+2)^2 + z^2 = 5.$$

与式 (7.4.1) 比较可知,原方程表示球心在点 $M_0(1, -2, 0)$、半径 $R = \sqrt{5}$ 的球面.

2) 柱面

设给定一条曲线 C 及直线 l,则平行于直线 l,且沿曲线 C 移动的直线 L 所形成的曲面,称

为柱面.定曲线 C 称为柱面的准线,动直线 L 称为柱面的母线(见图 7.4.2).

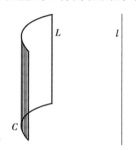

图 7.4.2

常见的柱面有:圆柱面,$x^2 + y^2 = R^2$;椭圆柱面,$\dfrac{x^2}{a^2} + \dfrac{y^2}{b^2} = 1$;双曲柱面,$\dfrac{y^2}{b^2} - \dfrac{x^2}{a^2} = 1$;抛物柱面,$x^2 = 2py$(见图 7.4.3).

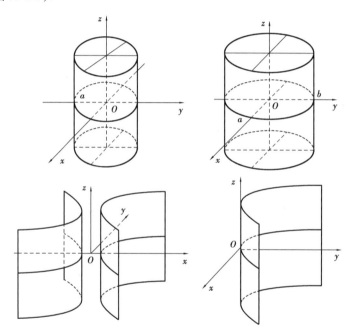

图 7.4.3

注 若曲面方程为 $F(x,y) = 0$,则它一定是母线平行于 z 轴,准线为 xOy 平面的一条曲线 Γ(Γ 在平面直角坐标系中的方程为 $F(x,y) = 0$)的柱面.类似地,只含 x,z 而缺 y 的方程和只含 y,z 而缺 x 的方程分别表示母线平行于 y 轴和 x 轴的柱面.

例如,圆柱面:$x^2 + y^2 = R^2$,它就是以 xOy 平面上的圆作为准线,以平行于 z 轴的直线作为母线形成的柱面.

又如,平面 $x - z = 0$ 表示母线平行于 y 轴,准线为 xOz 平面上的直线:$x - z = 0$.平面为特殊的柱面.

7.4.2 旋转曲面

一平面曲线 C 绕着该平面内一定直线 l 旋转一周所形成的曲面,称为**旋转曲面**.曲线 C 称为旋转曲面的母线,直线 l 称为**旋转曲面的轴**.

设在 yOz 面上有一已知曲线 C,它的方程为 $f(y,z)=0$,将这曲线绕 z 轴旋转一周,就得到一个以 z 轴为轴的旋转曲面.现在来求这个旋转曲面的方程(见图 7.4.4).

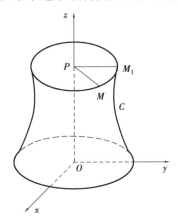

图 7.4.4

在旋转曲面上任取一点 $M(x,y,z)$,设这点是母线 C 上的点 $M_1(0,y_1,z_1)$ 绕 z 轴旋转而得到的.点 M 与 M_1 的 z 坐标相同,且它们到 z 轴的距离相等,故

$$\begin{cases} z = z_1 \\ \sqrt{x^2 + y^2} = |y_1| \end{cases}.$$

因为点 M_1 在曲线 C 上,所以

$$f(y_1, z_1) = 0.$$

将上述关系代入方程中,得

$$f(\pm\sqrt{x^2 + y^2}, z) = 0. \tag{7.4.4}$$

因此,旋转曲面上任何点 M 的坐标 x,y,z 都满足方程(7.4.4).如果点 $M(x,y,z)$ 不在旋转曲面上,它的坐标就不满足方程(7.4.4).因此,方程(7.4.4)就是所求**旋转曲面的方程**.

由上述推导过程可知,只要在曲线 C 的方程 $f(y,z)=0$ 中,将变量 y 换成 $\pm\sqrt{x^2 + y^2}$,便可得曲线 C 绕 z 轴旋转而形成的旋转曲面方程

$$f(\pm\sqrt{x^2 + y^2}, z) = 0.$$

同理,如果曲线 C 绕 y 轴旋转一周,所得旋转曲面方程为

$$f(y, \pm\sqrt{x^2 + y^2}) = 0. \tag{7.4.5}$$

对其他坐标面上的曲线,绕该坐标面内任一坐标轴旋转所得到的旋转曲面的方程可用类似的方法求得.

特别地,一直线绕与它相交的一条定直线旋转一周就得到**圆锥面**,动直线与定直线的交点称为圆锥面的顶点(见图 7.4.5).

例 3 求 yOz 面上的直线 $z=ky$ 绕 z 轴旋转一周所形成的旋转曲面的方程.

解 因为旋转轴为 z 轴,所以只要将方程 $z=ky$ 中的 y 改成 $\pm\sqrt{x^2 + y^2}$,便得到旋转曲面——圆锥面的方程

$$z = \pm k\sqrt{x^2 + y^2},$$

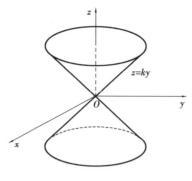

图 7.4.5

或

$$z^2 = k^2(x^2 + y^2).$$

7.4.3　二次曲面举例

在空间直角坐标系中,方程 $F(x,y,z) = 0$ 一般代表曲面.若 $F(x,y,z) = 0$ 为一次方程,则它代表一次曲面,即平面;若 $F(x,y,z) = 0$ 为二次方程,则它所表示的曲面称为**二次曲面**.如何通过方程去了解它所表示的曲面的形状?首先可利用坐标面或平行于坐标面的平面与曲面相截,通过考察其交线(截痕)的方法,从不同的角度去了解曲面的形状;然后加以综合,从而了解整个曲面的形状,这种方法称为**截痕法**.下面用截痕法来研究几个二次曲面的形状.

1)椭球面

方程

$$\frac{x^2}{a^2} + \frac{y^2}{b^2} + \frac{z^2}{c^2} = 1 \tag{7.4.6}$$

所表示的曲面,称为**椭球面**.

由方程(7.4.6),可知

$$\frac{x^2}{a^2} \leqslant 1, \quad \frac{y^2}{b^2} \leqslant 1, \quad \frac{z^2}{c^2} \leqslant 1,$$

即

$$|x| \leqslant a, \quad |y| \leqslant b, \quad |z| \leqslant c.$$

这说明,椭球面(7.4.6)完全包含在 $x = \pm a, y = \pm b, z = \pm c$ 这 6 个平面所围成的长方体内,a,b,c 称为**椭球面的半轴**.

用 3 个坐标面截这椭球面所得的截痕都是椭圆,即

$$\begin{cases} \dfrac{x^2}{a^2} + \dfrac{y^2}{b^2} = 1 \\ z = 0 \end{cases}, \quad \begin{cases} \dfrac{y^2}{b^2} + \dfrac{z^2}{c^2} = 1 \\ x = 0 \end{cases}, \quad \begin{cases} \dfrac{x^2}{a^2} + \dfrac{z^2}{c^2} = 1 \\ y = 0 \end{cases}.$$

用平行于 xOy 坐标面的平面 $z = h(|h| \leqslant c)$ 截这椭球面,所得交线为椭圆,即

$$\begin{cases} \dfrac{x^2}{a^2} + \dfrac{y^2}{b^2} = 1 - \dfrac{h^2}{c^2} \\ z = h \end{cases}.$$

这椭圆的半轴为 $\dfrac{a}{c}\sqrt{c^2 - h^2}$ 与 $\dfrac{b}{c}\sqrt{c^2 - h^2}$.当 $|h|$ 由 0 逐渐增大到 c 时,椭圆由大变小,最后

(当 $|h|=c$ 时)缩成一个点(即顶点$(0,0,c)$,$(0,0,-c)$);如果$|h|>c$,平面 $z=h$ 不与椭球面相交.

用平行于 yOz 面或 zOx 面的平面去截椭球面,可得到类似的结果.

容易看出,椭球面关于各坐标面、各坐标轴和坐标原点都是对称的. 综合上述讨论可知,椭球面的图形如图 7.4.6 所示.

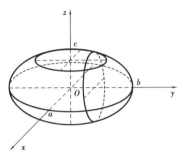

图 7.4.6

2) 双曲面

(1) 单叶双曲面

方程

$$\frac{x^2}{a^2} + \frac{y^2}{b^2} - \frac{z^2}{c^2} = 1 \tag{7.4.7}$$

所表示的曲面,称为**单叶双曲面**.

下面讨论 $\frac{x^2}{a^2} + \frac{y^2}{b^2} - \frac{z^2}{c^2} = 1$ 的形状:

用 xOy 坐标面($z=0$)截此曲面,所得的截痕为中心在原点,两个半轴分别为 a,b 的椭圆,即

$$\begin{cases} \dfrac{x^2}{a^2} + \dfrac{y^2}{b^2} = 1 \\ z = 0 \end{cases}.$$

用平行于坐标面 xOy 的平面 $z=z_1$ 截此曲面,所得截痕是中心在 z 轴上的椭圆,即

$$\begin{cases} \dfrac{x^2}{a^2} + \dfrac{y^2}{b^2} = 1 + \dfrac{z_1^2}{c^2} \\ z = z_1 \end{cases}.$$

它的两个半轴分别为 $\dfrac{a}{c}\sqrt{c^2+z_1^2}$ 和 $\dfrac{b}{c}\sqrt{c^2+z_1^2}$. 当 $|z_1|$ 由 0 逐渐增大时,椭圆的两个半轴分别从 a,b 逐渐增大.

用 zOx 坐标面($y=0$)截此曲面,所得的截痕为中心在原点的双曲线,即

$$\begin{cases} \dfrac{x^2}{a^2} - \dfrac{z^2}{c^2} = 1 \\ y = 0 \end{cases}.$$

它的实轴与 x 轴相合,虚轴与 z 轴相合.

用平行于坐标面 zOx 的平面 $y=y_1$ 截此曲面,所得的截痕是中心在 y 轴上的双曲线,即

$$\begin{cases} \dfrac{x^2}{a^2} - \dfrac{z^2}{c^2} = 1 - \dfrac{y_1^2}{b^2}. \\ y = y_1 \end{cases}$$

当 $y_1^2 < b^2$ 时,双曲线的实轴平行于 x 轴,虚轴平行于 z 轴;

当 $y_1^2 > b^2$ 时,双曲线的实轴平行于 z 轴,虚轴平行于 x 轴;

当 $y_1^2 = b^2$ 时,所得的截痕为两条相交的直线.

类似地,用 yOz 坐标面($x = 0$)和平行于 yOz 面的平面 $x = x_1$ 截此曲面,所得的截痕也是双曲线.

因此,单叶双曲面 $\dfrac{x^2}{a^2} + \dfrac{y^2}{b^2} - \dfrac{z^2}{c^2} = 1$ 的形状如图 7.4.7 所示.

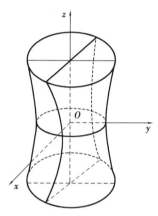

图 7.4.7

(2)双叶双曲面

方程

$$\frac{x^2}{a^2} + \frac{y^2}{b^2} - \frac{z^2}{c^2} = -1 \tag{7.4.8}$$

所表示的曲面,称为**双叶双曲面**.

同样,可用截痕法讨论,得曲面形状如图 7.4.8 所示.

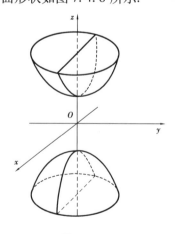

图 7.4.8

3）抛物面

（1）椭圆抛物面

方程

$$\frac{x^2}{p} + \frac{y^2}{q} = 2z \qquad (7.4.9)$$

所表示的曲面,称为**椭圆抛物面**(见图 7.4.9,其中,$p > 0, q > 0$).

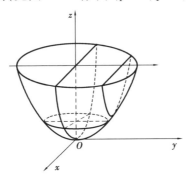

图 7.4.9

（2）双曲抛物面

方程

$$\frac{x^2}{p} - \frac{y^2}{q} = 2z \qquad (7.4.10)$$

所表示的曲面,称为**双曲抛物面**或**鞍形曲面**(见图 7.4.10,其中,$p > 0, q > 0$).

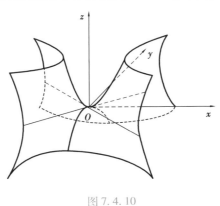

图 7.4.10

7.4.4　空间曲线

1）空间曲线的一般方程

空间曲线可看成两个曲面的交线. 设两曲面方程分别为 $F_1(x,y,z) = 0$ 和 $F_2(x,y,z) = 0$,则它们的交线 C 上的点同时在这两个曲面上,其坐标必同时满足这两个方程;反之,坐标同时满足这两个方程的点,也一定在这两曲面的交线 C 上. 因此,联立方程组

$$\begin{cases} F_1(x,y,z) = 0 \\ F_2(x,y,z) = 0 \end{cases} \qquad (7.4.11)$$

即空间曲线 C 的方程,称为**空间曲线的一般方程**.

例如,方程

$$\begin{cases} x^2 + y^2 + z^2 = 2 \\ z = 1 \end{cases}$$

表示平面 $z = 1$ 与以原点为球心、$\sqrt{2}$ 为半径的球面的交线. 如果将 $z = 1$ 代入第一个方程中,得 $x^2 + y^2 = 1$. 因此,这曲线是平面 $z = 1$ 上以 $(0,0,1)$ 为圆心的单位圆(见图 7.4.11).

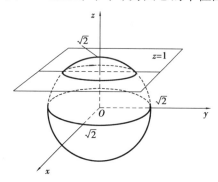

图 7.4.11

方程

$$\begin{cases} x^2 + y^2 - ax = 0 \\ z = \sqrt{a^2 - x^2 - y^2} \end{cases} \qquad (a > 0)$$

表示球心为原点、半径为 a 的上半球面与圆柱面 $x^2 + y^2 - ax = 0$,即 $\left(x - \dfrac{a}{2}\right)^2 + y^2 = \left(\dfrac{a}{2}\right)^2$ 的交线(见图 7.4.12,画出了 $z \geq 0$ 的部分).

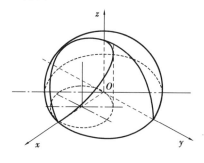

图 7.4.12

2)空间曲线的参数方程

上一节介绍了空间直线的参数式方程. 对空间曲线,除了上面的一般式方程外,也可用参数式方程表示,即将空间曲线 C 上的点的坐标 x,y,z 用同一参变量 t 的函数

$$\begin{cases} x = x(t) \\ y = y(t) \qquad (t_1 \leqslant t \leqslant t_2) \\ z = z(t) \end{cases} \tag{7.4.12}$$

表示. 当给定 t 的一个值时,由式(7.4.13)得到曲线 C 上的一个点的坐标;当 t 在区间 $[t_1, t_2]$ 上变动时,就可得到曲线 C 上的所有点. 方程组(7.4.12)称为**空间曲线的参数方程**.

例 4 设空间一动点 M 在圆柱面 $x^2 + y^2 = a^2$ 上以角速度 ω 绕 z 轴旋转,同时又以线速度 v

沿平行于 z 轴的正方向上升(其中, ω , v 都是常数),则动点 M 的轨迹称为**螺旋线**. 试求螺旋线的参数方程.

解　取时间 t 为参数,设运动开始时($t=0$)动点的位置在 $M_0(a,0,0)$,经过时间 t ,动点的位置在 $M(x,y,z)$ (见图 7.4.13).

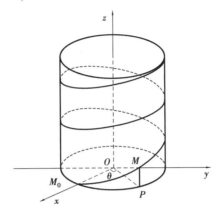

图 7.4.13

点 M 在 xOy 面上的投影为 $P(x,y,0)$. 因 $\angle M_0OP = \omega t$,于是有

$$\begin{cases} x = a\ \cos\ \omega t \\ y = a\ \sin\ \omega t \end{cases}.$$

又因动点同时以线速度 v 沿平行于 z 轴的正方向上升,故

$$z = PM = vt.$$

因此,螺旋线的参数方程为

$$\begin{cases} x = a\ \cos\ \omega t \\ y = a\ \sin\ \omega t. \\ z = vt \end{cases}$$

如果令 $\theta = \omega t$,以 θ 为参数,则螺旋线的参数方程为

$$\begin{cases} x = a\ \cos\ \theta \\ y = a\ \sin\ \theta, \\ z = b\theta \end{cases}$$

其中

$$b = \frac{v}{\omega}.$$

3)空间曲线在坐标面上的投影

设空间曲线 C 的方程为

$$\begin{cases} F_1(x,y,z) = 0 \\ F_2(x,y,z) = 0 \end{cases}, \tag{7.4.13}$$

现在要求它在 xOy 坐标面上的投影曲线方程.

作曲线 C 在 xOy 面上的投影时,要通过曲线 C 上每一点作 xOy 面上的垂线,这相当于作一个母线平行于 z 轴,且通过曲线 C 的柱面,这柱面与 xOy 面的交线就是曲线 C 在 xOy 面上的投影曲线. 因此,关键在于求这个柱面的方程. 从方程(7.4.13)中消去变量 z ,得到

$$F(x,y) = 0. \tag{7.4.14}$$

方程(7.4.14)表示一个母线平行于 z 轴的柱面,此柱面必定包含曲线 C,故它是一个以曲线 C 为准线、母线平行于 z 轴的柱面,称为曲线 C 关于 xOy 面的**投影柱面**. 它与 xOy 面的交线就是空间曲线 C 在 xOy 面上的**投影曲线**,简称**投影**. 曲线 C 在 xOy 面上的投影曲线方程为

$$\begin{cases} F(x,y) = 0, \\ z = 0 \end{cases} \tag{7.4.15}$$

其中,$F(x,y) = 0$ 可从方程(7.4.13)中消去 z 而得到.

同理,分别从方程(7.4.13)中消去 x 与 y,得到 $G(y,z) = 0$ 和 $H(x,z) = 0$,则曲线 C 在 yOz 和 zOx 坐标面上的投影曲线方程分别为

$$\begin{cases} G(y,z) = 0 \\ x = 0 \end{cases} \tag{7.4.16}$$

和

$$\begin{cases} H(x,z) = 0 \\ y = 0 \end{cases}. \tag{7.4.17}$$

例5 已知两球面的方程为

$$x^2 + y^2 + z^2 = 1 \tag{7.4.18}$$

和

$$x^2 + (y-1)^2 + (z-1)^2 = 1, \tag{7.4.19}$$

求它们的交线在 xOy 面上的投影方程.

解 先求包含两球面的交线,而母线平行于 z 轴的柱面方程. 要由方程(7.4.18)、方程(7.4.19)中消去 z,为此可从方程(7.4.18)中减去方程(7.4.19)并化简,得到

$$y + z = 1.$$

再以 $z = 1 - y$ 代入方程(7.4.18)或方程(7.4.19),即得所求的柱面方程为

$$x^2 + 2y^2 - 2y = 0.$$

于是,两球面的交线在 xOy 面上的投影方程为

$$\begin{cases} x^2 + 2y^2 - 2y = 0 \\ z = 0 \end{cases}.$$

习题7.4

1. 建立以点 $(1,3,-2)$ 为中心且通过坐标原点的球面方程.

2. 一动点离点 $(2,0,-3)$ 的距离与离点 $(4,-6,6)$ 的距离之比为3,求此动点的轨迹方程.

3. 指出下列方程所表示的是什么曲面,并画出其图形:

$(1)\left(x - \dfrac{a}{2}\right)^2 + y = \left(\dfrac{a}{2}\right)^2$($a$ 为正常数);

$(2)-\dfrac{x^2}{4} + \dfrac{y^2}{9} = 1$;

$(3)\dfrac{x^2}{9} + \dfrac{z^2}{4} = 1$;

$(4)y^2 - z = 0$;

$(5)x^2 - y^2 = 0$;

$(6)x^2 + y^2 = 0$.

4. 指出下列方程表示怎样的曲面,并作出图形:

$(1)x^2 + \dfrac{y^2}{4} + \dfrac{z^2}{9} = 1$;

$(2)36x^2 + 9y^2 - 4z = 36$;

（3）$x^2 - \dfrac{y^2}{4} - \dfrac{z^2}{9} = 1$；

（4）$x^2 + \dfrac{y^2}{4} - \dfrac{z^2}{9} = 11$；

（5）$x^2 + y^2 - \dfrac{z^2}{9} = 0$.

5. 作出下列曲面所围成的立体的图形：

（1）$x^2 + y^2 + z^2 = a^2$ 与 $z = 0, z = \dfrac{a}{2}$（$a > 0$ 为常数）；

（2）$x + y + z = 4, x = 0, x = 1, y = 0, y = 2$ 及 $z = 0$；

（3）$z = 4 - x^2, x = 0, y = 0, z = 0$ 及 $2x + y = 4$；

（4）$z = 6 - (x^2 + y^2), x = 0, y = 0, z = 0$ 及 $x + y = 1$.

6. 求下列曲面和直线的交点：

（1）$\dfrac{x^2}{81} + \dfrac{y^2}{36} + \dfrac{z^2}{9} = 1$ 与 $\dfrac{x-3}{3} = \dfrac{y-4}{-6} = \dfrac{z+2}{4}$；

（2）$\dfrac{x^2}{16} + \dfrac{y^2}{9} - \dfrac{z^2}{4} = 1$ 与 $\dfrac{x}{4} = \dfrac{y}{-3} = \dfrac{z+2}{4}$.

7. 设有一圆，它的中心在 z 轴上、半径为 3，且位于距离 xOy 平面 5 个单位的平面上，试建立这个圆的方程.

8. 试考察曲面 $\dfrac{x^2}{9} - \dfrac{y^2}{25} + \dfrac{z^2}{4} = 1$ 在下列各平面上的截痕的形状，并写出其方程.

（1）平面 $x = 2$；

（2）平面 $y = 0$；

（3）平面 $y = 5$；

（4）平面 $z = 2$.

9. 求曲线 $x^2 + y^2 + z^2 = a^2, x^2 + y^2 = z^2$ 在 xOy 面上的投影曲线.

10. 建立曲线 $x^2 + y^2 = z, z = x + 1$ 在 xOy 平面上的投影方程.

习题 7

1. 填空题：

（1）过 $(0, 1, 0)$ 且与平面 $x - y + z = 1$ 平行的平面方程为 _____.

（2）点 $(2, 1, 0)$ 到平面 $3x + 4y + 5z = 0$ 的距离 $d =$ _____.

（3）原点关于平面 $6x + 2y - 9z + 121 = 0$ 的对称点是 _____.

（4）曲线 $\begin{cases} x^2 + y^2 + z^2 = 1 \\ x + 2y + z = 0 \end{cases}$ 在 xOy 平面上的投影曲线方程是 _____.

2. 选择题：

（1）设 3 向量 $\boldsymbol{a}, \boldsymbol{b}, \boldsymbol{c}$ 满足关系式 $\boldsymbol{a} + \boldsymbol{b} + \boldsymbol{c} = \boldsymbol{0}$，则 $\boldsymbol{a} \times \boldsymbol{b} = ($　　　$)$.

　　A. $\boldsymbol{c} \times \boldsymbol{b}$　　　　B. $\boldsymbol{b} \times \boldsymbol{c}$　　　　C. $\boldsymbol{a} \times \boldsymbol{c}$　　　　D. $\boldsymbol{b} \times \boldsymbol{a}$

（2）两平行平面 $\pi_1 : 19x - 4y + 8z + 21 = 0$ 与 $\pi_2 : 19x - 4y + 8z + 42 = 0$ 之间的距离为$($　　　$)$.

　　A. 1　　　　　　B. $\dfrac{1}{2}$　　　　　　C. 2　　　　　　D. 21

（3）直线 $L_1 : \begin{cases} x + 2y - z = 7 \\ -2x + y + z = 7 \end{cases}$ 与直线 $L_2 : \begin{cases} 3x + 6y - 3z = 8 \\ 2x - y - z = 0 \end{cases}$ 之间的关系是$($　　　$)$.

A. $L_1 \perp L_2$ B. $L_1 /\!/ L_2$

C. L_1 与 L_2 相交但不一定垂直   D. L_1 与 L_2 为异面直线

(4)方程 $(z-a)^2 = x^2 + y^2$ 表示( ).

    A. xOz 平面上曲线 $(z-a)^2 = x^2$ 绕 y 轴旋转所得曲面

    B. xOz 平面上直线 $z-a = x$ 绕 z 轴旋转所得曲面

    C. yOz 平面上直线 $z-a = y$ 绕 y 轴旋转所得曲面

    D. yOz 平面上直线 $(z-a)^2 = y^2$ 绕 x 轴旋转所得曲面

(5)下列方程所对应的曲面为双曲抛物面的是( ).

    A. $x^2 + 2y^2 + 3z^2 = 1$ B. $x^2 - 2y^2 + 3z^2 = 1$

    C. $x^2 + 2y^2 - 3z = 0$ D. $x^2 - 2y^2 - 3z = 0$

3. 已知 4 点 $A(1,-2,3), B(4,-4,-3), C(2,4,3)$ 及 $D(8,6,6)$ 求向量 $\overrightarrow{AB}$ 在向量 $\overrightarrow{CD}$ 上的投影.

4. 若向量 $\boldsymbol{a} + 3\boldsymbol{b}$ 垂直于向量 $7\boldsymbol{a} - 5\boldsymbol{b}$,向量 $\boldsymbol{a} - 4\boldsymbol{b}$ 垂直于向量 $7\boldsymbol{a} - 2\boldsymbol{b}$,求 $\boldsymbol{a}$ 和 $\boldsymbol{b}$ 的夹角.

5. 设 $\boldsymbol{a} = (-2,7,6), \boldsymbol{b} = (4,-3,-8)$,证明:以 $\boldsymbol{a}$ 与 $\boldsymbol{b}$ 为邻边的平行四边形的两条对角线互相垂直.

6. 求垂直于向量 $3\boldsymbol{i} - 4\boldsymbol{j} - \boldsymbol{k}$ 和 $2\boldsymbol{i} - \boldsymbol{j} + \boldsymbol{k}$ 的单位向量,并求上述两向量夹角的正弦.

7. 一平行四边形以向量 $\boldsymbol{a} = (2,1,-1)$ 和 $\boldsymbol{b} = (1,-2,1)$ 为邻边,求其对角线夹角的正弦.

8. 已知 3 点 $A(2,-1,5), B(0,3,-2), C(-2,3,1)$,点 M,N,P 分别是 AB, BC, CA 的中点,证明:

$$\overrightarrow{MN} \times \overrightarrow{MP} = \frac{1}{4}(\overrightarrow{AC} \times \overrightarrow{BC}).$$

9. 已知 $\boldsymbol{a} = (a_x, a_y, a_z), \boldsymbol{b} = (b_x, b_y, b_z), \boldsymbol{c} = (c_x, c_y, c_z)$. 试证明:

(1)三向量 $\boldsymbol{a}, \boldsymbol{b}, \boldsymbol{c}$ 共面的充要条件是

$$\begin{vmatrix} a_x & a_y & a_z \\ b_x & b_y & b_z \\ c_x & c_y & c_z \end{vmatrix} = 0;$$

(2)3 向量 $\boldsymbol{a}, \boldsymbol{b}, \boldsymbol{c}$ 不共面,则

$$(\boldsymbol{a} \times \boldsymbol{b}) \cdot \boldsymbol{c} = (\boldsymbol{b} \times \boldsymbol{c}) \cdot \boldsymbol{a} = (\boldsymbol{c} \times \boldsymbol{a}) \cdot \boldsymbol{b}.$$

10. 四面体的顶点在 $(1,1,1), (1,2,3), (1,1,2)$ 和 $(3,-1,2)$,求四面体的表面积.

11. 设四面体的顶点为 $A(1,1,1), B(2,1,3), C(3,5,4)$ 及 $D(5,5,5)$,求该四面体的体积.

12. 已知三点 $A(2,4,1), B(3,7,5), C(4,10,9)$,证明:此 3 点共线.

13. 一动点与 $M_0(1,1,1)$ 连成的向量与向量 $\boldsymbol{n} = (2,3,-4)$ 垂直,求动点的轨迹方程.

14. 求满足下列各组条件的直线方程:

(1)经过点 $(2,-3,4)$,且与平面 $3x - y + 2z - 4 = 0$ 垂直;

(2)过点 $(0,2,4)$,且与两平面 $x + 2z = 1$ 和 $y - 3z = 2$ 平行;

(3)过点 $(-1,2,1)$,且与直线 $\dfrac{x}{2} = \dfrac{y-3}{-1} = \dfrac{z-1}{3}$ 平行.

15. 试确定出下列各题中直线与平面间的关系：

(1) $\dfrac{x+3}{-2}=\dfrac{y+4}{-7}=\dfrac{z}{3}$ 和 $4x-2y-2z=3$；

(2) $\dfrac{x}{3}=\dfrac{y}{-2}=\dfrac{z}{7}$ 和 $3x-2y+7z=8$；

(3) $\dfrac{x-2}{3}=\dfrac{y+2}{1}=\dfrac{z-3}{-4}$ 和 $x+y+z=3$.

16. 求过点 $(1,-2,1)$，且垂直于直线

$$\begin{cases} x-2y+z-3=0 \\ x+y-z+2=0 \end{cases}$$

的平面方程.

17. 求过点 $M(1,-2,3)$ 和两平面 $2x-3y+z=3$，$x+3y+2z+1=0$ 的交线的平面方程.

18. 求点 $(-1,2,0)$ 在平面 $x+2y-z+1=0$ 上的投影.

19. 求点 $(3,-1,2)$ 到直线 $\begin{cases} x=0 \\ y=z-2 \end{cases}$ 的距离.

20. 求直线 $L:\dfrac{x-1}{-2}=\dfrac{y-3}{1}=\dfrac{z-2}{3}$ 在平面 $\pi:2x-y+5z-3=0$ 上的投影方程.

21. 设有两直线

$$L_1:\dfrac{x-1}{-1}=\dfrac{y}{2}=\dfrac{z+1}{1}, \quad L_2:\dfrac{x+2}{0}=\dfrac{y-1}{1}=\dfrac{z-2}{-2},$$

求平行于 L_1,L_2 且与它们等距离的平面方程.

22. 曲线 L 是旋转曲线与平面的交线 $\begin{cases} z^2=x^2+y^2 \\ x+z=1 \end{cases}$：

(1) 求 L 在 xOy 平面上的投影曲线；

(2) 求经过曲线 L，母线平行于 z 轴的柱面.

第 7 章参考答案

第 **8** 章
多元函数微分学

在上册中讨论了一元函数. 一元函数的自变量只有一个,但在自然科学与工程技术中,遇到的大多数函数往往依赖两个或更多的变量,这就需要研究多元函数. 本章将在一元函数微分学的基础上,讨论多元函数的微分法及其应用.

8.1 多元函数的基本概念

讨论一元函数时,经常用到邻域和区间的概念. 在多元函数讨论中,首先需要把邻域和区间的概念加以推广.

8.1.1 平面点集

1) 邻域

设 $P_0(x_0, y_0)$ 为 xOy 平面上一个点, δ 为一个正数, 集合

$$U(P_0, \delta) = \left\{ (x, y) \mid \sqrt{(x - x_0)^2 + (y - y_0)^2} < \delta \right\},$$

称为以 P_0 为中心、δ 为半径的**邻域**或 P_0 的邻域, 也记为 $U(P_0)$; P_0 的去心 δ 邻域为

$$\mathring{U}(P_0, \delta) = \left\{ (x, y) \mid 0 < \sqrt{(x - x_0)^2 + (y - y_0)^2} < \delta \right\}.$$

2) 内点和外点

设 E 为平面点集, P 为一点, 若存在 $\delta > 0$, 使得 $U(P, \delta) \subset E$, 则 P 称为 E 的一个**内点**; 若存在 $\delta > 0$, 使得 $U(P, \delta) \cap E = \varphi$, 则 P 称为 E 的一个**外点**.

例如, 集合 $E = \{(x, y) \mid x^2 + y^2 < 2\}$ 的点都是 E 的内点.

3) 边界点和边界

设 E 为平面点集, P 为一点, 若 P 的任何邻域既含有属于 E 的点, 又含有不属于 E 的点, 则 P 称为 E 的一个**边界点**. 平面点集 E 的边界点的全体, 称为 E 的**边界**.

例如, 平面上满足 $x^2 + y^2 = 2$ 的点都是 $E = \{(x, y) \mid x^2 + y^2 < 2\}$ 的边界点.

注 E 的内点一定属于 E; E 的外点一定不属于 E; E 的边界点可能属于 E, 也可能不属于 E.

4) 聚点

设 E 是平面上的一个点集, P 是平面上的一个点, 如果点 P 的任一邻域内总有无限多个点属于点集 E, 则称 P 为 E 的聚点.

显然, E 的内点一定是 E 的聚点. 此外, E 的边界点也可能是 E 的聚点.

5) 开集和闭集

若点集 E 的点都是 E 的内点, 则 E 称为**开集**. 若点集 E 的余集 E^C 是开集, 则 E 称为**闭集**.

例如, $E = \{(x,y) \mid x^2 + y^2 < 2\}$ 为开集; $\{(x,y) \mid x^2 + y^2 \leqslant 2\}$ 为闭集; $\{(x,y) \mid 2 < x^2 + y^2 \leqslant 3\}$ 既不是开集, 也不是闭集.

6) 连通集

若点集 E 中的任何两点总可用 E 内的折线连接, 则 E 称为**连通集**; 否则, 称 E 为非**连通集**.

如图 8.1.1 所示, 平面 R^2 上的点集 D_1, D_2 是**连通集**; D_3 由两个部分组成, 是**非连通集**.

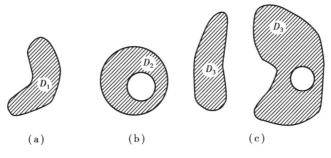

（a）　　　　　　（b）　　　　　　（c）

图 8.1.1

7) 区域和闭区域

连通的开集, 称为**区域 (开区域)**; 区域连同其边界构成的集合, 称为**闭区域**.

例如, $\{(x,y) \mid x^2 + y^2 < 2\}$, $\{(x,y) \mid x > 0, y > 0\}$ 是区域; $\{(x,y) \mid x^2 + y^2 \leqslant R^2\}$ 为闭区域; $\{(x,y) \mid 2 < x^2 + y^2 \leqslant 3\}$ 不是区域, 也不是闭区域.

8) 有界集

对平面点集 E, 若存在某一正数 r, 使得 $E \subset U(O, r)$, 其中 O 为坐标原点, 则 E 称为**有界集**; 否则, E 称为**无界集**.

例如, $\{(x,y) \mid 2 < x^2 + y^2 \leqslant 3\}$ 为有界集; $\{(x,y) \mid x + y > 1\}$ 为无界集.

8.1.2　n 维空间

已知数轴上的点和实数之间有一一对应关系, 平面上的点和二元有序数组之间有一一对应关系, 空间点和三元有序数组之间的一一对应关系. 如果称数轴上的点的全体为一维空间, 平面上的点的全体为二维空间, 空间的点的全体为三维空间的话, 则就可用数或数组之间的关系来描述空间点之间的关系了. 下面引入 n 维空间的概念.

设 n 为取定的一个自然数, 称 n 元数组 $(x_1, x_2, \cdots, x_n)$ 的全体为 n **维空间**, 而每个 n 元数组 $(x_1, x_2, \cdots, x_n)$ 称为 n 维空间中的一个点, 数 x_i 称为该点的第 i 个坐标, n 维空间记为 $\mathbf{R}^n$.

n 维空间中两点 $P(x_1, x_2, \cdots, x_n)$ 及 $Q(y_1, y_2, \cdots, y_n)$ 间的距离规定为

$$|PQ| = \sqrt{(y_1 - x_1)^2 + (y_2 - x_2)^2 + \cdots + (y_n - x_n)^2},$$

当 n 分别为 $1,2,3$ 时,上式便是解析几何中关于数轴、平面、空间内两点间的距离.

前面就平面点集所陈述的一系列概念可推广到 n 维空间中. 例如,设 $P_0 \in \mathbf{R}^n$, δ 是某一正数,则 n 维空间内的点集

$$U(P_0,\delta) = \{P \mid |PP_0| < \delta; P,P_0 \in \mathbf{R}^n\}$$

定义为 P_0 的 δ 邻域. 以邻域为基础,可定义去心邻域、内点、边界点、区域、聚点等一系列概念.

8.1.3 多元函数的定义

在许多实际问题和自然现象中,经常会遇到多个变量之间的依赖关系.

例 1 圆柱体的体积 V 和它的底半径 r 、高 h 之间具有关系

$$V = \pi r^2 h.$$

例 2 一定量的理想气体的压强 p 、体积 V 和绝对温度 T 之间具有关系

$$p = \frac{RT}{V},$$

其中, R 为常数.

以上都是二元函数的实例,抽去它们的几何、物理等特性,仅保留数量关系的共性,可得到二元函数的定义.

定义 1 设 D 是平面上的一个非空点集. 如果对每个点 $P(x,y) \in D$,变量 z 按照一定法则总有确定的值与它对应,则称 z 是变量 x,y 的**二元函数**(或点 P 的函数),记为

$$z = f(x,y),$$

或

$$z = f(P).$$

点集 D 称为该函数的**定义域**, x,y 称为**自变量**, z 称为**因变量**. 数集

$$\{z \mid z = f(x,y),(x,y) \in D\},$$

称为该函数的**值域**.

类似地,可将二元函数的概念推广到 n 元函数.

定义 2 设 D 是 n 维空间 $\mathbf{R}^n$ 的非空子集, $\mathbf{R}$ 是实数集. 如果对每个点 $P(x_1,x_2,\cdots,x_n) \in D$,按照一定法则总有确定的 $y \in \mathbf{R}$ 和它对应,则称 y 是 $x_1,\cdots,x_n$ 的 n **元函数**,记为

$$y = f(x_1,x_2,\cdots,x_n),$$

或

$$y = f(P).$$

当 $n=1$ 时, n 元函数就是一元函数;当 $n \geq 2$ 时, n 元函数统称为多元函数.

多元函数的定义域与一元函数类似. 约定:在讨论用算式表达的多元函数 $y = f(P)$ 的定义域时,就以使这个算式有意义的自变量或点 P 所确定的点集为这个函数的定义域.

例如,二元函数 $z = \ln(x+y)$ 的定义域为 $D = \{(x,y) \mid x+y > 0\}$,即定义域 D 是直线 $x+y=0$ 上方的无界区域,如图 8.1.2 所示. 函数 $z = \arcsin(x^2+y^2)$ 的定义域为 $D = \{(x,y) \mid x^2+y^2 \leq 1\}$,即定义域 D 是以原点为中心、1 为半径的圆的内部和边界,这是一个有界闭区域,如图 8.1.3 所示.

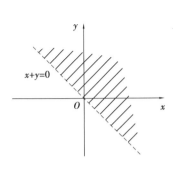

图 8.1.2　　　　　　　　　　　　　图 8.1.3

例 3　求二元函数 $f(x,y) = \dfrac{\ln(x^2+y^2-1)}{\sqrt{4-x^2-y^2}}$ 的定义域.

解　要使得函数表达式有意义,须满足

$$\begin{cases} x^2+y^2-1>0 \\ 4-x^2-y^2>0 \end{cases},$$

得

$$\begin{cases} x^2+y^2>1 \\ x^2+y^2<4 \end{cases},$$

故所求定义域为 $D = \{(x,y)\,|\,1<x^2+y^2<4\}$ 表示不包含圆周的圆环域.

一元函数 $y=f(x)$ 的图形通常是平面上的一条曲线,与之类似,二元函数 $z=f(x,y)$ 的图形通常表示为空间中的一张曲面. 设二元函数 $z=f(x,y)$ 的定义域为 D,对任意取定的点 $P(x,y)\in D$,对应的函数值为 $z=f(x,y)$. 这样以 x 为横坐标、y 为纵坐标、$z=f(x,y)$ 为竖坐标在空间就确定一点 $M(x,y,z)$. 当 (x,y) 遍取 D 上的一切点时,得到一个空间点集 $\{(x,y,z)\,|\,z=f(x,y),(x,y)\in D\}$,这个点集在几何上称为二元函数 $z=f(x,y)$ 的图形或图像 (见图 8.1.4).

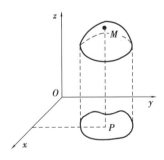

图 8.1.4

例如,函数 $z=\sqrt{a^2-x^2-y^2}\,(a>0)$ 的图形就是以原点 O 为球心、a 为半径的上半球面,而函数 $z=-\sqrt{a^2-x^2-y^2}\,(a>0)$ 的图形就是下半球面. 特别地,二元线性函数 $z=ax+by+c$ 的图形是一平面.

8.1.4 多元复合函数及隐函数

与一元函数的情形类似,多元函数也有函数复合运算,但情况复杂得多.例如,$u = f(xy, x^2 + y^2, x - y)$ 是由 $u = f(v_1, v_2, v_3)$ 与 3 个二元函数 $v_1 = xy, v_2 = x^2 + y^2, v_3 = x - y$ 复合而成的二元函数,也说成 u 是以 v_1, v_2, v_3 为中间变量,以 x, y 为自变量的复合函数.

如果 $f(x_1, x_2, \cdots, x_n)$ 能表示为一个式子,n 元函数 $u = f(x_1, x_2, \cdots, x_n)$ 就是函数的方程表示,这样的函数称为**显函数**.如果方程 $F(x_1, x_2, \cdots, x_n, u) = 0$ 能确定 u 是 $x_1, x_2, \cdots, x_n$ 的函数,这也是函数的方程表示,这时把 u 称为 $x_1, \cdots, x_n$ 的**隐函数**.例如,$z = \sqrt{R^2 - x^2 - y^2}$ 是显函数,而 $x^2 + y^2 + z^2 = R^2$ 所确定的 x, y 的函数 $z(z > 0$ 或 $z \leqslant 0)$ 称为 x, y 的隐函数.

习题 8.1

1. 判断下列平面点集哪些是开集、闭集、区域、有界集、无界集,并分别指出它们的聚点集和边界:

$(1) \{(x, y) \mid x \neq 0\}$;　　　　$(2) \{(x, y) \mid 1 \leqslant x^2 + y^2 < 2\}$;　　　　$(3) \{(x, y) \mid y < x^2\}$.

2. 已知 $f(x, y) = x^2 - y^2 - xy \sin \dfrac{x}{y}$,试求 $f(tx, ty)$.

3. 已知函数 $f\left(x + y, \dfrac{y}{x}\right) = x^2 - y^2$,求 $f(x, y)$.

4. 求下列各函数的定义域:

$(1) z = \ln(y^2 - 3x + 1)$;　　　　$(2) z = \dfrac{\sqrt{x + y}}{\sqrt{x - y}}$;　　　　$(3) z = \dfrac{\sqrt{4x - y^2}}{\ln(1 - x^2 - y^2)}$;

$(4) z = \dfrac{x^2 - y^2}{x^2 + y^2}$;　　　　$(5) u = \arccos \dfrac{z}{\sqrt{x^2 + y^2}}$.

8.2　多元函数的极限与连续性

8.2.1 多元函数的极限

这里先讨论二元函数 $z = f(x, y)$,当 $(x, y) \to (x_0, y_0)$,即 $P(x, y) \to P(x_0, y_0)$ 时的极限.

定义 1　设函数 $z = f(x, y)$ 的定义域为 D,$P_0(x_0, y_0)$ 是 D 的聚点.如果存在常数 A,当 (x, y) 无限接近于点 $P_0(x_0, y_0)$,函数值 $z = f(x, y)$ 无限接近于 A,则称 A 为函数 $z = f(x, y)$ 当 $(x, y) \to (x_0, y_0)$(或 $P \to P_0$)时的**极限**,记作

$$\lim_{(x, y) \to (x_0, y_0)} f(x, y) = A,$$

或

$$f(x, y) \to A \quad (\rho \to 0),$$

其中

$$\rho = |PP_0| = \sqrt{(x - x_0)^2 + (y - y_0)^2}.$$

这个定义与一元函数的极限定义几乎是一样的,所不同的是在平面上 P 以任何方式趋于 P_0. 在一维空间中,$x \to x_0$ 只能从它的左右两边趋近于 x_0. 因此,在多维空间中,$P \to P_0$ 更具有"任意性",这也是考虑多元函数的极限需要特别注意的问题. 为了区别于一元函数的极限,把二元函数的极限称为**二重极限**.

由于多元函数的极限定义与一元函数的极限定义本质上是一样的,因此,一元函数极限的运算法可以平行推广到多元函数上. 例如,如果极限存在,其极限值是唯一的;无穷小量与有界函数的乘积仍是无穷小量;极限的四则运算;无穷小的比较,等等. 这为计算二重极限带来了许多方便.

例 1　求下列二重极限:

(1) $\displaystyle\lim_{(x,y) \to (0,0)} \frac{xy}{\sqrt{x^2+y^2}}$;　　　　　(2) $\displaystyle\lim_{(x,y) \to (0,2)} \frac{x}{\sin(xy)}$.

解　(1) 由于 $\dfrac{|y|}{\sqrt{x^2+y^2}} \leqslant 1$, 故 $\dfrac{y}{\sqrt{x^2+y^2}}$ 为有界函数,而 $x \to 0$,因此有

$$\lim_{(x,y) \to (0,0)} \frac{xy}{\sqrt{x^2+y^2}} = 0 ;$$

(2) 若将 xy 看成一个整体变量,则当 $(x,y) \to (0,2)$ 时,$xy \to 0$,因此

$$\lim_{(x,y) \to (0,2)} \frac{x}{\sin(xy)} = \lim_{(x,y) \to (0,2)} \frac{xy}{\sin(xy)} \cdot \frac{1}{y} = \frac{1}{2} .$$

注　(1) 二重极限存在,是指点 P 沿任意路径趋于点 P_0 时,函数 $f(x,y)$ 都趋于常数 A.
(2) 如果当 P 以两种不同方式趋于 P_0 时,函数趋于不同的值,则函数的极限不存在.

例 2　考察函数

$$f(x,y) = \begin{cases} \dfrac{xy}{x^2+y^2} & x^2+y^2 \neq 0 \\ 0 & x^2+y^2 = 0 \end{cases}$$

当 $(x,y) \to (0,0)$ 时,极限是否存在.

解　(1) 当点 $P(x,y)$ 沿 x 轴趋于点 $(0,0)$ 时,$\displaystyle\lim_{x \to 0} f(x,0) = \lim_{x \to 0} 0 = 0$;

(2) 当点 $P(x,y)$ 沿 y 轴趋于点 $(0,0)$ 时,$\displaystyle\lim_{y \to 0} f(0,y) = \lim_{y \to 0} 0 = 0$;

(3) 当 $P(x,y)$ 沿 $y = kx$ 趋于点 $(0,0)$ 时,$\displaystyle\lim_{\substack{y=kx \\ x \to 0}} f(x,y) = \lim_{x \to 0} \frac{kx^2}{x^2+k^2x^2} = \frac{k}{1+k^2}$.

显然它随 k 值的不同而改变,故当 $(x,y) \to (0,0)$ 时,$f(x,y)$ 的极限不存在.

在例 2 中,当 $P(x,y)$ 沿不同的路径趋于点 $(0,0)$ 时,二元函数有不同的极限. 这一方法常用来证明二元函数极限不存在.

关于二元函数极限的定义、结论等都可推广到一般 n 元函数上去,这里不再列举.

8.2.2　多元函数的连续性

与一元函数的连续性类似,可借助二重极限给出二元函数在一点处连续的定义.

定义 2　设二元函数 $f(P) = f(x,y)$ 的定义域为 D,$P_0(x_0,y_0)$ 是 D 的聚点,且 $P_0 \in D$,如果

$$\lim_{\substack{P \to P_0 \\ (P \in D)}} f(P) = \lim_{(x,y) \to (x_0,y_0)} f(x,y) = f(x_0,y_0) = f(P_0),$$

则称二元函数 $f(P)$ 在点 $P_0(x_0,y_0)$ 处连续.

设 D 为开区域(闭区域),如果函数 $f(P)$ 在 D 上各点处都连续,就称函数 $f(P)$ 在 D 上**连续**;若 $f(P)$ 在 P_0 点不连续,则称 P_0 为函数 $f(P)$ 的**间断点**.

如例 2 中,点 $(0,0)$ 为 $f(x,y)$ 的间断点.

二元函数的间断点也可以是一条曲线,如

$$z = \frac{1}{1-x^2-y^2}$$

在圆周 $x^2+y^2=1$ 上没有定义,但在平面上其他点处均有定义,故该圆周上的点都是间断点.

与闭区间上一元连续函数的性质相似,在有界闭区域上多元函数也有以下性质:

性质 1(最大值和最小值定理) 在有界闭区域 D 上的多元连续函数,在 D 上至少取得它的最大值和最小值各一次.即在 D 上至少有一点 P_1 和一点 P_2,使得 $f(P_1)$ 为最大值,$f(P_2)$ 为最小值.

性质 2(介值定理) 在有界闭区域 D 上的多元连续函数,如果在 D 上取得两个不同的函数值,则它在 D 上取得介于这两个值之间的任何值.特别地,如果 u 是函数在 D 上的最小值和最大值之间的一个数,则在 D 上至少存在一点 P,使 $f(P)=u$.

前面已指出,一元函数中关于极限的运算法则,对多元函数仍适用,根据极限运算法则,易证多元连续函数的和、差、积、商(分母不为零处)均为连续函数.可以证明,多元连续函数的复合函数也是连续函数.

以 $x_i(i=1,2,\cdots,n)$ 为变量的基本初等函数,经过有限次的四则运算和复合运算,且可用一个式子表示的函数称为**多元初等函数**.

由初等函数的连续性,可得到下列结论:

一切多元初等函数在其定义区域内是连续的.所谓**定义区域**,是指包含在定义域内的区域.

由多元初等函数的连续性,如果它在 P_0 点有极限,且 P_0 点在其定义区域内,则极限值就等于函数在该点的函数值,即

$$\lim_{P \to P_0} f(P) = f(P_0).$$

例 3 求 $\lim\limits_{\substack{x \to 0 \\ y \to 1}} \dfrac{1-2e^x y}{x^2+y^2}$.

解 因为函数 $f(x,y)=\dfrac{1-2e^x y}{x^2+y^2}$ 在 $D=\{(x,y)\,|\,x\neq 0,y\neq 0\}$ 内连续,又 $P_0(0,1)\in D$,所以

$$\lim_{\substack{x \to 0 \\ y \to 1}} \frac{1-2e^x y}{x^2+y^2} = f(0,1) = -1.$$

习题 8.2

1. 求下列各极限:

(1) $\lim\limits_{\substack{x \to 1 \\ y \to 0}} \dfrac{1-xy}{x^2-y^2}$;

(2) $\lim\limits_{\substack{x \to 0 \\ y \to \frac{1}{2}}} \arcsin \sqrt{x+y}$;

(3) $\lim\limits_{\substack{x \to 0 \\ y \to 0}} \dfrac{2-\sqrt{xy+4}}{xy}$;

(4) $\lim\limits_{\substack{x \to \infty \\ y \to 1}} \left(1+\dfrac{1}{xy}\right)^{2xy}$;

(5) $\lim\limits_{\substack{x \to 0 \\ y \to 0}} \dfrac{\sin 2(x^2 + y^2)}{x^2 + y^2}$;

(6) $\lim\limits_{\substack{x \to 0 \\ y \to 0}} \dfrac{1 - \cos(x^2 + y^2)}{(x^2 + y^2)\,\mathrm{e}^{x^2 + y^2}}$.

2. 指出下列函数在何处间断:

(1) $f(x,y) = \ln(x^2 + y^2)$;

(2) $f(x,y) = \dfrac{y^2 + 2x}{y - x}$.

8.3　偏导数

8.3.1　偏导数的定义及其计算法

在研究一元函数变化率时,引入了导数的概念. 对多元函数,同样需要研究它的变化率问题. 由于多元函数的自变量不止一个,因变量与自变量的关系较复杂. 因此,在研究多元函数变化率时,考虑多元函数关于某一个自变量的变化率,即一个自变量变化,其他自变量不变(视为常数). 这时,把多元函数就看成一个自变量一元函数,继而得到函数关于这个自变量的变化率.

定义　设函数 $z = f(x,y)$ 在点 (x_0, y_0) 的某一邻域内有定义,当 y 固定在 y_0,而 x 在 x_0 处有增量 Δx 时,相应的函数有增量 $f(x_0 + \Delta x, y_0) - f(x_0, y_0)$,如果极限

$$\lim_{\Delta x \to \infty} \frac{f(x_0 + \Delta x, y_0) - f(x_0, y_0)}{\Delta x} \tag{8.3.1}$$

存在,则称此极限为**函数 $z = f(x,y)$ 在点 (x_0, y_0) 处对 x 的偏导数**,记作

$$\frac{\partial z}{\partial x}\bigg|_{\substack{x = x_0 \\ y = y_0}}, \quad \frac{\partial f}{\partial x}\bigg|_{\substack{x = x_0 \\ y = y_0}}, \quad z_x\bigg|_{\substack{x = x_0 \\ y = y_0}}, \quad \text{或 } f'_x(x_0, y_0).$$

极限(8.3.1)可表示为

$$f'_x(x_0, y_0) = \lim_{\Delta x \to 0} \frac{f(x_0 + \Delta x, y_0) - f(x_0, y_0)}{\Delta x}. \tag{8.3.2}$$

类似地,**函数 $z = f(x,y)$ 在点 (x_0, y_0) 处对 y 的偏导数**定义为

$$\lim_{\Delta y \to 0} \frac{f(x_0, y_0 + \Delta y) - f(x_0, y_0)}{\Delta y}, \tag{8.3.3}$$

记作

$$\frac{\partial z}{\partial y}\bigg|_{\substack{x = x_0 \\ y = y_0}}, \quad \frac{\partial f}{\partial y}\bigg|_{\substack{x = x_0 \\ y = y_0}}, \quad z_y\bigg|_{\substack{x = x_0 \\ y = y_0}}, \quad \text{或 } f'_y(x_0, y_0).$$

如果函数 $z = f(x,y)$ 在区域 D 内每一点 (x,y) 处对 x 的偏导数都存在,那么这个偏导数就是 x, y 的函数,称为函数 $z = f(x,y)$ 对自变量 x 的偏导函数,记作 $\dfrac{\partial z}{\partial x}, \dfrac{\partial f}{\partial x}, z_x$, 或 $f'_x(x,y)$. 类似地,可定义函数 $z = f(x,y)$ 对自变量 y 的偏导函数,记作 $\dfrac{\partial z}{\partial y}, \dfrac{\partial f}{\partial y}, z_y$, 或 $f'_x(x,y)$.

今后偏导函数简称**偏导数**.

偏导数的概念可推广到 n 元函数,如三元函数 $u = f(x,y,z)$,则

$$\frac{\partial u}{\partial x} = \lim_{x \to 0} \frac{f(x + \Delta x, y, z) - f(x, y, z)}{\Delta x}. \tag{8.3.4}$$

由偏导数的定义可知,n 元函数的偏导数就是 n 元函数分别关于每个自变量的导数. 若这些偏导数存在,则共有 n 个偏导数. 因此,计算多元函数的偏导数并不是新的问题. 只需要将 n 个自变量中某一个看成变量,其余 $n-1$ 个自变量全视为常量,用一元函数的求导方法即可. 下面举例说明.

例 1 求 $z = x^2 - 3xy + y^2$ 在点 $(2,3)$ 处的偏导数.

解 把 y 看成常量,利用一元函数求导法则,关于 x 求导数有

$$\frac{\partial z}{\partial x} = 2x - 3y.$$

同理,有

$$\frac{\partial z}{\partial y} = 2y - 3x,$$

所以

$$\frac{\partial z}{\partial x}\bigg|_{\substack{x=2 \\ y=3}} = 2 \times 2 - 3 \times 3 = 13,$$

$$\frac{\partial z}{\partial y}\bigg|_{\substack{x=2 \\ y=3}} = 2 \times 3 - 3 \times 2 = 0.$$

例 2 求 $u = \ln(x^2 + y^2 + z^2)$ 的偏导数.

解 把 y,z 都看成常量,利用一元函数求导法则,关于 x 求导数有

$$\frac{\partial u}{\partial x} = \frac{2x}{x^2 + y^2 + z^2}.$$

同理,有

$$\frac{\partial u}{\partial y} = \frac{2y}{x^2 + y^2 + z^2}, \qquad \frac{\partial u}{\partial z} = \frac{2z}{x^2 + y^2 + z^2}.$$

例 3 设 $z = x^y (x > 0, x \neq 1)$,求证

$$\frac{x}{y} \frac{\partial z}{\partial x} + \frac{1}{\ln x} \frac{\partial z}{\partial y} = 2z.$$

证 因为若将 y 看成常数,则 $z = x^y$ 为幂函数,若将 x 看成常数,则 $z = x^y$ 为指数函数. 因此有

$$\frac{\partial z}{\partial x} = yx^{y-1}, \qquad \frac{\partial z}{\partial y} = x^y \ln x.$$

于是

$$\frac{x}{y} \frac{\partial z}{\partial x} + \frac{1}{\ln x} \frac{\partial z}{\partial y} = \frac{x}{y} \cdot yx^{y-1} + \frac{1}{\ln x} \cdot x^y \ln x = x^y + x^y = 2z.$$

注意 偏导数的记号是一个整体记号,不能看成分子与分母之商. 这与一元函数 $y = f(x)$ 的导数 $\dfrac{\mathrm{d}y}{\mathrm{d}x}$ 是不同的,后者是函数微分 $\mathrm{d}y$ 与自变量微分 $\mathrm{d}x$ 之商.

8.3.2 偏导数的几何意义

偏导数的几何意义可直接由一元函数的几何意义得出,由于 $f'_x(x_0, y_0)$ 就是 $z = f(x, y_0)$ 在

$x = x_0$ 的导数,即

$$\frac{\mathrm{d}}{\mathrm{d}x} f(x, y_0) \bigg|_{x=x_0}.$$

因此,偏导数 $f'_x(x_0, y_0)$ 几何意义是:曲面 $z = f(x, y)$ 被平面 $y = y_0$ 所截得的曲线在点 M_0 处的切线 $M_0 T_x$ 对 x 轴的斜率. 偏导数 $f'_y(x_0, y_0)$ 的几何意义是:曲面 $z = f(x, y)$ 被平面 $x = x_0$ 所截得的曲线在点 M_0 处的切线 $M_0 T_y$ 对 y 轴的斜率,如图 8.3.1 所示.

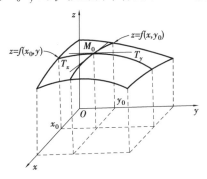

图 8.3.1

例如,函数 $z = \dfrac{x^2 + y^2}{4}$ 在点 $(2, 4)$ 的偏导数 $\dfrac{\partial z}{\partial x}\bigg|_{\substack{x=2 \\ y=4}} = \dfrac{x}{2}\bigg|_{x=2} = 1$ 的几何意义是:椭圆抛物面被平面 $y = 4$ 截得的抛物线在点 $M_0(2, 4, 5)$ 的切线 $M_0 T_x$ 对 x 轴的斜率.

8.3.3 高阶偏导数

设函数 $z = f(x, y)$ 在区域 D 内具有偏导数

$$\frac{\partial z}{\partial x} = f'_x(x, y), \quad \frac{\partial z}{\partial y} = f'_y(x, y),$$

那么,在 D 内 $f'_x(x, y), f'_y(x, y)$ 都是 x, y 的函数. 如果它们的偏导数也存在,则称它们是函数 $z = f(x, y)$ 的二阶偏导数. 按照对变量求导次序的不同,有下列 4 个二阶偏导数,即

$$\frac{\partial}{\partial x}\left(\frac{\partial z}{\partial x}\right) = \frac{\partial^2 z}{\partial x^2} = f''_{xx}(x, y), \quad \frac{\partial}{\partial y}\left(\frac{\partial z}{\partial x}\right) = \frac{\partial^2 z}{\partial x \partial y} = f''_{xy}(x, y),$$

$$\frac{\partial}{\partial x}\left(\frac{\partial z}{\partial y}\right) = \frac{\partial^2 z}{\partial y \partial x} = f''_{yx}(x, y), \quad \frac{\partial}{\partial y}\left(\frac{\partial z}{\partial y}\right) = \frac{\partial^2 z}{\partial y^2} = f''_{yy}(x, y).$$

其中,第二、第三两个偏导数称为**混合偏导数**. 同样,可类似地定义三阶、四阶……n 阶偏导数. 二阶及二阶以上的偏导数统称**高阶偏导数**.

例 4 设 $z = xy^3 + \mathrm{e}^{xy}$,求 $\dfrac{\partial^2 z}{\partial x^2}, \dfrac{\partial^2 z}{\partial y \partial x}, \dfrac{\partial^2 z}{\partial x \partial y}, \dfrac{\partial^2 z}{\partial y^2}$ 及 $\dfrac{\partial^3 z}{\partial x^3}$.

解
$$\frac{\partial z}{\partial x} = y^3 + y\mathrm{e}^{xy}, \quad \frac{\partial z}{\partial y} = 3xy^2 + x\mathrm{e}^{xy};$$

可得

$$\frac{\partial^2 z}{\partial x^2} = y^2 \mathrm{e}^{xy}, \quad \frac{\partial^2 z}{\partial y \partial x} = 3y^2 + xy\mathrm{e}^{xy} + \mathrm{e}^{xy};$$

$$\frac{\partial^2 z}{\partial x \partial y} = 3y^2 + \mathrm{e}^{xy} + xy\mathrm{e}^{xy}, \quad \frac{\partial^2 z}{\partial y^2} = 6xy + x^2 \mathrm{e}^{xy},$$

$$\frac{\partial^3 z}{\partial x^3} = y^3 e^{xy}.$$

注意到本例中,两个混合偏导数$\frac{\partial^2 z}{\partial x \partial y}$和$\frac{\partial^2 z}{\partial y \partial x}$相等. 但这个结论并不是普遍成立的,它成立的一个充分条件是偏导数连续,即有下面定理.

定理 如果$z = f(x,y)$的二阶混合偏导数$\frac{\partial^2 z}{\partial x \partial y}$和$\frac{\partial^2 z}{\partial y \partial x}$在区域$D$内连续,那么在该区域内,这两个二阶混合偏导数相等.

对二元以上的函数,也可类似地定义高阶偏导数,而且高阶混合偏导数在偏导数连续的条件下也与求导次序无关.

例5 验证函数$z = \ln\sqrt{x^2 + y^2}$满足方程
$$\frac{\partial^2 z}{\partial x^2} + \frac{\partial^2 z}{\partial y^2} = 0.$$

证 因为
$$z = \ln\sqrt{x^2 + y^2} = \frac{1}{2}\ln(x^2 + y^2),$$

于是,有
$$\frac{\partial z}{\partial x} = \frac{x}{x^2 + y^2}, \quad \frac{\partial z}{\partial y} = \frac{y}{x^2 + y^2},$$
$$\frac{\partial^2 z}{\partial x^2} = \frac{(x^2 + y^2) - x \cdot 2x}{(x^2 + y^2)^2} = \frac{y^2 - x^2}{(x^2 + y^2)^2},$$
$$\frac{\partial^2 z}{\partial y^2} = \frac{(x^2 + y^2) - y \cdot 2y}{(x^2 + y^2)^2} = \frac{x^2 - y^2}{(x^2 + y^2)^2},$$

所以
$$\frac{\partial^2 z}{\partial x^2} + \frac{\partial^2 z}{\partial y^2} = \frac{y^2 - x^2}{(x^2 + y^2)^2} + \frac{x^2 - y^2}{(x^2 + y^2)^2} = 0.$$

例6 证明函数$u = \frac{1}{r}$满足方程
$$\frac{\partial^2 u}{\partial x^2} + \frac{\partial^2 u}{\partial y^2} + \frac{\partial^2 u}{\partial z^2} = 0,$$

其中,$r = \sqrt{x^2 + y^2 + z^2}$.

证
$$\frac{\partial u}{\partial x} = -\frac{1}{r^2}\frac{\partial r}{\partial x} = -\frac{1}{r^2}\frac{x}{r} = -\frac{x}{r^3},$$
$$\frac{\partial^2 u}{\partial x^2} = -\frac{1}{r^3} + \frac{3x}{r^4} \cdot \frac{\partial r}{\partial x} = -\frac{1}{r^3} + \frac{3x^2}{r^5}.$$

由于函数关于自变量的对称性,于是
$$\frac{\partial^2 u}{\partial y^2} = -\frac{1}{r^3} + \frac{3y^2}{r^5}, \quad \frac{\partial^2 u}{\partial z^2} = -\frac{1}{r^3} + \frac{3z^2}{r^5}.$$

因此
$$\frac{\partial^2 u}{\partial x^2} + \frac{\partial^2 u}{\partial y^2} + \frac{\partial^2 u}{\partial z^2} = -\frac{3}{r^3} + \frac{3(x^2 + y^2 + z^2)}{r^5} = -\frac{3}{r^3} + \frac{3r^2}{r^5} = 0.$$

例 5 和例 6 中的两个方程都称为**拉普拉斯**(Laplace)**方程**. 它是数学物理方程中一类很重要的方程.

习题 8.3

1. 设 $f(x,y) = \ln\left(x + \dfrac{y}{2x}\right)$, 求 $f_x(1,0)$, $f_y(x,1)$.

2. 求下列函数的偏导数:

(1) $z = x^3 y - \dfrac{x}{y^2} + 2$;

(2) $z = \dfrac{x}{y}\sin(x^2 y^3)$;

(3) $z = x \ln \sqrt{x^2 + y^2}$;

(4) $z = \dfrac{x + y}{x - y}$;

(5) $z = (1 + xy)^y$;

(6) $u = z^{xy}$;

(7) $z = \arctan \dfrac{y}{x}$;

(8) $u = x^y + y^z + z^x$.

3. 已知 $u = \dfrac{x^2 y^2}{x + y}$, 求证: $x\dfrac{\partial u}{\partial x} + y\dfrac{\partial u}{\partial y} = 3u$.

4. 设 $f(x,y) = x + y - \sqrt{x^2 + y^2}$, 求 $f_x'(1,2)$.

5. 求曲线 $\begin{cases} z = \dfrac{x^2 + y^2}{x + y} \\ y = 4 \end{cases}$ 在点 $(2,4,5)$ 处的切线与正向 x 轴所成的倾角.

6. 求下列函数的二阶偏导数:

(1) $z = x^2 + y^3 - 4xy^2$;

(2) $z = \arctan \dfrac{y}{x}$;

(3) $z = e^x \cos(x + y)$;

(4) $z = y^x$.

8.4　全微分及其应用

8.4.1　全微分的定义

在实际问题中, 经常要讨论各个自变量同时变化时, 所引起函数增量的变化.

设二元函数 $z = f(x,y)$ 在点 $P(x,y)$ 的某个邻域 $U(P)$ 内有定义, 自变量 x,y 分别有增量 $\Delta x, \Delta y$, 并且 $(x + \Delta x, y + \Delta y) \in U(P)$, 则函数 $f(x,y)$ 的改变量为

$$\Delta z = f(x + \Delta x, y + \Delta y) - f(x,y),$$

则称 Δz 为函数 $f(x,y)$ 在 $P(x,y)$ 处的全增量. 全微分就是研究全增量变化的重要工具.

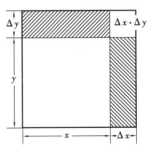

图 8.4.1

例如, 矩形金属薄片受热膨胀, 其长 x、宽 y 分别增长 $\Delta x, \Delta y$, 如图 8.4.1 所示. 计算由此所引起的面积 z 的变化量.

矩形面积 $z = xy$, 当 x, y 的增量分别为 $\Delta x, \Delta y$, 时, 面积 z 的

增量

$$\Delta z = (x + \Delta x)(y + \Delta y) - xy = y\Delta x + x\Delta y + \Delta x \cdot \Delta y,$$

Δz 分解成以下两个部分：

第一部分（即图 8.6 中带阴影部分的面积）是关于 $\Delta x, \Delta y$ 的线性函数 $y\Delta x + x\Delta y$.

第二部分（即图 8.6 中右上角小矩形的面积）是 $\Delta x\Delta y$. 当 $\Delta x \to 0, \Delta y \to 0$（或 $\rho = \sqrt{\Delta x^2 + \Delta y^2} \to 0$）时，$\Delta x\Delta y$ 是 ρ 的高阶无穷小量. 因此，在计算 Δz 时，第一部分是主要部分，称为线性主部；第二部分可忽略不计，则称线性主部 $y\Delta x + x\Delta y$ 为函数 $z = xy$ 在点 (x,y) 处的全微分.

与一元函数的微分定义类似，可给出二元函数的全微分的定义.

定义 设函数 $z = f(x,y)$ 在点 $P(x,y)$ 的某个邻域 $U(P)$ 内有定义，如果函数在点 $P(x,y)$ 的全增量可表示为

$$\Delta z = A\Delta x + B\Delta y + o(\rho), \tag{8.4.1}$$

其中，A, B 与 $\Delta x, \Delta y$ 无关，$\rho = \sqrt{\Delta x^2 + \Delta y^2}$，则称函数 $z = f(x,y)$ 在点 $P(x,y)$ 处可微，且 $A\Delta x + B\Delta y$ 称为**函数 $z = f(x,y)$ 在 $P(x,y)$ 点处的全微分**，记为 $\mathrm{d}z$ 或 $\mathrm{d}f$，即

$$\mathrm{d}z = A\Delta x + B\Delta y. \tag{8.4.2}$$

下面讨论二元函数 $z = f(x,y)$ 可微与连续、可微与偏导数存在的关系，这些结论对一般的多元函数也是成立的.

8.4.2 可微与连续、偏导数存在之间的关系

定理 1（可微的必要条件） 如果函数 $z = f(x,y)$ 在点 $P_0(x_0, y_0)$ 处可微，则 $z = f(x,y)$ 在 $P_0(x_0, y_0)$ 处连续，且各个偏导数存在，并且有

$$f'_x(x_0, y_0) = A, \quad f'_y(x_0, y_0) = B.$$

证 因函数 $z = f(x,y)$ 在点 $P_0(x_0, y_0)$ 可微，故

$$\Delta z = A\Delta x + B\Delta y + o(\rho).$$

其中，A, B 与 $\Delta x, \Delta y$ 无关，仅依赖于 $x_0, y_0, \rho = \sqrt{\Delta x^2 + \Delta y^2}$.

显然，当 $\Delta x \to 0, \Delta y \to 0$ 时，有 $\Delta z \to 0$. 故函数 $z = f(x,y)$ 在点 $P_0(x_0, y_0)$ 处连续.

对前面全增量的表达式，令 $\Delta y = 0$，则有

$$f(x_0 + \Delta x, y_0) - f(x_0, y_0) = A\Delta x + o(\Delta x),$$

$$\lim_{\Delta x \to 0} \frac{f(x_0 + \Delta x, y_0) - f(x_0, y_0)}{\Delta x} = \lim_{\Delta x \to 0}\left(A + \frac{o(\Delta x)}{\Delta x}\right) = A,$$

故有

$$f'_x(x_0, y_0) = A.$$

同理，可证

$$f'_y(x_0, y_0) = B.$$

因此，$z = f(x,y)$ 在点 $P_0(x_0, y_0)$ 处的偏导数存在.

上述定理表明，函数的偏导数存在与函数连续是函数可微的必要条件. 习惯上，将自变量的增量 $\Delta x, \Delta y$ 分别记作 $\mathrm{d}x, \mathrm{d}y$，并分别称为自变量 x, y 的微分. 这样，函数 $z = f(x,y)$ 在点

$P(x,y)$ 的全微分可表示为

$$\mathrm{d}z = f'_x(x,y)\mathrm{d}x + f'_y(x,y)\mathrm{d}y = \frac{\partial z}{\partial x}\mathrm{d}x + \frac{\partial z}{\partial y}\mathrm{d}y. \tag{8.4.3}$$

其中, $\dfrac{\partial z}{\partial x}\mathrm{d}x$ 与 $\dfrac{\partial z}{\partial y}\mathrm{d}y$ 分别称为函数关于自变量 x,y 的**偏微分**.

在一元函数中,可导是可微的充要条件,但在多元函数里,偏导数存在不是可微的充分条件. 例如,函数

$$f(x,y) = \begin{cases} \dfrac{2xy}{x^2+y^2} & x^2+y^2 \neq 0 \\ 0 & x^2+y^2 = 0 \end{cases}$$

在原点处偏导数存在,但函数在原点处不连续,故函数在原点处不可微.

定理 2(可微的充分条件)　若函数 $z = f(x,y)$ 在点 $P_0(x_0,y_0)$ 处的偏导数 f'_x, f'_y 连续,则函数 f 在点 P_0 处可微.

证明从略.

二元函数的全微分等于它的两个偏微分之和,定理 2 可推广到多元函数. 例如,若函数 $u = f(x,y,z)$ 可微,则有

$$\mathrm{d}u = \frac{\partial u}{\partial x}\mathrm{d}x + \frac{\partial u}{\partial y}\mathrm{d}y + \frac{\partial u}{\partial z}\mathrm{d}z.$$

例 1　计算函数 $z = \mathrm{e}^{xy} + x + y^2$ 在点 $(2,1)$ 处的全微分.

解　因为

$$\frac{\partial z}{\partial x} = y\mathrm{e}^{xy} + 1, \quad \frac{\partial z}{\partial y} = x\mathrm{e}^{xy} + 2y,$$

$$\frac{\partial z}{\partial x}\bigg|_{\substack{x=2 \\ y=1}} = \mathrm{e}^2 + 1, \quad \frac{\partial z}{\partial y}\bigg|_{\substack{x=2 \\ y=1}} = 2\mathrm{e}^2 + 2,$$

所以

$$\mathrm{d}z = (\mathrm{e}^2 + 1)\mathrm{d}x + (2\mathrm{e}^2 + 2)\mathrm{d}y.$$

例 2　求 $u = xy^2 + \sin(y^2 z)$ 的全微分.

解　由于

$$\frac{\partial u}{\partial x} = y^2, \quad \frac{\partial u}{\partial y} = 2xy + 2yz\cos(y^2 z), \quad \frac{\partial u}{\partial z} = y^2\cos(y^2 z),$$

因此

$$\mathrm{d}u = y^2\mathrm{d}x + 2y(x + z\cos(y^2 z))\mathrm{d}y + y^2\cos(y^2 z)\mathrm{d}z.$$

*8.4.3　全微分在近似计算中的应用

由二元函数 $z = f(x,y)$ 全微分的定义及全微分存在的充分条件可知,如果二元函数 $z = f(x,y)$ 在点 $P(x,y)$ 的两个偏导数 $f'_x(x,y)$, $f'_y(x,y)$ 连续,且 $|\Delta x|$, $|\Delta y|$ 都较小时,则有近似式

$$\Delta z \approx \mathrm{d}z,$$

即

$$\Delta z \approx f'_x(x,y)\Delta x + f'_y(x,y)\Delta y.$$

由 $\Delta z = f(x + \Delta x, y + \Delta y) - f(x, y)$,即可得到二元函数的全微分近似计算公式

$$f(x + \Delta x, y + \Delta y) \approx f(x, y) + f'_x(x, y)\Delta x + f'_y(x, y)\Delta y. \tag{8.4.4}$$

例3 计算 $(1.05)^{3.02}$ 的近似值.

解 设函数 $f(x, y) = x^y, x = 1, y = 3, \Delta x = 0.05, \Delta y = 0.02$,则

$$f(1, 3) = 1^3 = 1, \quad f'_x(x, y) = yx^{y-1}, \quad f'_y(x, y) = x^y \ln x,$$
$$f_x(1, 3) = 3, \quad f_y(1, 3) = 0.$$

由二元函数全微分近似计算式(8.4.4),得

$$(1.05)^{3.02} \approx 1 + 3 \times 0.05 + 0 \times 0.02 = 1.15.$$

注 若用计算器计算,取小数点后 5 位,$(1.05)^{3.02}$ 的值为 1.158 76.

例4 设计一个无盖的混凝土圆柱形的蓄水池,要求内径 3 m,高 4 m,厚度 0.1 m,问大约需要多少立方米的混凝土?

解 设圆柱的直径和高分别用 x, y 表示,则其体积为

$$V = f(x, y) = \pi \left(\frac{x}{2}\right)^2 y = \frac{1}{4}\pi x^2 y.$$

于是,将所需的混凝土量看成当 $x + \Delta x = 3 + 2 \times 0.1, y + \Delta y = 4 + 0.1$ 与 $x = 3, y = 4$ 时的两个圆柱体的体积之差 ΔV(不考虑底部的混凝土). 因此,可用近似计算公式

$$\Delta V \approx \mathrm{d}V = f_x(x, y)\Delta x + f_y(x, y)\Delta y.$$

又 $f_x(x, y) = \frac{1}{2}\pi xy, f_y(x, y) = \frac{1}{4}\pi x^2$,代入 $x = 3, y = 4, \Delta x = 0.2, \Delta y = 0.1$,得到

$$\Delta V \approx \mathrm{d}V = \frac{1}{2}\pi \times 3 \times 4 \times 0.2 \text{ m}^3 + \frac{1}{4}\pi \times 3^2 \times 0.1 \text{ m}^3 = 1.425\pi \text{ m}^3 \approx 4.476 \text{ m}^3.$$

因此,大约需要 4.476 m³ 的混凝土.

习题 8.4

1. 求下列函数的全微分:

(1) $z = \mathrm{e}^{x^2 + y}$;   (2) $z = \sqrt{1 - x^2 - y^2}$;

(3) $u = xy^z$;   (4) $u = \ln(x - yz)$.

2. 求下列函数在给定点和自变量增量的条件下的全增量和全微分:

(1) $z = x^2 - xy + 2y^2, x = 2, y = -1, \Delta x = 0.2, \Delta y = -0.1$;

(2) $z = \mathrm{e}^{xy}, x = 1, y = 1, \Delta x = 0.15, \Delta y = 0.1$.

*3. 用水泥做一个长方形无盖水池,其外形长 5 m,宽 4 m,深 3 m,侧面和底均厚 20 cm,求所需水泥的精确值和近似值.

8.5 复合函数的微分法

8.5.1 复合函数的求导法则

在上册第 2 章中学习了一元复合函数求导链式法则:如果函数 $x = g(t)$ 在点 t 可导,函数

$y = f(x)$ 在对应点 x 处可导,且有 $\dfrac{\mathrm{d}y}{\mathrm{d}t} = \dfrac{\mathrm{d}y}{\mathrm{d}x} \cdot \dfrac{\mathrm{d}x}{\mathrm{d}t}$. 多元复合函数与一元函数有相似的链式法则,它在多元函数微分学中起着重要作用.

情形 1 复合函数中间变量均为一元函数的情形

设函数 $u = u(t)$, $v = v(t)$ 都在 t 处可导,函数 $z = f(u, v)$ 在对应点 (u, v) 处可微,则复合函数 $z = f(u(t), v(t))$ 在 t 处可导,且有

$$\frac{\mathrm{d}z}{\mathrm{d}t} = \frac{\partial z}{\partial u} \cdot \frac{\mathrm{d}u}{\mathrm{d}t} + \frac{\partial z}{\partial v} \cdot \frac{\mathrm{d}v}{\mathrm{d}t} \tag{8.5.1}$$

复合函数 $z = f(u(t), v(t))$ 是只有一个变量 t 的函数,所以它对 t 的导数不是偏导数,而是一元函数 z 对 t 的导数. 因此,式 (8.5.1) 中的导数 $\dfrac{\mathrm{d}z}{\mathrm{d}t}$ 称为**全导数**.

该法则可推广到中间变量为多元函数的情形,但要总假定所遇到的一元函数具有连续的导数,多元函数具有连续的偏导数. 因此,定理中的各项条件都满足. 以三元函数为例,有下面的法则.

若 $z = f(u, v, w)$ 在 (u, v, w) 处可微,而 $u = u(t)$, $v = v(t)$, $w = w(t)$ 均为可导函数,则

$$\frac{\mathrm{d}z}{\mathrm{d}t} = \frac{\partial z}{\partial u} \cdot \frac{\mathrm{d}z}{\mathrm{d}t} + \frac{\partial z}{\partial v} \cdot \frac{\mathrm{d}v}{\mathrm{d}t} + \frac{\partial z}{\partial w} \cdot \frac{\mathrm{d}w}{\mathrm{d}t} . \tag{8.5.2}$$

例 1 设 $z = u \ln v$,而 $u = \sin t$, $v = \cos t$,求导数 $\dfrac{\mathrm{d}z}{\mathrm{d}t}$.

解 因为 $\dfrac{\partial z}{\partial u} = \ln v$, $\dfrac{\partial z}{\partial v} = \dfrac{u}{v}$, $\dfrac{\mathrm{d}u}{\mathrm{d}t} = \cos t$, $\dfrac{\mathrm{d}v}{\mathrm{d}t} = -\sin t$,因此由式 (8.5.2) 得到

$$\frac{\mathrm{d}z}{\mathrm{d}t} = \frac{\partial z}{\partial u} \cdot \frac{\mathrm{d}u}{\mathrm{d}t} + \frac{\partial z}{\partial v} \cdot \frac{\mathrm{d}v}{\mathrm{d}t}$$

$$= (\ln v) \cos t - \frac{u}{v} \sin t$$

$$= \cos t \cdot \ln \cos t - \tan t \cdot \sin t.$$

例 2 设 $z = u^2 v \sin t$,而 $u = \mathrm{e}^t$, $v = \cos t$,求导数 $\dfrac{\mathrm{d}z}{\mathrm{d}t}$.

解

$$\frac{\mathrm{d}z}{\mathrm{d}t} = \frac{\partial z}{\partial u} \cdot \frac{\mathrm{d}u}{\mathrm{d}t} + \frac{\partial z}{\partial v} \cdot \frac{\mathrm{d}v}{\mathrm{d}t} + \frac{\partial z}{\partial t}$$

$$= 2uv \sin t \cdot \mathrm{e}^t + u^2 \sin t (-\sin t) + u^2 v \cos t$$

$$= 2\mathrm{e}^t \cos t \cdot \sin t \cdot \mathrm{e}^t - \mathrm{e}^{2t} \sin^2 t + \mathrm{e}^{2t} \cos^2 t$$

$$= \mathrm{e}^{2t} (\cos 2t + \sin 2t).$$

情形 2 复合函数的中间变量均为多元函数的情形

如果函数 $u = \varphi(x, y)$, $v = \psi(x, y)$ 在点 (x, y) 偏导数存在,函数 $z = f(u, v)$ 在对应点 (u, v) 处可微,则复合函数 $z = f(\varphi(x, y), \psi(x, y))$ 在点 (x, y) 的偏导数 $\dfrac{\partial z}{\partial x}$, $\dfrac{\partial z}{\partial y}$ 存在,并且有

$$\frac{\partial z}{\partial x} = \frac{\partial z}{\partial u} \cdot \frac{\partial u}{\partial x} + \frac{\partial z}{\partial v} \cdot \frac{\partial v}{\partial x}; \tag{8.5.3}$$

$$\frac{\partial z}{\partial y} = \frac{\partial z}{\partial u} \cdot \frac{\partial u}{\partial y} + \frac{\partial z}{\partial v} \cdot \frac{\partial v}{\partial y} . \tag{8.5.4}$$

事实上,在求 $\dfrac{\partial z}{\partial x}$ 时,y 被看成常量,因此中间变量 u,v 可看成 x 的一元函数,利用式(8.5.1)即可得到式(8.5.3),只需将 $\dfrac{du}{dx}$ 和 $\dfrac{dv}{dx}$ 分别改为 $\dfrac{\partial u}{\partial x},\dfrac{\partial v}{\partial x}$. 类似地,可得式(8.5.4).

式(8.5.3)、式(8.5.4)称为求多元复合函数的偏导数的**链导法**.

类似地,设 $u=\varphi(x,y),v=\psi(x,y)$ 及 $w=\omega(x,y)$ 都在点 (x,y) 具有对 x,y 的偏导数,函数 $z=f(u,v,w)$ 在对应点 (u,v,w) 具有连续偏导数,则复合函数

$$z=f(\varphi(x,y),\psi(x,y),\omega(x,y))$$

在点 (x,y) 的两个偏导数都存在,且可用公式计算

$$\frac{\partial z}{\partial x}=\frac{\partial z}{\partial u}\cdot\frac{\partial u}{\partial x}+\frac{\partial z}{\partial v}\cdot\frac{\partial v}{\partial x}+\frac{\partial z}{\partial w}\cdot\frac{\partial w}{\partial x},\tag{8.5.5}$$

$$\frac{\partial z}{\partial y}=\frac{\partial z}{\partial u}\cdot\frac{\partial u}{\partial y}+\frac{\partial z}{\partial v}\cdot\frac{\partial v}{\partial y}+\frac{\partial z}{\partial w}\cdot\frac{\partial w}{\partial y}.\tag{8.5.6}$$

例3 设 $z=\mathrm{e}^u\sin v,u=xy,v=x-y$,求 $\dfrac{\partial z}{\partial x}$ 和 $\dfrac{\partial z}{\partial y}$.

解

$$\begin{aligned}
\frac{\partial z}{\partial x}&=\frac{\partial z}{\partial u}\cdot\frac{\partial u}{\partial x}+\frac{\partial z}{\partial v}\cdot\frac{\partial v}{\partial x}=\mathrm{e}^u\sin v\cdot y+\mathrm{e}^u\cos v\cdot 1\\
&=\mathrm{e}^{xy}[y\sin(x-y)+\cos(x-y)],\\
\frac{\partial z}{\partial y}&=\frac{\partial z}{\partial u}\cdot\frac{\partial u}{\partial y}+\frac{\partial z}{\partial v}\cdot\frac{\partial v}{\partial y}=\mathrm{e}^u\sin v\cdot x+\mathrm{e}^u\cos v\cdot(-1)\\
&=\mathrm{e}^{xy}[x\sin(x-y)-\cos(x-y)].
\end{aligned}$$

情形3 复合函数的中间变量既有一元函数又有多元函数的情形

若 $z=f(u,x,y),u=\psi(x,y)$,则

$$\frac{\partial z}{\partial x}=\frac{\partial f}{\partial u}\cdot\frac{\partial u}{\partial x}+\frac{\partial f}{\partial x},\tag{8.5.7}$$

$$\frac{\partial z}{\partial y}=\frac{\partial f}{\partial u}\cdot\frac{\partial u}{\partial y}+\frac{\partial f}{\partial y}.\tag{8.5.8}$$

这里必须特别指出的是,在式(8.5.7)中,$\dfrac{\partial z}{\partial x}$ 与 $\dfrac{\partial f}{\partial x}$ 有不同的含义. 左边的 $\dfrac{\partial z}{\partial x}$ 是把 u 看成 x 和 y 的函数,求复合函数 $z=f(u(x,y),x,y)$ 对 x 的偏导数;右边 $\dfrac{\partial f}{\partial x}$ 是把 $z=f(u,x,y)$ 作为三元函数对 x 的偏导数,即把 u 与 y 都看成常数,求函数 $z=f(u,x,y)$ 对 x 的导数. 式(8.5.7)中的 $\dfrac{\partial z}{\partial x}$ 和 $\dfrac{\partial f}{\partial x}$ 也有类似的区别.

例4 设 $u=f(x,y,z)=\mathrm{e}^{x^2+y^2+z^2},z=x^2\sin y$,求 $\dfrac{\partial u}{\partial x}$ 和 $\dfrac{\partial u}{\partial y}$.

解

$$\begin{aligned}
\frac{\partial u}{\partial x}&=\frac{\partial f}{\partial x}+\frac{\partial f}{\partial z}\frac{\partial z}{\partial x}\\
&=2x\mathrm{e}^{x^2+y^2+z^2}+2z\mathrm{e}^{x^2+y^2+z^2}\cdot 2x\sin y\\
&=2x(1+2x^2\sin^2 y)\mathrm{e}^{x^2+y^2+x^4\sin^2 y},
\end{aligned}$$

$$\frac{\partial u}{\partial y} = \frac{\partial f}{\partial y} + \frac{\partial f}{\partial z} \cdot \frac{\partial z}{\partial y}$$
$$= 2y\mathrm{e}^{x^2+y^2+z^2} + 2z\mathrm{e}^{x^2+y^2+z^2} \cdot x^2\cos y$$
$$= 2(y + x^4\sin y\cos y)\mathrm{e}^{x^2+y^2+x^4\sin^2 y}.$$

注意 复合函数的复合情形多种多样,不再一一列举. 如果把因变量、中间变量及自变量的依赖关系用图 8.5.1 表示,则链式法则体现为(以求 $\dfrac{\partial z}{\partial x}$ 为例):找出所有从 z 到 x 的"链",先将同一链上前一变量对后一变量求偏导数(或导数),并相乘;再把不同链上所得的结果全部相加.

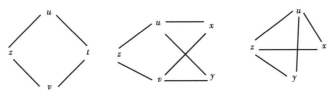

图 8.5.1

注意 若给出的函数是抽象函数,如函数 $w = f(u,v)$,没有给出具体的表达式,则可用 f'_1 表示函数对第一个中间变量 u 求偏导数,f'_2 表示函数对第一个中间变量 v 求偏导数,以此类推.

例 5 设 $w = f(x+y+z, xyz)$,f 具有二阶连续偏导数,求 $\dfrac{\partial w}{\partial x}$ 及 $\dfrac{\partial^2 w}{\partial x \partial z}$.

解 令 $u = x+y+z, v = xyz$,则

$$w = f(u,v).$$

为表达简洁起见,在不会引起混淆的情况下,记

$$\frac{\partial w}{\partial u} = f'_1, \qquad \frac{\partial^2 w}{\partial u \partial v} = f''_{12},$$

这里下标"1"表示对第一个变量 $u = x+y+z$ 求偏导数,下标"2"表示对第二个变量 $v = xyz$ 求偏导数. 同理,有 f'_2 。于是,有

$$\frac{\partial w}{\partial x} = \frac{\partial f}{\partial u} \cdot \frac{\partial u}{\partial x} + \frac{\partial f}{\partial v} \cdot \frac{\partial v}{\partial x}$$
$$= f'_1 + yzf'_2,$$
$$\frac{\partial^2 w}{\partial x \partial z} = \frac{\partial}{\partial z}(f'_1 + yzf'_2)$$
$$= \frac{\partial f'_1}{\partial z} + yf'_2 + yz\frac{\partial f'_2}{\partial z}.$$

求 $\dfrac{\partial f'_1}{\partial z}$ 和 $\dfrac{\partial f'_2}{\partial z}$ 时,注意 f'_1 及 f'_2 仍然是复合函数. 根据复合函数求导法则,有

$$\frac{\partial f'_1}{\partial z} = \frac{\partial f'_1}{\partial u} \cdot \frac{\partial u}{\partial z} + \frac{\partial f'_1}{\partial v} \cdot \frac{\partial v}{\partial z}$$
$$= f''_{11} + xyf''_{12},$$
$$\frac{\partial f'_2}{\partial z} = \frac{\partial f'_2}{\partial u} \cdot \frac{\partial u}{\partial z} + \frac{\partial f'_2}{\partial v} \cdot \frac{\partial v}{\partial z}$$
$$= f''_{21} + xyf''_{22},$$

所以

$$\frac{\partial^2 w}{\partial x \partial z} = f''_{11} + xyf''_{12} + yf'_2 + yzf''_{21} + xy^2zf''_{22}$$

$$= f''_{11} + y(x+z)f''_{12} + xy^2zf''_{22} + yf'_2.$$

8.5.2 全微分形式不变性

下面以二元复合函数为例,讨论多元复合函数的全微分法. 设函数 $z = f(u,v)$ 具有连续偏导数,则

$$dz = \frac{\partial z}{\partial u}du + \frac{\partial z}{\partial v}dv. \tag{8.5.9}$$

如果 u,v 又是 x,y 的函数 $u = \varphi(x,y)$,$v = \psi(x,y)$,且这两个函数也具有连续偏导数,则复合函数

$$z = f(\varphi(x,y),\psi(x,y))$$

的全微分为

$$dz = \frac{\partial z}{\partial x}dx + \frac{\partial z}{\partial y}dy$$

$$= \left(\frac{\partial z}{\partial u}\frac{\partial u}{\partial x} + \frac{\partial z}{\partial v}\frac{\partial v}{\partial x}\right)dx + \left(\frac{\partial z}{\partial u}\frac{\partial u}{\partial y} + \frac{\partial z}{\partial v}\frac{\partial v}{\partial y}\right)dy$$

$$= \frac{\partial z}{\partial u}\left(\frac{\partial u}{\partial x}dx + \frac{\partial u}{\partial y}dy\right) + \frac{\partial z}{\partial v}\left(\frac{\partial v}{\partial x}dx + \frac{\partial v}{\partial y}dy\right)$$

$$= \frac{\partial z}{\partial u}du + \frac{\partial z}{\partial v}dv.$$

由此可知,对函数 $z = f(u,v)$,不论 u,v 是自变量还是中间变量,它们的全微分都可写成式 (8.5.9) 的形式,这就是**二元函数的全微分形式不变性**.

利用全微分形式不变性求偏导数或全微分,在许多情况下显得便捷,且不易出错. 复合关系越复杂,其优点越突出.

例 6 设 $z = f(u,v,x)$,$u = \varphi(x,y)$,$v = \psi(u,y)$,所有函数均有连续偏导数,试求 $dz,\frac{\partial z}{\partial x}$, $\frac{\partial z}{\partial y}$.

解

$$dz = f'_u du + f'_v dv + f'_x dx$$

$$= f'_u(\varphi'_x dx + \varphi'_y dy) + f'_v(\psi'_u du + \psi'_y dy) + f'_x dx$$

$$= f'_u(\varphi'_x dx + \varphi'_y dy) + f'_v[\psi'_u(\varphi'_x dx + \varphi'_y dy) + \psi'_y dy] + f'_x dx$$

$$= (f'_u\varphi'_x + f'_v\psi'_u\varphi'_x + f'_x)dx + (f'_u\varphi_y + f'_v\psi'_u\varphi'_y + f'_v\psi'_y)dy.$$

由此可知

$$\frac{\partial z}{\partial x} = f'_u\varphi'_x + f'_v\psi'_u\varphi'_x + f'_x, \qquad \frac{\partial z}{\partial y} = f'_u\varphi'_y + f'_v\psi'_u\varphi'_y + f'_v\psi'_y.$$

例 7 已知 $e^{-xy} - z^2 + e^z = 0$,求 $\frac{\partial z}{\partial x}$ 和 $\frac{\partial z}{\partial y}$.

解 因为 $d(e^{-xy} - z^2 + e^z) = 0$,所以

$$e^{-xy}d(-xy) - 2zdz + e^z dz = 0,$$

$$(e^z - 2z)dz = e^{-xy}(xdy + ydx),$$

$$dz = \frac{ye^{-xy}}{(e^z - 2z)} dx + \frac{xe^{-xy}}{(e^z - 2z)} dy,$$

故所求偏导数

$$\frac{\partial z}{\partial x} = \frac{ye^{-xy}}{e^z - 2z}, \quad \frac{\partial z}{\partial y} = \frac{xe^{-xy}}{e^z - 2z}.$$

习题 8.5

1. 求下列复合函数的全导数:

(1) 设 $u = \ln(e^x + e^y)$, 而 $y = x^3$, 求 $\dfrac{du}{dx}$;

(2) 设 $u = x^2 + y^2 + z^2$, 而 $x = e^t \cos t, y = e^t \sin t, z = e^t$, 求 $\dfrac{du}{dt}$;

(3) 设 $z = \arcsin(x - y)$, 而 $x = 3t, y = 4t^3$, 求 $\dfrac{dz}{dt}$.

2. 求下列复合函数的偏导数:

(1) 设 $z = u^2 v - uv^2$, 而 $u = x \cos y, v = x \sin y$, 求 $\dfrac{\partial z}{\partial x}, \dfrac{\partial z}{\partial y}$;

(2) 设 $z = \arctan \dfrac{x}{y}$, 而 $x = u + v, y = u - v$, 求 $\dfrac{\partial z}{\partial u}, \dfrac{\partial z}{\partial v}$;

(3) 设 $u = e^{x+y+z}, z = \ln x$, 求 $\dfrac{\partial z}{\partial x}, \dfrac{\partial z}{\partial y}$.

3. 设 $u = f(x^2 - y^2, e^{xy})$, 具有一阶连续偏导数, 试求函数的一阶偏导数.

4. 设 $z = xy + xF(u), u = \dfrac{y}{x}, F(u)$ 为可导函数, 证明:

$$x \frac{\partial z}{\partial x} + y \frac{\partial z}{\partial y} = z + xy.$$

5. 设 $z = f\left(x, \dfrac{x}{y}\right)$, 其中 f 具有连续的二阶导数, 求 $\dfrac{\partial^2 z}{\partial x^2}, \dfrac{\partial^2 z}{\partial x \partial y}, \dfrac{\partial^2 z}{\partial y^2}$.

8.6　隐函数的导数

8.6.1　一个方程的情形

在上册第 2 章中已给出隐函数的概念, 并指出了不必显化函数, 直接通过对方程 $F(x, y) = 0$ 两边求导的方法求出隐函数的导数. 现在的问题是在什么条件下方程 $F(x, y) = 0$ 可确定一个隐函数, 并在什么条件下这个隐函数是连续且可导的?

定理 1(隐函数存在定理 1)　设二元函数 $F(x, y)$ 在点 $P_0(x_0, y_0)$ 的某个邻域 $U(P_0, \delta)$ 内有定义, 如果:

(1) $F(x_0, y_0) = 0$;

$(2)\dfrac{\partial F}{\partial y}\Big|_{P_0}\neq 0.$

则方程 $F(x,y)=0$ 在点 (x_0,y_0) 的某个邻域 $U(x_0,r)$ 内确定了 y 是 x 的单值连续且具有连续导数的函数 $y=f(x)$,它满足 $y_0=f(x_0)$,并有

$$\frac{\mathrm{d}y}{\mathrm{d}x}=-\frac{F'_x}{F'_y}.\tag{8.6.1}$$

事实上,设 $F(x,y)=0$ 所确定的函数 $y=f(x)$,则

$$F(x,f(x))\equiv 0.$$

其左端可看成 x 的一个复合函数. 求此函数的全导数,恒等式两端求导后仍恒等,得

$$\frac{\partial F}{\partial x}+\frac{\partial F}{\partial y}\cdot\frac{\mathrm{d}y}{\mathrm{d}x}=0.$$

由于 F'_y 连续,且 $F'_y(x_0,y_0)\neq 0$,因此,存在 (x_0,y_0) 的一个邻域,在这个邻域内 $F'_y\neq 0$,于是得

$$\frac{\mathrm{d}y}{\mathrm{d}x}=-\frac{F'_x}{F'_y}.$$

例1 验证方程 $x^2+y^2-1=0$ 在点 $(0,1)$ 的某一邻域内能唯一确定一个连续导数,且当 $x=0$ 时 $y=1$ 的隐函数 $y=f(x)$,并求 $\dfrac{\mathrm{d}y}{\mathrm{d}x}\Big|_{x=0}$.

解 设 $F(x,y)=x^2+y^2-1$,则

$$F'_x=2x,\quad F'_y=2y,\quad F(0,1)=0,\quad F'_y(0,1)=2\neq 0.$$

由定理1可知,方程 $x^2+y^2-1=0$ 在点 $(0,1)$ 的某邻域内能唯一确定一个单值可导,且满足 $F(0)=1$ 的函数 $y=f(x)$,则

$$\frac{\mathrm{d}y}{\mathrm{d}x}=-\frac{F'_x}{F'_y}=-\frac{x}{y},\quad \frac{\mathrm{d}y}{\mathrm{d}x}\Big|_{x=0}=0.$$

如果 $F(x,y)$ 的二阶偏导数连续,把等式(8.6.1)两端看成 x 的复合函数再求导.

例如,对例1中的隐函数 $y=f(x)$,把 $\dfrac{\mathrm{d}y}{\mathrm{d}x}=-\dfrac{x}{y}$ 中 y 的看成 x 的函数,则

$$\frac{\mathrm{d}^2y}{\mathrm{d}x^2}=\left(-\frac{x}{y}\right)'_x=-\frac{y-xy'}{y^2}=-\frac{y-x\left(-\dfrac{x}{y}\right)}{y^2}=-\frac{y^2+x^2}{y^3}=-\frac{1}{y^3}.$$

与定理1一样,同样可由三元函数 $F(x,y,z)$ 的性质来断定由方程 $F(x,y,z)=0$ 所确定的二元函数 $z=f(x,y)$ 的存在,以及这个函数的性质. 这就是下面的定理.

定理2(隐函数存在定理2) 设函数 $F(x,y,z)$ 在点 $P_0(x_0,y_0,z_0)$ 的某一邻域内具有连续偏导数,且 $F(x_0,y_0,z_0)=0,F'_z(x_0,y_0,z_0)\neq 0$. 则方程 $F(x_0,y_0,z_0)=0$ 在点 (x_0,y_0,z_0) 的某一邻域内恒能唯一确定一个连续且具有连续偏导数的函数 $z=f(x,y)$,它满足条件 $z_0=f(x_0,y_0)$,并有

$$\frac{\partial z}{\partial x}=-\frac{F'_x}{F'_z},\quad \frac{\partial z}{\partial y}=-\frac{F'_y}{F'_z}.\tag{8.6.2}$$

与定理1一样,仅就式(8.6.2)作出推导.

由于

$$F(x,y,f(x,y)) \equiv 0,$$

将上式两端分别对 x 和 y 求导,应用复合函数求导法则得

$$F_x' + F_z'\frac{\partial z}{\partial x} = 0, \quad F_y' + F_z'\frac{\partial z}{\partial y} = 0.$$

又 F_z' 连续,且 $F_z'(x_0,y_0,z_0) \neq 0$. 因此,存在点 (x_0,y_0,z_0) 的一个邻域,在这个邻域内 $F_z' \neq 0$. 于是,得

$$\frac{\partial z}{\partial x} = -\frac{F_x'}{F_z'}, \quad \frac{\partial z}{\partial y} = -\frac{F_y'}{F_z'}.$$

例 2　设 $x(1+yz) = 1 - e^{x+y+z}$,求 $\dfrac{\partial z}{\partial x}, \dfrac{\partial z}{\partial y}$.

解　设 $F(x,y,z) = x(1+yz) + e^{x+y+z} - 1 = 0$,则在原点 $O(0,0,0)$ 的某个邻域内确定了一个函数 $z = f(x,y)$.

因为

$$F(0,0,0) = 0, \quad \frac{\partial F}{\partial x} = (1+yz) + e^{x+y+z}, \quad \frac{\partial F}{\partial y} = xz + e^{x+y+z}, \quad \frac{\partial F}{\partial z} = xy + e^{x+y+z}$$

都是连续函数,且 $F_z(0,0,0) = 1 \neq 0$,故有

$$\frac{\partial z}{\partial x} = -\frac{F_x'}{F_z'} = -\frac{1 + yz + e^{x+y+z}}{xy + e^{x+y+z}},$$

$$\frac{\partial z}{\partial y} = -\frac{F_y'}{F_z'} = -\frac{xz + e^{x+y+z}}{xy + e^{x+y+z}}.$$

例 3　设 $x^2 + y^2 + z^2 - 4z = 0$,求 $\dfrac{\partial^2 z}{\partial x^2}$.

解　设 $F(x,y,z) = x^2 + y^2 + z^2 - 4z$,则

$$F_x' = 2x, \quad F_z' = 2z - 4,$$

所以

$$\frac{\partial z}{\partial x} = -\frac{F_x'}{F_z'} = \frac{x}{2-z}.$$

再对 x 求偏导,得

$$\frac{\partial^2 z}{\partial x^2} = \frac{(2-z) + x\dfrac{\partial z}{\partial x}}{(2-z)^2} = \frac{(2-z) + x\left(\dfrac{x}{2-z}\right)}{(2-z)^2}$$

$$= \frac{(2-z)^2 + x^2}{(2-z)^3}.$$

*8.6.2　方程组的情形

设有方程组

$$\begin{cases} F(x,y,u,v) = 0 \\ G(x,y,u,v) = 0 \end{cases}, \tag{8.6.3}$$

这时,在 4 个变量中一般只有两个变量独立变化(不妨设为 x,y). 如在某一范围内,对每一组 x,y 的值,由此方程组能确定唯一的 u,v 的值,则此方程组就确定了 u 和 v 为 x,y 的隐函数. 下

面给出隐函数存在,以及它们连续、可导的定理.

定理 3 设 $F(x,y,u,v)$, $G(x,y,u,v)$ 在点 $P(x_0,y_0,u_0,v_0)$ 的某一邻域内具有对各个变量的连续偏导数,$F(x_0,y_0,u_0,v_0)=0$,$G(x_0,y_0,u_0,v_0)=0$,且偏导数组成的函数行列式(或称**雅可比(Jacobi)行列式**)

$$J = \frac{\partial(F,G)}{\partial(u,v)} = \begin{vmatrix} F'_u & F'_v \\ G'_u & G'_v \end{vmatrix}$$

在点 $P(x_0,y_0,u_0,v_0)$ 不等于零,则方程组(8.6.3)在点 (x_0,y_0,u_0,v_0) 的某一邻域内能唯一确定一组连续函数 $u=u(x,y)$,$v=v(x,y)$,满足 $u_0=u(x_0,y_0)$,$v_0=v(x_0,y_0)$,且它们有连续偏导数

$$
\begin{aligned}
\frac{\partial u}{\partial x} &= -\frac{1}{J}\frac{\partial(F,G)}{\partial(x,v)} = -\frac{1}{J}\begin{vmatrix} F'_x & F'_v \\ G'_x & G'_v \end{vmatrix}, \\
\frac{\partial u}{\partial y} &= -\frac{1}{J}\frac{\partial(F,G)}{\partial(y,v)} = -\frac{1}{J}\begin{vmatrix} F'_y & F'_v \\ G'_y & G'_v \end{vmatrix}, \\
\frac{\partial v}{\partial x} &= -\frac{1}{J}\frac{\partial(F,G)}{\partial(u,x)} = -\frac{1}{J}\begin{vmatrix} F'_u & F'_x \\ G'_u & G'_x \end{vmatrix}, \\
\frac{\partial v}{\partial y} &= -\frac{1}{J}\frac{\partial(F,G)}{\partial(u,y)} = -\frac{1}{J}\begin{vmatrix} F'_u & F'_y \\ G'_u & G'_y \end{vmatrix}.
\end{aligned}
\tag{8.6.4}
$$

这里只推导式(8.6.4).

由于

$$
\begin{aligned}
F(x,y,u(x,y),v(x,y)) &\equiv 0 \\
G(x,y,u(x,y),v(x,y)) &\equiv 0
\end{aligned},
$$

将恒等式两边分别对 x 求偏导数,得

$$
\begin{cases}
F'_x + F'_u \dfrac{\partial u}{\partial x} + F'_v \dfrac{\partial v}{\partial x} = 0 \\
G'_x + G'_u \dfrac{\partial u}{\partial x} + G'_v \dfrac{\partial v}{\partial x} = 0
\end{cases}.
$$

因此,这是关于 $\dfrac{\partial u}{\partial x}$,$\dfrac{\partial v}{\partial x}$ 的线性方程组. 由假设可知,在点 $P(x_0,y_0,u_0,v_0)$ 的一个邻域内,系数行列式 $J \neq 0$,从而可解出 $\dfrac{\partial u}{\partial x}$,$\dfrac{\partial v}{\partial x}$,得

$$\frac{\partial u}{\partial x} = -\frac{1}{J}\frac{\partial(F,G)}{\partial(x,v)}, \quad \frac{\partial v}{\partial x} = -\frac{1}{J}\frac{\partial(F,G)}{\partial(u,x)}.$$

同理,可得

$$\frac{\partial u}{\partial y} = -\frac{1}{J}\frac{\partial(F,G)}{\partial(y,v)}, \quad \frac{\partial v}{\partial y} = -\frac{1}{J}\frac{\partial(F,G)}{\partial(u,y)}.$$

例 4 方程组

$$
\begin{cases}
x^2 + y^2 - uv = 0 \\
xy - u^2 + v^2 = 0
\end{cases}
$$

确定了函数 $u=u(x,y)$,$v=v(x,y)$,试求 $\dfrac{\partial u}{\partial x}, \dfrac{\partial u}{\partial y}, \dfrac{\partial v}{\partial x}, \dfrac{\partial v}{\partial y}$.

解　设 $F(x,y,u,v)x^2+y^2-uv,G(x,y,u,v)=xy-u^2+v^2.$ 于是,有

$$F_x'=2x,\quad F_y'=2y,\quad F_u'-v,\quad F_v'-u,$$
$$G_x'=y,\quad G_y'=x,\quad G_u'=-2u,\quad G_v'=2v.$$

由此可得

$$J\begin{vmatrix}F_u'&F_v'\\G_u'&G_v'\end{vmatrix}=\begin{vmatrix}-v&-u\\-2u&2v\end{vmatrix}=-2(u^2v^2),$$

$$\frac{\partial(F,G)}{\partial(x,v)}=\begin{vmatrix}F_x'&F_v'\\G_x'&G_v'\end{vmatrix}=\begin{vmatrix}2x&-u\\y&2v\end{vmatrix}=4xv+uy,$$

$$\frac{\partial(F,G)}{\partial(u,x)}=\begin{vmatrix}F_u'&F_x'\\G_u'&G_x'\end{vmatrix}=\begin{vmatrix}-v&2x\\-2u&y\end{vmatrix}=4xu-vy,$$

所以

$$\frac{\partial u}{\partial x}=-\frac{1}{J}\frac{\partial(F,G)}{\partial(x,v)}=\frac{4xv+uy}{2(u^2+v^2)},$$

$$\frac{\partial v}{\partial x}=-\frac{1}{J}\frac{\partial(F,G)}{\partial(u,x)}=\frac{4xu-vy}{2(u^2+v^2)}.$$

同理,可得

$$\frac{\partial u}{\partial y}=\frac{4yv+ux}{2(u^2+v^2)},\quad\frac{\partial v}{\partial y}=\frac{4yu-vx}{2(u^2+v^2)}.$$

本例也可用推导式(8.6.4)的方法求解.

习题 8.6

1. 求下列隐函数的导数或偏导数:

(1) $x\sin y+ye^x=1$,求 $\dfrac{dy}{dx}$;　　　　(2) $\ln\sqrt{x^2+y^2}=\arctan\dfrac{y}{x}$,求 $\dfrac{dy}{dx}$;

(3) $x+2y+z-2\sqrt{xyz}=0$,求 $\dfrac{\partial z}{\partial x},\dfrac{\partial z}{\partial y}$;　　　(4) $z^3-3xyz-a^3=0$,求 $\dfrac{\partial z}{\partial x},\dfrac{\partial z}{\partial y}$.

2. 设 $F(x,y,z)=0$ 可确定函数 $x=x(y,z),y=(x,z),z=z(x,y)$,证明:

$$\frac{\partial x}{\partial y}\cdot\frac{\partial y}{\partial z}\cdot\frac{\partial z}{\partial x}=-1.$$

3. 设 $F\left(y+\dfrac{1}{x},z+\dfrac{1}{y}\right)=0$ 确定了函数 $z=z(x,y)$,其中 F 可微,求 $\dfrac{\partial z}{\partial x},\dfrac{\partial z}{\partial y}$.

*4. 求由下列方程组所确定的函数的导数或偏导数:

(1) $\begin{cases}z=x^2+y^2\\x^2+2y^2+3z^2=20\end{cases}$,求 $\dfrac{dy}{dx},\dfrac{dz}{dx}$;

(2) $\begin{cases}xu+yv=1\\yu-xv=0\end{cases}$,求 $\dfrac{\partial u}{\partial x},\dfrac{\partial v}{\partial x},\dfrac{\partial u}{\partial y},\dfrac{\partial v}{\partial y}$.

习题 8

1. 填空题：

（1）设函数 $z = \ln(8 - x^2 - y^2) + \sqrt{x^2 + y^2 - 1}$ 的定义域 _____.

（2）函数 $z = 2x + \sin\dfrac{y}{x}$ 在点 $(1, \pi)$ 处的偏导数 $\dfrac{\partial z}{\partial x}\Big|_{(1,\pi)} = $ _____.

（3）设 $z = \dfrac{x+y}{x-y}$，则 $\mathrm{d}z\big|_{(1,-1)} = $ _____.

（4）设函数 $f(u,v)$ 具有二阶连续偏导数，$z = f(x, xy)$，则 $\dfrac{\partial^2 z}{\partial x \partial y} = $ _____.

（5）函数 $z = f(x, y)$ 是由方程 $2x^2 + y^2 + z^2 - 2z = 0$ 所确定的隐函数，则 $\dfrac{\partial z}{\partial y} = $ _____.

2. 选择题：

（1）在下列极限结果中，正确的是（   ）.

    A. $\lim\limits_{(x,y)\to(0,0)} \dfrac{xy}{x^2 + y^2} = 0$ B. $\lim\limits_{(x,y)\to(0,0)} \dfrac{x^2 y}{x^2 + y^2} = 0$

    C. $\lim\limits_{(x,y)\to(0,0)} \dfrac{xy}{x + y} = 0$ D. $\lim\limits_{(x,y)\to(0,0)} \dfrac{x^2 y}{x + y} = 0$

（2）若函数 $z = f(x, y)$ 在点 (x_0, y_0) 处的偏导数存在，则在该点处函数 $z = f(x, y)$（   ）.

    A. 有极限   B. 连续

    C. 可微   D. 以上 3 项都不成立

（3）偏导数 $f'_x(x_0, y_0)$，$f'_y(x_0, y_0)$ 存在是函数 $z = f(x, y)$ 在点 (x_0, y_0) 连续的（   ）.

    A. 充分条件   B. 必要条件

    C. 充要条件   D. 既非充分条件，也非必要条件

（4）若极限（   ）存在，则称这极限值为函数 $f(x, y)$ 在点 (x_0, y_0) 处对 x 的偏导数.

    A. $\lim\limits_{\Delta x \to 0} \dfrac{f(x_0 + \Delta x, y_0 + \Delta y) - f(x_0, y_0)}{\Delta x}$

    B. $\lim\limits_{\Delta x \to 0} \dfrac{f(x_0 + \Delta x, y) - f(x_0, y_0)}{\Delta x}$

    C. $\lim\limits_{\Delta x \to 0} \dfrac{f(x_0 + \Delta x, y_0) - f(x_0, y_0)}{\Delta x}$

    D. $\lim\limits_{\Delta x \to 0} \dfrac{f(x_0 + \Delta x, y) - f(x_0, y)}{\Delta x}$

（5）若函数 $z = f(x, y)$ 在点 (a, b) 处偏导数存在，则 $\lim\limits_{y \to 0} \dfrac{f(a, b + 2y) - f(a, b)}{y} = $（   ）.

    A. $f'_y(a, b)$ B. $f'_y(2a, b)$ C. $2f'_y(a, b)$ D. $\dfrac{1}{2}f'_y(a, b)$

（6）设函数 $f(x, y) = \sqrt{x^4 + y^2}$，则（   ）.

A. $f'_x(0,0)$ 和 $fy(0,0)$ 都存在

B. $f'_x(0,0)$ 不存在，$f'_y(0,0)$ 存在

C. $f'_x(0,0)$ 存在，$f'_y(0,0)$ 不存在

D. $f'_x(0,0)$ 和 $f'_y(0,0)$ 都不存在

（7）设函数 $z = z(x,y)$ 由方程 $F\left(\dfrac{y}{x}, \dfrac{z}{x}\right) = 0$ 确定，其中 F 为可微函数，且 $F'_2 \neq 0$，则 $x\dfrac{\partial z}{\partial x} + y\dfrac{\partial z}{\partial y} = (\quad)$.

A. x　　　　　　B. z　　　　　　C. $-x$　　　　　　D. $-z$

3. 求下列各极限：

（1）$\lim\limits_{\substack{x\to 2 \\ y\to 0}} \dfrac{\ln(x+\mathrm{e}^y)}{\sqrt{x^2+y^2}}$；　　　　（2）$\lim\limits_{\substack{x\to 0 \\ y\to 0}} \dfrac{xy}{\sqrt{xy+1}-1}$；　　　　（3）$\lim\limits_{(x,y)\to(0,0)} \dfrac{\sin(x^3+y^3)}{x+y}$.

4. 设 $f(x,y) = \begin{cases} \dfrac{x^3}{x^2+y^2} & (x,y)\neq(0,0) \\ 0 & (x,y)=(0,0) \end{cases}$，求 $f'_x(0,0)$ 和 $f'_y(0,0)$.

5. 求下列复合函数的偏导数或全导数：

（1）设 $z = u\mathrm{e}^v$，而 $u = x^2+y^2$，$v = x^3-y^3$，求 $\dfrac{\partial z}{\partial x}, \dfrac{\partial z}{\partial y}$；

（2）设 $z = u^2\ln v$，而 $u = \dfrac{y}{x}$，$v = x-y$，求 $\dfrac{\partial z}{\partial x}, \dfrac{\partial z}{\partial y}$；

（3）设 $z = \arctan\dfrac{x}{y}$，$y = \sqrt{x^2+1}$，求 $\dfrac{\mathrm{d}z}{\mathrm{d}x}$；

（4）设 $z = u^2 v$，而 $u = \mathrm{e}^t$，$v = \cos t$，求 $\dfrac{\mathrm{d}z}{\mathrm{d}t}$.

6. 设 $z = x\ln(xy)$，求 $\dfrac{\partial^3 z}{\partial x^2\partial y}, \dfrac{\partial^3 z}{\partial x\partial y^2}$.

7. 设 $f(x,y,z) = xy^2yz^2zx^2$，求 $f''_{xx}(0,0,1)$，$f''_{yz}(0,-1,0)$，$f'''_{zzx}(2,0,1)$.

8. 求下列隐函数的导数或偏导数：

（1）$\sin y + \mathrm{e}^x - xy^2 = 0$，求 $\dfrac{\mathrm{d}y}{\mathrm{d}x}$；

（2）$z^3 - 3xyz = 1$，求 $\dfrac{\partial z}{\partial x}, \dfrac{\partial z}{\partial y}$.

9. 方程 $\dfrac{\partial T}{\partial t} = a^2\dfrac{\partial^2 T}{\partial x^2}$ 称为热传导方程，其中 a 是正常数，证明 $T(x,t) = \mathrm{e}^{-ab^2 t}\sin bx$ 满足该方程，其中，b 是任意常数.

第 8 章参考答案

第 **9** 章
多元函数微分学的应用

9.1 多元函数微分学在几何中的应用

9.1.1 空间曲线的切线与法平面

设空间曲线 L 的参数方程为

$$\begin{cases} x = x(t) \\ y = y(t) \qquad \alpha \leqslant t \leqslant \beta . \\ z = z(t) \end{cases}$$

假定 $x'(t), y'(t), z'(t)$ 至少有一个不为零. 参数 t_0 对应曲线 L 上的点为 $M_0(x_0, y_0, z_0)$, 参数 $t_0 + \Delta t$ 对应曲线 L 上的点为 $M(x_0 + \Delta x, y_0 + \Delta y, z_0 + \Delta z)$, 则连接 M_0 与 M 的割线的方程为

$$\frac{x - x_0}{\Delta x} = \frac{y - y_0}{\Delta y} = \frac{z - z_0}{\Delta z} .$$

用 Δt 除所有分母, 得

$$\frac{x - x_0}{\dfrac{\Delta x}{\Delta t}} = \frac{y - y_0}{\dfrac{\Delta y}{\Delta t}} = \frac{z - z_0}{\dfrac{\Delta z}{\Delta t}} .$$

当 M 沿曲线 L 趋向于 M_0 时, $\Delta t \to 0$. 因为 $x'(t), y'(t), z'(t)$ 不同时为零, 所以割线 $M_0 M$ 的极限位置存在, 极限位置 $M_0 T$ 就是曲线 L 在点 M_0 处的切线(见图 9.1.1).

因此, 曲线 L 在点 M_0 的切线方程为

$$\frac{x - x_0}{x'(t_0)} = \frac{y - y_0}{y'(t_0)} = \frac{z - z_0}{z'(t_0)} . \tag{9.1.1}$$

切线的方向向量

$$\vec{T} = (x'(t_0), y'(t_0), z'(t_0))$$

也称曲线 L 的**切向量**.

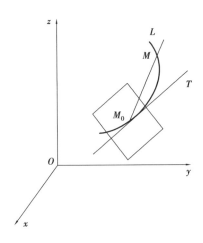

图 9.1.1

过切点 M_0 且与切线垂直的平面,称为曲线 L 在点 M_0 的**法平面**. 因此,曲线 L 在点 M_0 的法平面的方程为

$$x'(t_0)(x-x_0)+y'(t_0)(y-y_0)+z'(t_0)(z-z_0)=0. \tag{9.1.2}$$

例 1　求曲线 $x=2t,y=t^2,z=t^3$ 在点 $(1,1,1)$ 处的切线与法平面的方程.

解　因为 $x'=2,y'=2t,z'=3t^2$,点 $(1,1,1)$ 对应 $t=1$,所以曲线在点 $(1,1,1)$ 处的一个切向量为

$$\overrightarrow{T}=(2,2,3),$$

故切线方程为

$$\frac{x-1}{2}=\frac{y-1}{2}=\frac{z-1}{3};$$

法平面方程为

$$2(x-1)+2(y-1)+3(z-1)=0,$$

即

$$2x+2y+3z-7=0.$$

如果空间曲线 L 的方程为

$$L:\begin{cases} F(x,y,z)=0 \\ G(x,y,z)=0 \end{cases},$$

可将其看成与之等价的方程组

$$\begin{cases} x=x \\ y=y(x) \\ z=z(x) \end{cases}.$$

这里是把 x 当成曲线方程的参数. 则过曲线 L 上定点 $M_0(x_0,y_0,z_0)$ 的切线方程为

$$\frac{x-x_0}{1}=\frac{y-y_0}{y'(x_0)}=\frac{z-z_0}{z'(x_0)}. \tag{9.1.3}$$

法平面方程为

$$x-x_0+y'(x_0)(y-y_0)+z'(x_0)(z-z_0)=0. \tag{9.1.4}$$

假设

$$J|_{M_0} = \left| \frac{\partial(F,G)}{\partial(y,z)} \right|_{M_0} \neq 0,$$

因为 $y = y(x), z = z(x)$ 是由方程组 $F(x,y,z) = 0, G(x,y,z) = 0$ 确定的隐函数,所以有

$$F(x,y(x),z(x)) = 0, \quad G(x,y(x),z(x)) = 0.$$

方程两边分别对 x 求导数,得

$$\begin{cases} F_x + F_y \cdot y'(x) + F_z \cdot z'(x) = 0 \\ G_x + G_y \cdot y'(x) + G_z \cdot z'(x) = 0 \end{cases}.$$

由假设,在点 M_0 的某邻域内 $J = \left| \frac{\partial(F,G)}{\partial(y,z)} \right| \neq 0$,从上述方程组解得

$$y'(x) = \frac{\begin{vmatrix} F_z & F_x \\ G_z & G_x \end{vmatrix}}{\begin{vmatrix} F_y & F_z \\ G_y & G_z \end{vmatrix}} = \frac{1}{J} \frac{\partial(F,G)}{\partial(z,x)}, \quad z'(x) = \frac{\begin{vmatrix} F_x & F_y \\ G_x & G_y \end{vmatrix}}{\begin{vmatrix} F_y & F_z \\ G_y & G_z \end{vmatrix}} = \frac{1}{J} \frac{\partial(F,G)}{\partial(x,y)}.$$

因此,曲线 L 在点 $M_0(x_0,y_0,z_0)$ 处的切线方程为

$$\frac{x-x_0}{1} = \frac{y-y_0}{\dfrac{1}{J}\dfrac{\partial(F,G)}{(z,x)}\Big|_{M_0}} = \frac{z-z_0}{\dfrac{1}{J}\dfrac{\partial(F,G)}{(x,y)}\Big|_{M_0}}, \tag{9.1.5}$$

即

$$\frac{x-x_0}{\dfrac{\partial(F,G)}{\partial(y,z)}\Big|_{M_0}} = \frac{y-y_0}{\dfrac{\partial(F,G)}{(z,x)}\Big|_{M_0}} = \frac{z-z_0}{\dfrac{\partial(F,G)}{(x,y)}\Big|_{M_0}}.$$

$M_0(x_0,y_0,z_0)$ 处法平面方程为

$$\frac{\partial(F,G)}{(y,z)}\Big|_{M_0}(x-x_0) + \frac{\partial(F,G)}{(z,x)}\Big|_{M_0}(y-y_0) + \frac{\partial(F,G)}{(x,y)}\Big|_{M_0}(z-z_0) = 0. \tag{9.1.6}$$

例2　求曲线

$$\begin{cases} x^2 + y^2 + z^2 = 6 \\ 2x + y + z = 0 \end{cases}$$

在点 $M_0(1,-2,1)$ 处的切线方程与法平面方程.

解　令

$$F(x,y,z) = x^2 + y^2 + z^2 - 6, \quad G(x,y,z) = 2x + y + z,$$

于是

$$\frac{\partial(F,G)}{(y,z)}\Big|_{M_0} = \begin{vmatrix} 2y & 2z \\ 1 & 1 \end{vmatrix}_{M_0} = \begin{vmatrix} -4 & 2 \\ 1 & 1 \end{vmatrix} = -6 \neq 0.$$

还可求得

$$\frac{\partial(F,G)}{(z,x)}\Big|_{M_0} = 2, \quad \frac{\partial(F,G)}{(z,x)}\Big|_{M_0} = 10.$$

则切线方程为

$$\frac{x-1}{-6} = \frac{y+2}{2} = \frac{z-1}{10};$$

法平面方程为

$$-6(x-1)+2(y+2)+10(z-1)=0,$$

即

$$-6x+2y+10z=0.$$

9.1.2　空间曲面的切平面与法线

①设曲面 Σ 的方程为 $F(x,y,z)=0$（见图 9.1.2），点 $M_0(x_0,y_0,z_0)$ 在曲面 Σ 上. 过 M_0 在 Σ 上任作一条曲线 Γ，设 Γ 的参数方程

$$x=x(t),\quad y=y(t),\quad z=z(t),$$

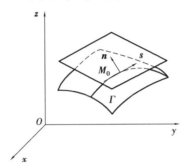

图 9.1.2

且 M_0 对应于参数 t_0，假定在 $t=t_0$ 处，$x=x(t)$，$y=y(t)$，$z=(t)$ 均可导，且导数不全为 0，则

$$F(x(t),y(t),z(t))\equiv0.$$

在 t_0 处对上式关于 t 求导，得

$$F'_x(x_0,y_0,z_0)x'(t_0)+F'_y(x_0,y_0,z_0)y'(t_0)+F'_z(x_0,y_0,z_0)z'(t_0)=0.$$

记

$$\boldsymbol{n}=(F'_x(x_0,y_0,z_0),F'_y(x_0,y_0,z_0),F'_z(x_0,y_0,z_0)),\quad \boldsymbol{s}=(x'(t_0),y'(t_0),z'(t_0)).$$

注意到 $\boldsymbol{s}$ 是曲线 Γ 在 M_0 处的切向量，而 $\boldsymbol{n}\cdot\boldsymbol{s}=\boldsymbol{0}$，即说明不管 Γ 的选取方式如何，其中 M_0 的切向量 $\boldsymbol{s}$ 总垂直于定向量 $\boldsymbol{n}$.

因此，曲面 Σ 上通过 M_0 的一切曲线在点 M_0 的切线均在同一个平面内，这个平面称为曲面 Σ 在 M_0 的**切平面**. 其方程为

$$F'_x(x_0,y_0,z_0)(x-x_0)+F'_y(x_0,y_0,z_0)(y-y_0)+F'_z(x_0,y_0,z_0)(z-z_0)=0.\quad(9.1.7)$$

通过 M_0 而垂直于切平面的直线，称为曲面 Σ 在该点的**法线**. 其方程为

$$\frac{x-x_0}{F'_x(x_0,y_0,z_0)}=\frac{y-y_0}{F'_y(x_0,y_0,z_0)}=\frac{z-z_0}{F'_z(x_0,y_0,z_0)},\quad(9.1.8)$$

而把 $\boldsymbol{n}$ 称为曲面的**法向量**.

例 3　求球面 $x^2+y^2+z^2=14$ 在点 $(1,2,3)$ 处的切平面及法线方程.

解
$$F(x,y,z)=x^2+y^2+z^2-14,$$
$$\boldsymbol{n}=(F'_x,F'_y,F'_z)\Big|_{(1,2,3)}=(2,4,6),$$

故在点 $(1,2,3)$ 处的切平面方程为

$$2(x-1)+4(y-2)+6(z-3)=0,$$

即

$$x + 2y + 3z - 14 = 0;$$

法线方程为

$$\frac{x-1}{1} = \frac{y-2}{2} = \frac{z-3}{3}.$$

②若曲面 Σ 以显函数

$$z = f(x,y)$$

的形式给出,则可记

$$F(x,y,z) = f(x,y) - z,$$

则曲面在 M_0 处的法向量为

$$\boldsymbol{n} = (f_x'(x_0,y_0), f_y'(x_0,y_0), -1).$$

由此得出曲面在 M_0 处的切平面和法线方程分别为

$$f_x'(x_0,y_0)(x-x_0) + f_y'(x_0,y_0)(y-y_0) - (z-z_0) = 0,$$

$$\frac{x-x_0}{f_x'(x_0,y_0)} = \frac{y-y_0}{f_y'(x_0,y_0)} = \frac{z-z_0}{-1}. \tag{9.1.9}$$

例 4 求曲面 $z = x^2 + y^2$ 上与平面 $2x + 4y - z = 0$ 平行的切平面方程.

解 设切点为 $P_0(x_0,y_0,z_0)$,曲面在 P_0 处的法向量为 $\boldsymbol{n}_0 = (2x_0, 2y_0, -1)$. 由题可知,$\boldsymbol{n}$ 与平面 $2x + 4y - z = 0$ 的法向量 $\boldsymbol{n} = (2,4,-1)$ 平行,于是 $\boldsymbol{n}_0 = \lambda\boldsymbol{n}(\lambda$ 是常数),即

$$2x_0 = 2\lambda, \quad 2y_0 = 4\lambda, \quad -1 = -\lambda.$$

由此可得 $x_0 = 1, y_0 = 2$,从而 $z_0 = 1^2 + 2^2 = 5$,故切点为 $(1,2,5)$.

于是,所求的切平面方程为

$$2(x-1) + 4(y-2) - (z-5) = 0,$$

即

$$2x + 4y - z - 5 = 0.$$

习题 9.1

1. 求下列曲线在给定点的切线方程和法平面方程:

(1) $x = at, y = bt^2, z = ct^3$,点 M_0 为 (a,b,c);

(2) $\begin{cases} x^2 + y^2 + z^2 = 9 \\ z = xy \end{cases}$,点 $M_0(1,2,2)$;

(3) $x = \sin^2 t, y = \sin t \cos t, z = \cos^2 t$,点 $t = \dfrac{\pi}{4}$.

2. 在曲线 $x = t, y = t^2, z = t^3$ 上求一点 M 使曲线在点 M 处的切线与平面 $x + 2y + z = 4$ 平行.

3. 指出曲面 $z = xy$ 上何处的法线垂直于平面 $x - 2y + z = 6$,并求出该点的法线方程与切平面方程.

4. 求下列曲面在给定点的切平面和法线方程:

(1) $z = 8x + xy - x^2 - 5$,点 $M_0(2, -3, 1)$;

(2) $z = x^2 + y^2$,点 $M_0(1,2,5)$;

（3）$z = \arctan \dfrac{y}{x}$，点 $M_0 \left(1, 1, \dfrac{\pi}{4} \right)$；

（4）$3x^2 + y^2 - z^2 = 27$，点 M_0 为 $(3, 1, 1)$.

5. 在曲面 $z = xy$ 上求出一点，使该点处的切平面平行于平面 $x + 3y + z + 9 = 0$，并写出该点处的切平面方程和法线方程.

9.2　方向导数

偏导数只讨论函数在坐标轴方向的函数的变化率问题，但在许多问题中，不仅要知道函数在坐标轴方向的函数变化率，还要考虑函数在其他方向上的变化率，这就是本节首先要讨论的方向导数.

设函数 $u = f(x, y, z)$ 在开集 $D \in \mathbf{R}^3$ 内有定义，给定点 $P_0(x_0, y_0, z_0) \in D$ 及方向 $\boldsymbol{e}_l = (\cos \alpha, \cos \beta, \cos \gamma)$，则过点 $P_0(x_0, y_0, z_0)$，方向为 $\boldsymbol{e}_l$ 的直线 L 的参数方程为

$$x = x_0 + t \cos \alpha, \quad y = y_0 + t \cos \beta, \quad z = z_0 + t \cos \gamma,$$

其中，t 为参数，在直线 L 上任取一点 $P \in D$，其坐标为

$$(x_0 + \Delta l \cos \alpha, y_0 + \Delta l \cos \beta, z_0 + \Delta l \cos \gamma),$$

即当 $t = 0$ 与 $t = \Delta l$ 时，分别对应于 L 上的点 P_0 与 P，如图 9.2.1 所示.

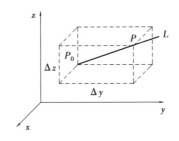

图 9.2.1

定义　如果极限 $\lim\limits_{\Delta l \to 0} \dfrac{f(x_0 + \Delta l \cos \alpha, y_0 + \Delta l \cos \beta, z_0 + \Delta l \cos \gamma) - f(x_0, y_0, z_0)}{\Delta l}$ 存在，则称

这个极限为**函数 $u = f(x, y, z)$ 在点 $P_0(x_0, y_0, z_0)$ 沿方向 e_l 的方向导数**，并记作 $\dfrac{\partial f}{\partial l}\bigg|_{P_0}$ 或 $\dfrac{\partial u}{\partial l}\bigg|_{P_0}$ 或 $f_l'(P_0)$，即

$$\frac{\partial u}{\partial l}\bigg|_{P_0} = \lim_{\Delta l \to 0} \frac{f(x_0 + \Delta l \cos \alpha, y_0 + \Delta l \cos \beta, z_0 + \Delta l \cos \gamma) - f(x_0, y_0, z_0)}{\Delta l}.$$

若用 $\boldsymbol{e}_x = (1, 0, 0), \boldsymbol{e}_y = (0, 1, 0), \boldsymbol{e}_z = (0, 0, 1)$ 分别表示 x 轴、y 轴、z 轴的正向，如果 $\dfrac{\partial f}{\partial x}$，$\dfrac{\partial f}{\partial y}, \dfrac{\partial f}{\partial z}$ 存在，则函数 $u = f(x, y, z)$ 沿 x 轴、y 轴、z 轴的方向导数为 $\dfrac{\partial f}{\partial x}, \dfrac{\partial f}{\partial y}, \dfrac{\partial f}{\partial z}$.

一般地，可推得以下方向导数的计算公式：

定理　若函数 $u = f(x, y, z)$ 在点 $P_0(x_0, y_0, z_0)$ 处可微，则函数 f 在 P_0 处沿任意方向的方向导数存在，且有求导公式

$$\frac{\partial f}{\partial l}\bigg|_{P_0} = \frac{\partial u}{\partial x}\bigg|_{P_0} \cos\alpha + \frac{\partial u}{\partial y}\bigg|_{P_0} \cos\beta + \frac{\partial u}{\partial z}\bigg|_{P_0} \cos\gamma, \tag{9.2.1}$$

其中,$(\cos\alpha, \cos\beta, \cos\gamma)$ 为 $\boldsymbol{e}_l$ 方向.

证 当 $u = f(x, y, z)$ 在 P_0 处可微时,u 的全增量可表示成

$$\Delta u = \frac{\partial u}{\partial x}\Delta x + \frac{\partial u}{\partial y}\Delta y + \frac{\partial u}{\partial z}\Delta z + o(\rho),$$

其中

$$\rho = \sqrt{\Delta x^2 + \Delta y^2 + \Delta z^2},$$

于是

$$\frac{\Delta u}{\rho} = \frac{\partial u}{\partial x}\frac{\Delta x}{\rho} + \frac{\partial u}{\partial y}\frac{\Delta y}{\rho} + \frac{\partial u}{\partial z}\frac{\Delta z}{\rho} + \frac{o(\rho)}{\rho}.$$

如果限制点 $P(x_0 + \Delta x, y_0 + \Delta y, z_0 + \Delta z)$ 取在射线 l 上,则

$$\frac{\Delta x}{\rho} = \cos\alpha, \quad \frac{\Delta y}{\rho} = \cos\beta, \quad \frac{\Delta z}{\rho} = \cos\gamma,$$

于是

$$\lim_{\rho \to 0} \frac{\Delta u}{\rho} = \frac{\partial u}{\partial x}\cos\alpha + \frac{\partial u}{\partial y}\cos\beta + \frac{\partial u}{\partial z}\cos\gamma.$$

例 1 $u = x^2 + 2y - z, \boldsymbol{l} = 2\boldsymbol{i} - \boldsymbol{j} + 3\boldsymbol{k}$,试求 $\dfrac{\partial u}{\partial l}\bigg|_{(1,1,1)}$.

解 先求出 $\boldsymbol{l}$ 的方向余弦

$$\cos\alpha = \frac{2}{\sqrt{2^2 + 1 + 3^2}} = \frac{2}{\sqrt{14}},$$

$$\cos\beta = \frac{-1}{\sqrt{2^2 + 1 + 3^2}} = \frac{-1}{\sqrt{14}},$$

$$\cos\gamma = \frac{3}{\sqrt{2^2 + 1 + 3^2}} = \frac{3}{\sqrt{14}}.$$

再求出偏导数

$$\frac{\partial u}{\partial x} = 2x, \quad \frac{\partial u}{\partial y} = 2, \quad \partial\frac{\partial u}{\partial z} = -1.$$

于是

$$\partial\frac{\partial u}{\partial l}\bigg|_{(1,1,1)} = 2 \cdot \frac{2}{\sqrt{14}} + 2 \cdot \frac{-1}{\sqrt{14}} - \frac{3}{\sqrt{14}} = \frac{-1}{\sqrt{14}} = \frac{-\sqrt{14}}{14}.$$

在空间 R^2 中,二元函数 $z = f(x, y)$ 在点 (x_0, y_0) 处沿任一给定方向的方向导数可看成上述情形的特例,有

$$\frac{\partial f}{\partial l}\bigg|_{(x_0, y_0)} = \frac{\partial f}{\partial l}\bigg|_{(x_0, y_0)} \cos\alpha + \frac{\partial f}{\partial l}\bigg|_{(x_0, y_0)} \cos\beta. \tag{9.2.2}$$

例 2 求函数 $z = xe^{2y}$ 在点 $P(1, 0)$ 沿从点 $P(1, 0)$ 到 $Q(2, -1)$ 的方向导数.

解 由已知可得,与此方向相同的单位向量

$$\boldsymbol{e}_l = (\cos\alpha, \cos\beta) = \left(\frac{1}{\sqrt{2}}, -\frac{1}{\sqrt{2}}\right),$$

且

$$\frac{\partial z}{\partial x}\Big|_{(1,0)} = \mathrm{e}^{2y}\Big|_{(1,0)} = 1, \quad \frac{\partial z}{\partial y}\Big|_{(1,0)} = 2x\mathrm{e}^{2y}\Big|_{(1,0)} = 2$$

于是

$$\frac{\partial z}{\partial l}\Big|_{(1,0)} = 1 \times \frac{1}{\sqrt{2}} + 2 \times \left(-\frac{1}{\sqrt{2}}\right) = -\frac{\sqrt{2}}{2}.$$

习题 9.2

1. 求函数 $u = xy + yz + zx$ 在点 $(1,1,2)$ 处沿方向角分别为 $60°,45°,60°$ 方向的方向导数.

2. 求函数 $u = \ln(x + \sqrt{y^2 + z^2})$ 在点 $A(1,0,1)$ 处沿点 A 指向点 $B(3,-2,2)$ 方向的方向导数.

3. 求函数 $z = x^2 + y^2$ 在任意点 $M(x,y)$ 处沿从向量 $l = (-1,1)$ 所指方向的方向导数.

4. 求函数 $z = x^2 + y$ 在点 $(1,2)$ 处沿从该点到点 $(2,2+\sqrt{3})$ 方向的方向导数.

9.3　无约束极值与条件极值

多元连续函数在有界闭区域上存在最大值和最小值,但在实际应用问题中却要求给出求多元函数最大值与最小值. 与一元函数一样,多元函数的最大值与最小值是与多元函数的极值密切相关的. 下面以二元函数为例,讨论多元函数的极值问题.

9.3.1　无约束极值

定义　设二元函数 $u = f(x,y)$ 对点 $P_0(x_0,y_0)$ 的某空心邻域内所有的点 $P(x,y)$,总有

$$f(x,y) > f(x_0,y_0),$$

则称点 P_0 为 f 的**极小值点**,$f(x_0,y_0)$ 称为 f 的**极小值**;若总有

$$f(x,y) < f(x_0,y_0),$$

则称点 P_0 为 f 的**极大值点**,$f(x_0,y_0)$ 称为 f 的**极大值**.

极大值与极小值统称极值,极大值点与极小值点统称极值点.

例 1　求函数 $f(x,y) = x^2 + y^2$ 的极值.

解　由 $f'_x = 2x = 0$,$f'_y = 2y = 0$,得驻点 $(x_0,y_0) = (0,0)$. 由于

$$f(0,0) = 0 < x^2 + y^2 \ (x \text{ 和 } y \text{ 不同时为} 0),$$

因此,$f(0,0) = 0$ 为极小值(也是最小值),如图 9.3.1 所示.

极值点可能在驻点处取得,但驻点不一定是极值点.

例 2　求函数 $f(x,y) = x^2 - y^2$ 的极值.

解　由 $f'_x = 2x = 0$,$f'_y = 2y = 0$,得驻点 $(x_0,y_0) = (0,0)$,且 $f(0,0) = 0$.

当 $y = 0,x \neq 0$ 时,$f(x,0) = x^2 > 0$;当 $y \neq 0,x = 0$ 时,$f(0,y) = -y^2 < 0$.

因此,$f(0,0) = 0$ 不是极值,此函数无极值,如图 9.3.2 所示.

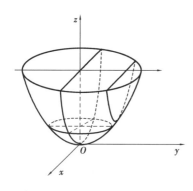

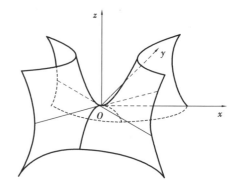

图 9.3.1　　　　　　　　　　　　　　　　图 9.3.2

定理 1(极值点的必要条件)　如果二元函数 $u=f(x,y)$ 在区域 D 内可微,那么函数 $z=f(x,y)$ 在 D 内一点 $P_0(x_0,y_0)$ 取得极值的必要条件是 $f'_x(x_0,y_0)=0$, $f'_y(x_0,y_0)=0$.

证　因为 $f(x,y)$ 在点 $P_0(x_0,y_0)$ 取得极值,所以一元函数 $f(x,y_0)$ 在 $x=x_0$ 处也取得极值. 由一元函数取得极值的必要条件,有 $f_x(x,y_0)\big|_{x=x_0}=0$,即

$$f'_x(x_0,y_0)=0.$$

同理,可得

$$f'_y(x_0,y_0)=0.$$

使得 $f'_x(x_0,y_0)=0$, $f'_y(x_0,y_0)=0$ 同时成立的点 (x_0,y_0) 为函数的驻点. 由定理可知,偏导数存在的函数其极值点必是驻点,但其逆不成立. 有些函数偏导数不存在的点,也可能是极值点. 一般地,可根据下面定理来判断驻点是否为函数的极值点.

定理 2(极值的充分条件)　设二元函数 $z=f(x,y)$ 是开区域 $G\subset\mathbf{R}^2$ 内有二阶连续偏导数,$(x_0,y_0)\in G$ 是 f 的驻点,令

$$f''_{xx}(x_0,y_0)=A,$$
$$f''_{xy}(x_0,y_0)=B,$$
$$f''_{yy}(x_0,y_0)=C,$$

则 $f(x,y)$ 在 (x_0,y_0) 处是否取得极值的条件如下:

①当 $AC-B^2>0$ 时具有极值,且当 $A<0$ 时,有 $f(x,y)$ 在 (x_0,y_0) 处取得极大值;当 $A>0$ 时,$f(x,y)$ 在 (x_0,y_0) 处取得有极小值.

②当 $AC-B^2<0$ 时,$f(x,y)$ 在 (x_0,y_0) 处是不取得极值..

③当 $AC-B^2=0$ 时,可能有极值,也可能没有极值.

例 3　求 $f(x,y)=x^3-4x^2+2xy-y^2+4$ 的极值.

解　先求 f 的驻点,解方程组

$$\begin{cases} \dfrac{\partial f}{\partial x}=3x^2-8x+2y=0 \\[2mm] \dfrac{\partial f}{\partial y}=2x-2y=0 \end{cases},$$

得两个驻点 $P_1(0,0)$, $P_2(2,2)$. 又

$$f''_{xx}=6x-8,\quad f''_{xy}=2,\quad f''_{yy}=-2.$$

对 $P_1(0,0)$, $AC-B^2>0$, 且 $A=-8<0$, 则 P_1 是 f 的极大值点,极大值 $f(0,0)=4$;

对 $P_2(2,2)$，$AC - B^2 < 0$，则 P_2 不是极值点.

与一元函数类似,可利用极值来求函数的最值. 如果函数 f 在有界闭集 D 上连续,则最值必存在,其一般求法是:将 f 在 D 内的一切驻点处及偏导数不存在的点处的函数值与 D 的边界上的函数值进行比较,最大的即最大值,最小的即最小值. 在实际问题中,往往根据问题的实际意义来简化判断过程.

例 4（最小用料问题） 　用钢板制作一个容积 V 为一定的无盖长方形容器,问如何选取长、宽、高才能使用料最省?

解 　设容器的长为 x,宽为 y,则高为 $\dfrac{V}{xy}$. 因此,容器的表面积为

$$S = xy + \frac{V}{xy}(2x + 2y)$$

$$= xy + 2V\left(\frac{1}{x} + \frac{1}{y}\right).$$

S 的定义域为

$$D : 0 < x < +\infty, 0 < y < +\infty.$$

S 的偏导数为

$$\frac{\partial S}{\partial x} = y - \frac{2V}{x^2}, \quad \frac{\partial S}{\partial x} = x - \frac{2V}{y^2}.$$

解方程组,得

$$\begin{cases} y - \dfrac{2V}{x^2} = 0 \\ x - \dfrac{2V}{y^2} \end{cases}.$$

得唯一解 $(\sqrt[3]{2V}, \sqrt[3]{2V})$,它也是 S 在 D 内唯一的驻点. 由实际问题的性质可知,S 在 D 内必有最小值,故 S 在 $(\sqrt[3]{2V}, \sqrt[3]{2V})$ 取得最小值. 这就是说,当容器长为 $\sqrt[3]{2V}$、宽为 $\sqrt[3]{2V}$、高为 $\dfrac{\sqrt[3]{2V}}{2}$ 时,用料最省.

9.3.2　条件极值

上述讨论的多元函数极值问题,各自变量是相互独立的,没有其他附加条件. 通常把这种极值问题称为**无条件极值**. 而在实际问题中,对所讨论的函数的自变量还有附加条件约束,这样的极值问题称为**条件极值**,而附加条件称为**约束条件**(或约束方程).

条件极值常记作

$$\min(\text{或} \max) u = u(x, y, z), \tag{9.3.1}$$

$$\text{s.t } \varphi(x, y, z) = 0, \tag{9.3.2}$$

式 (9.3.1) 中的函数 $u(x, y, z)$ 称为**目标函数**;式 (9.3.2) 中的 $\varphi(x, y, z) = 0$,称为**约束条件**.

这里介绍求条件极值的一个常用方法——**拉格朗日乘数法**.

设函数 $z = f(x, y)$,求其在附加条件 $g(x, y) = 0$ 下的极值.

如果能从条件 $g(x, y) = 0$ 中解出 $y = h(x)$,代入 $z = f(x, y)$,就化成单变量的函数,条件极值问题化为无条件极值问题. 但是,通常 $h(x)$ 很难解出,因此,应采用新的方法.

作一个辅助函数,即拉格朗日函数
$$L(x,y) = f(x,y) + \lambda g(x,y),$$
其中,λ 是参数. 由方程组
$$\begin{cases} \dfrac{\partial L}{\partial x} = 0 \\[2mm] \dfrac{\partial L}{\partial y} = 0 \\[2mm] \dfrac{\partial L}{\partial \lambda} = 0 \end{cases}$$

解出 x,y,λ,则 (x,y) 可能就是函数 $z = f(x,y)$ 的极值点. 在实际问题中,往往以实际意义来确定 (x,y) 是否是极值点. 此方法可推广到 n 元函数.

定理3 设 n 元函数 $f(x_1,x_2,\cdots,x_n)$,$\varphi(x_1,x_2,\cdots,x_n)$ 在开区间 $\Omega \subset \mathbf{R}^n$ 内有一阶连续偏导数,且 $\dfrac{\partial \varphi}{\partial x_i}(i=1,2,\cdots,n)$ 不全为零,则函数 $u = f(x_1,x_2,\cdots,x_n)$ 在条件 $\varphi(x_1,x_2,\cdots,x_n) = 0$ 下的极值点必为拉格朗日函数
$$L = f(x_1,x_2,\cdots,x_n) + \lambda\varphi(x_1,x_2,\cdots,x_n) \tag{9.3.3}$$
的驻点,其中 λ 称为**拉格朗日乘数**.

例5 求函数 $z = x^2 + 2y^2 - xy$ 在 $x + y = 8$ 条件时的条件极值.

解 作拉格朗日函数
$$L(x,y) = x^2 + 2y^2 - xy + \lambda(x+y-8),$$
解方程组
$$\begin{cases} \dfrac{\partial L}{\partial x} = 2x - y + \lambda = 0 \\[2mm] \dfrac{\partial L}{\partial y} = 4y - x + \lambda = 0 \ , \\[2mm] \dfrac{\partial L}{\partial \lambda} = x + y - 8 = 0 \end{cases}$$
得
$$x = 5, \quad y = 3, \quad \lambda = -7.$$

由题意可知,点 $(5,3)$ 是函数的极值点,在点 $(5,3)$ 处取得极小值 $z(5,3) = 28$.

关于条件极值的充分条件,这里不再深入讨论. 在实际问题中,根据问题的实际意义,拉格朗日乘数法求得的唯一驻点常常就是相应的最值点.

例6 已知矩形的周长为 24 cm,将它绕其一边旋转而构成一圆柱体,试求所得圆柱体体积最大时的矩形面积.

解 设矩形相邻两边长为 x 和 y,则问题归结为求目标函数 $V = \pi x^2 y (x > 0, y > 0)$ 在约束条件 $x + y = 12$ 下的极值. 构造拉格朗日函数
$$L = \pi x^2 y + \lambda(x+y-12),$$
由方程组

$$\begin{cases} \dfrac{\partial L}{\partial x} = 2\pi xy + \lambda = 0 \\[2mm] \dfrac{\partial L}{\partial y} = \pi x^2 + \lambda = 0 \\[2mm] x + y = 12 \end{cases},$$

解得

$$x = 8, \quad y = 4.$$

由问题的实际意义,最大体积必存在,即在唯一驻点 $(8,4)$ 处取得最大值. 因此,矩形面积 $S = 32 \text{ cm}^2$.

习题 9.3

1. 研究下列函数的极值:

(1) $f(x,y) = x^3 + y^3 - 3(x^2 + y^2)$;　　　　(2) $f(x,y) = \mathrm{e}^{2x}(x + y^2 + 2y)$;

(3) $f(x,y) = (6x - x^2)(4y - y^2)$;　　　　(4) $f(x,y) = x^2 + y^3 - 6xy + 18x - 39y + 16$;

(5) $f(x,y) = 3xy - x^3 - y^3 + 1$.

2. 试在 x 轴、y 轴与直线 $x + y = 2\pi$ 围成的三角形闭区域上求函数

$$u = \sin x + \sin y - \sin(x + y)$$

的最大值.

3. 求表面积为 S^2 而体积为最大的长方体的体积.

4. 求旋转抛物面 $z = x^2 + y^2$ 与平面 $x + y - z = 1$ 之间的最短距离.

5. 在第 Ⅰ 卦限内作椭球面

$$\frac{x^2}{a^2} + \frac{y^2}{b^2} + \frac{z^2}{c^2} = 1$$

的切平面,使切平面与三坐标面所围成的四面体体积最小,求切点坐标.

习题 9

1. 填空题:

(1) 曲线 $L: \begin{cases} x = t^2 \\ y = 3t \\ z = 2t^2 \end{cases}$ 在点 $(1,3,2)$ 处的切线方程为 ＿＿＿＿＿＿＿＿＿＿＿＿ ,法平面方程为

＿＿＿＿＿＿＿＿＿ .

(2) 曲面 $z^2 = 2x^2 + y^2 - 7$ 在点 $(1,3,2)$ 的切平面为 ＿＿＿＿＿＿＿＿ .

(3) 函数 $z(x,y) = xy + \sin(xy)$ 在点 $\left(\dfrac{\sqrt{\pi}}{2}, \dfrac{\sqrt{\pi}}{2}\right)$ 处沿方向 $\boldsymbol{u} = \boldsymbol{i} + \boldsymbol{j}$ 的方向导数为 ＿＿＿＿＿

＿＿＿＿ .

(4) 若 $f(x,y) = ax^2 + 2bxy + cy^2 + dx + ey + f$ 有极小值,则其系数必须满足条件 ＿＿＿＿＿

＿＿＿＿ .

（5）曲面 $\Sigma: F(x, y, z) = 0$，则坐标原点到曲面上 $P(x_0, y_0, z_0)$ 点处的切平面的距离为 _____.

2. 选择题：

（1）设 (x_0, y_0) 为 $f(x, y)$ 的驻点，记 $\Delta = [f''_{xy}(x_0, y_0)]^2 - f''_{xx}(x_0, y_0) f''_{yy}(x_0, y_0)$，$A = f''_{xx}(x_0, y_0)$，则点 (x_0, y_0) 为 $f(x, y)$ 的极大值的充分条件为（　　）.

    A. $\Delta < 0, A > 0$ B. $\Delta < 0, A < 0$

    C. $\Delta > 0, A > 0$ D. $\Delta > 0, A < 0$

（2）设函数 $z = 1 - \sqrt{x^2 + y^2}$，则点 $(0,0)$ 是函数 z 的（　　）.

    A. 极大值点但非最大值点   B. 极大值点且最大值点

    C. 极小值点但非最小值点   D. 极小值点但非最小值点

（3）设函数 $f(x, y)$ 在点 $(0,0)$ 附近有定义，且 $f'_x(0,0) = 3$，$f'_y(0,0) = 1$，则（　　）.

    A. $\mathrm{d}z \big|_{(0,0)} = 3\mathrm{d}x + \mathrm{d}y$

    B. 曲面 $z = f(x, y)$ 在点 $(0, 0, f(0, 0))$ 的法向量为 $(3, 1, 1)$

    C. 曲线 $\begin{cases} z = f(x, y) \\ y = 0 \end{cases}$ 在点 $(0, 0, f(0, 0))$ 的切向量为 $(1, 0, 3)$

    D. 曲线 $\begin{cases} z = f(x, y) \\ y = 0 \end{cases}$ 在点 $(0, 0, f(0, 0))$ 的切向量为 $(3, 0, 1)$

（4）曲面 $x\mathrm{e}^y + y^2 \mathrm{e}^{2z} + z^3 \mathrm{e}^{3x} = \dfrac{2}{\mathrm{e}} - 1$ 在点 $(2, -1, 0)$ 法线方程为（　　）.

    A. $\dfrac{x-2}{1} = \dfrac{y+1}{2} = \dfrac{z}{2\mathrm{e}}$ B. $(x-1) + (2-2\mathrm{e})(y+1) + 2\mathrm{e}z = 0$

    C. $\dfrac{x-2}{1} = \dfrac{y+1}{2-2\mathrm{e}} = \dfrac{z}{2\mathrm{e}}$ D. $(x-2) + 2(y+1) + 2\mathrm{e}z = 0$

3. 求下列曲线在给定点的切线和法平面方程：

（1）$x = \dfrac{t}{1+t}$，$y = \dfrac{1+t}{t}$，$z = t^2$ 在点 $t = 1$ 处；

（2）$\begin{cases} x^2 + y^2 + z^2 - 3x = 0 \\ 2x - 3y + 5z - 4 = 0 \end{cases}$，点 $M_0(1, 1, 1)$.

4. 求曲面 $x + z = y\cos(x^2 - z^2)$ 在点 $M_0(1, 2, 1)$ 处的切平面方程与法线方程.

5. 求下列方向导数：

（1）求函数 $z = x^2 - y^2$ 在点 $(1, 1)$ 处沿与 x 轴正向成 $60°$ 角方向的方向导数. 在这点的内法线方向的方向导数.

（2）求函数 $z = 1 - \left(\dfrac{x^2}{a^2} + \dfrac{y^2}{b^2} \right)$ 在点 $\left(\dfrac{a}{\sqrt{2}}, \dfrac{b}{\sqrt{2}} \right)$ 处沿曲线 $\dfrac{x^2}{a^2} + \dfrac{y^2}{b^2} = 1$ 在这点的内法线方向的方向导数.

6. 求下列函数的极值：

（1）$f(x, y) = x^3 - y^3 - 3x^2 - 3y^2 + 9y$；

（2）$f(x, y) = \left(y + \dfrac{x^3}{3} \right) \mathrm{e}^{x+y}$.

7. 用拉格朗日乘数法求下列条件极值:

（1）目标函数 $z = xy$,约束条件 $x + y = 1$;

（2）目标函数 $u = x - 2y + 2z$,约束条件 $x^2 + y^2 + z^2 = 1$.

8. 造一个容积为 27 m^3 的长方体水箱,应如何选择水箱的尺寸使用的材料最省?

第 9 章参考答案

第 **10** 章
多元函数积分学（Ⅰ）

定积分是一元函数某种和式的极限.本章把这种确定形式和式的极限概念推广到定义在平面区域或空间区域上的多元函数的情形,给出重积分(包括二重积分和三重积分)的概念,并介绍它们的计算方法及其一些应用.

10.1 二重积分

10.1.1 二重积分的概念

下面通过计算曲顶柱体的体积和平面薄片的质量,引出二重积分的定义.

1) 曲顶柱体的体积

曲顶柱体是指这样的立体,它的底是 xOy 平面上的一个有界闭区域 D,其侧面是以 D 的边界为准线的母线平行于 z 轴的柱面,其顶部是在区域 D 上的连续函数 $z=f(x,y)$ ($f(x,y)\geqslant 0$) 所表示的曲面(见图10.1.1).如何求此曲顶柱体的体积呢?

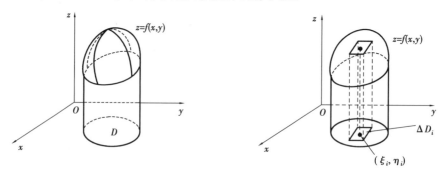

图 10.1.1   图 10.1.2

若 $f(x,y)$ 在区域 D 上恒为常数,则上述的曲顶柱体就是一平顶柱体,其体积可用公式

$$体积 = 底面积 \times 高$$

来计算.对曲顶柱体,当点 (x,y) 在区域 D 上变动时,高度 $f(x,y)$ 也随着变动.因此,它的体积

不能直接由上述公式进行计算，需要采用与计算曲边梯形面积类似的方法，即微元法来解决（见图 10.1.2）. 其具体步骤如下：

（1）分割

把闭区域 D 分为 n 个小闭区域

$$\Delta\sigma_1, \Delta\sigma_2, \cdots, \Delta\sigma_n,$$

同时，也用 $\Delta\sigma_i$ 表示第 i 个小闭区域的面积，用 $d(\Delta\sigma_i)$ 表示区域 $\Delta\sigma_i$ 的直径（一个闭区域的直径是指闭区域上任意两点间距离的最大值），相应地此曲顶柱体被分为 n 个小曲顶柱体.

（2）近似

在每个小闭区域上任取一点

$$(\xi_1, \eta_1), (\xi_2, \eta_2), \cdots, (\xi_n, \eta_n),$$

对第 i 个小曲顶柱体的体积，用高为 $f(\xi_i, \eta_i)$ 而底为 $\Delta\sigma_i$ 的平顶柱体的体积来近似代替.

（3）求和

这 n 个平顶柱体的体积之和

$$V_n = \sum_{i=1}^{n} f(\xi_i, \eta_i)\Delta\sigma_i,$$

就是曲顶柱体体积的近似值.

（4）取极限

用 λ 表示 n 个小闭区域 $\Delta\sigma_i$ 的直径的最大值，即 $\lambda = \max_{1 \le i \le n} d(\Delta\sigma_i)$. 当 $\lambda \to 0$（可理解为 $\Delta\sigma_i$ 收缩为一点）时，上述和式的极限，就是曲顶柱体的体积

$$V = \lim_{\lambda \to 0} \sum_{i=1}^{n} f(\xi_i, \eta_i)\Delta\sigma_i.$$

2）平面薄片的质量

设薄片在 xOy 平面占有平面闭区域 D，它在点 (x, y) 处的面密度是 $\rho = \rho(x, y)$. 设 $\rho(x, y)$ 是连续的，求薄片的质量（见图 10.1.3）.

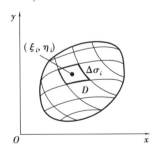

图 10.1.3

若平面薄片的密度是均匀的，即面密度是常数，则平面薄片的质量可用公式

质量 = 面密度 × 面积

来计算. 若面密度 $\rho(x, y)$ 是变量，则平面薄片的质量就不能直接用上述的公式来计算，但可用类似于上面计算曲顶柱体的体积的方法（即微元法）来计算平面薄片的质量.

先分割闭区域 D 为 n 个小闭区域

$$\Delta\sigma_1, \Delta\sigma_2, \cdots, \Delta\sigma_n,$$

在每个小闭区域上任取一点

$$(\xi_1,\eta_1),(\xi_2,\eta_2),\cdots,(\xi_n,\eta_n).$$

近似地，以点(ξ_i,η_i)处的面密度$\rho(\xi_i,\eta_i)$代替小闭区域$\Delta\sigma_i$上各点处的面密度，得到第i块小薄片的质量的近似值$\rho(\xi_i,\eta_i)\Delta\sigma_i$. 于是，整个薄片质量的近似值为

$$M_n = \sum_{i=1}^{n}\rho(\xi_i,\eta_i)\Delta\sigma_i,$$

用$\lambda = \max_{1\le i\le n}d(\Delta\sigma_i)$表示$n$个小闭区域$\Delta\sigma_i$的直径的最大值，当$D$无限细分，即当$\lambda\to 0$时，$M_n$的极限就是薄片的质量$M$，即

$$M = \lim_{\lambda\to 0}\sum_{i=1}^{n}\rho(\xi_i,\eta_i)\Delta\sigma_i.$$

许多实际问题都归结为和式$\sum_{i=1}^{n}f(\xi_i,\eta_i)\Delta\sigma_i$的极限. 撇开上述问题的几何特征，可从这类问题抽象地概括出它们的共同数学本质，得出下述二重积分的定义.

定义 设D是xOy平面上的有界闭区域，二元函数$z=f(x,y)$在D上有界. 将D分为n个小区域

$$\Delta\sigma_1,\Delta\sigma_2,\cdots,\Delta\sigma_n,$$

同时用$\Delta\sigma_i$表示该小区域的面积，记$\Delta\sigma_i$的直径为$d(\Delta\sigma_i)$，并令$\lambda = \max_{1\le i\le n}d(\Delta\sigma_i)$. 在$\Delta\sigma_i$上任取一点$(\xi_i,\eta_i)(i=1,2,\cdots,n)$，作乘积

$$f(\xi_i,\eta_i)\Delta\sigma_i,$$

并作和式

$$S_n = \sum_{i=1}^{n}f(\xi_i,\eta_i)\Delta\sigma_i.$$

若$\lambda\to 0$时，S_n的极限存在（它不依赖于D的分法及点(ε_i,η_i)的取法），则称这个极限值为函数$z=f(x,y)$在D上的**二重积分**，记作$\iint\limits_{D}f(x,y)\mathrm{d}\sigma$，即

$$\iint\limits_{D}f(x,y)\mathrm{d}\sigma = \lim_{\lambda\to 0}\sum_{i=1}^{n}f(\xi_i,\eta_i)\Delta\sigma_i, \tag{10.1.1}$$

其中，D称为**积分区域**，$f(x,y)$称为**被积函数**，$\mathrm{d}\sigma$称为**面积元素**，$f(x,y)\mathrm{d}\sigma$称为**被积表达式**，x与y称为**积分变量**，$\sum_{i=1}^{n}f(\xi_i,\eta_i)\Delta\sigma_i$称为**积分和**.

在直角坐标系中，常用平行于x轴和y轴的直线$(y=$常数和$x=$常数$)$把区域D分割成小矩形，它的边长是Δx和Δy，从而$\Delta\sigma=\Delta x\cdot\Delta y$. 因此，在直角坐标系中的面积元素可写成$\mathrm{d}\sigma=\mathrm{d}x\cdot\mathrm{d}y$，二重积分也可记作

$$\iint\limits_{D}f(x,y)\mathrm{d}x\mathrm{d}y = \lim_{\lambda\to 0}\sum_{i=1}^{n}f(\xi_i,\eta_i)\Delta\sigma_i.$$

有了二重积分的定义，前面的体积和质量都可用二重积分来表示. 曲顶柱体的体积V是函数$z=f(x,y)$在区域D上的二重积分

$$V = \iint\limits_{D}f(x,y)\mathrm{d}\sigma;$$

薄片的质量M是面密度$\rho=\rho(x,y)$在区域D上的二重积分

$$M = \iint\limits_{D} \rho(x,y)\,\mathrm{d}\sigma.$$

二重积分的几何意义：当 $f(x,y)$ 为正时，二重积分的几何意义就是曲顶柱体的体积；当 $f(x,y)$ 为负时，柱体就在 xOy 平面下方，二重积分就是曲顶柱体体积的负值. 如果 $f(x,y)$ 在某部分区域上是正的，而在其余的部分区域上是负的，那么 $f(x,y)$ 在 D 上的二重积分就等于这些部分区域上柱体体积的代数和.

可积的充分条件：如果 $f(x,y)$ 在区域 D 上的二重积分存在（即和式的极限（10.1.1）存在），则称 $f(x,y)$ 在 D 上可积. 什么样的函数是可积的呢？

如果 $f(x,y)$ 是闭区域 D 上连续，或分块连续的函数，则 $f(x,y)$ 在 D 上可积.

总假定 $z = f(x,y)$ 在闭区域 D 上连续，所以 $f(x,y)$ 在 D 上的二重积分都是存在的，以后就不再一一加以说明.

10.1.2　二重积分的性质

设二元函数 $f(x,y)$，$g(x,y)$ 在闭区域 D 上连续，于是这些函数的二重积分存在. 利用二重积分的定义，可证明它的若干基本性质，此处省略性质的证明. 下面列举这些性质：

性质 1　常数因子可提到积分号外面，即

$$\iint\limits_{D} kf(x,y)\,\mathrm{d}\sigma = k\iint\limits_{D} f(x,y)\,\mathrm{d}\sigma,$$

其中，k 是常数.

性质 2　函数的代数和的积分等于各函数的积分的代数和，即

$$\iint\limits_{D}\left[f(x,y) \pm g(x,y)\right]\mathrm{d}\sigma = \iint\limits_{D} f(x,y)\,\mathrm{d}\sigma \pm \iint\limits_{D} g(x,y)\,\mathrm{d}\sigma.$$

性质 3　设闭区域 D 由有限条曲线分为有限个区域，则 D 上的二重积分等于各部分区域上的积分和.

例如，D 分为区域 D_1 和 D_2（见图 10.1.4），则

$$\iint\limits_{D} f(x,y)\,\mathrm{d}\sigma = \iint\limits_{D_1} f(x,y)\,\mathrm{d}\sigma + \iint\limits_{D_2} f(x,y)\,\mathrm{d}\sigma. \qquad (10.1.2)$$

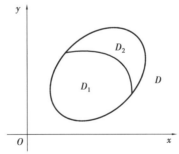

图 10.1.4

这个性质表示二重积分对积分区域具有可加性.

性质 4　设在闭区域 D 上 $f(x,y) \equiv 1$，σ 为 D 的面积，则

$$\iint_D 1\mathrm{d}\sigma = \iint_D \mathrm{d}\sigma = \sigma.$$

从几何意义上来看,这是很明显的,因为高为 1 的平顶柱体的体积在数值上就等于柱体的底面积.

例 1 设 $D = \{(x,y)\,|\,1 \le x^2 + y^2 \le 4\}$,求 $\iint_D 5\mathrm{d}\sigma$.

解 区域 D 是半径分别为 1 和 2 的两个同心圆围成的圆环(见图 10.1.5),其面积为 $S = \pi \cdot 2^2 - \pi \cdot 1^2 = 3\pi$,故

$$\iint_D 5\mathrm{d}\sigma = 5\iint_D \mathrm{d}\sigma = 5 \times 3\pi = 15\pi.$$

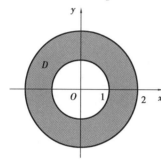

图 10.1.5

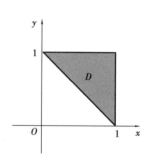

图 10.1.6

性质 5 设在闭区域 D 上有 $f(x,y) \le g(x,y)$,则

$$\iint_D f(x,y)\mathrm{d}\sigma \le \iint_D g(x,y)\mathrm{d}\sigma.$$

性质 6 函数二重积分的绝对值必小于(或等于)该函数绝对值的二重积分,即

$$\left| \iint_D f(x,y)\mathrm{d}\sigma \right| \le \iint_D |f(x,y)|\mathrm{d}\sigma.$$

例 2 利用二重积分的性质比较 $\iint_D (x+y)^2\mathrm{d}\sigma$ 与 $\iint_D (x+y)^3\mathrm{d}\sigma$ 的大小,其中积分区域 D 由直线 $x = 1, y = 1$ 及 $x + y = 1$ 所围成(见图 10.1.6).

解 显然在区域 D 上有 $x + y \ge 1$,故

$$(x+y)^2 \le (x+y)^3,$$

于是

$$\iint_D (x+y)^2\mathrm{d}\sigma \le \iint_D (x+y)^3\mathrm{d}\sigma.$$

性质 7(二重积分的中值定理) 设函数 $f(x,y)$ 在闭区域 D 上连续,σ 是 D 的面积,则在 D 上至少存在一点 (ξ,η) 使得下式成立

$$\iint_D f(x,y)\mathrm{d}\sigma = f(\xi,\eta) \cdot \sigma.$$

二重积分中值定理的几何意义可叙述如下:

当 $S: z = f(x,y)$ 为空间一连续曲面时,对以 S 为顶的曲顶柱体,必定存在一个以 D 为底、以 D 内某点 (ξ,η) 的函数值 $f(\xi,\eta)$ 为高的平顶柱体,它的体积 $f(\xi,\eta) \cdot \sigma$ 就等于这个曲顶柱

体的体积.

习题 10.1

1. 利用二重积分的定义证明：

（1）$\iint\limits_{D} \mathrm{d}\sigma = S$（其中 S 为区域 D 的面积）；

（2）$\iint\limits_{D} kf(x,y)\mathrm{d}\sigma = k\iint\limits_{D} f(x,y)\mathrm{d}\sigma$（其中 k 为常数）.

2. 利用二重积分的性质，比较下列积分的大小：

（1）$\iint\limits_{D} (x+y)^2 \mathrm{d}\sigma$ 与 $\iint\limits_{D} (x+y)^3 \mathrm{d}\sigma$，其中积分区域 D 由直线 x 轴、y 轴及 $x+y=1$ 所围成；

（2）$\iint\limits_{D} \ln(x+y)\mathrm{d}\sigma$ 与 $\iint\limits_{D} [\ln(x+y)]^2 \mathrm{d}\sigma$，其中积分区域 D 是以 $(1,0),(1,1),(2,0)$ 为顶点的三角形闭区域；

（3）$\iint\limits_{D} [\ln(x+y)]^2 \mathrm{d}\sigma$ 与 $\iint\limits_{D} [\ln(x+y)]^3 \mathrm{d}\sigma$，其中积分区域 D 是以 $(0,1),(1,1),(0,2)$ 为顶点的三角形闭区域.

3. 不计算二重积分，根据二重积分性质估计下列积分的值：

（1）$I = \iint\limits_{D} \sqrt{2+xy}\,\mathrm{d}\sigma,D = \{(x,y) \mid 0 \leqslant x \leqslant 2,0 \leqslant y \leqslant 2\}$；

（2）$I = \iint\limits_{D} \sin^2 x \sin^2 y \mathrm{d}\sigma,D = \{(x,y) \mid 0 \leqslant x \leqslant \dfrac{\pi}{2},0 \leqslant y \leqslant \dfrac{\pi}{2}\}$.

4. 根据二重积分的几何意义，确定下列积分的值：

（1）$\iint\limits_{D} (2-\sqrt{x^2+y^2})\mathrm{d}\sigma,D = \{(x,y) \mid x^2+y^2 \leqslant 4\}$；

（2）$\iint\limits_{D} \sqrt{4-x^2-y^2}\,\mathrm{d}\sigma,D = \{(x,y) \mid x^2+y^2 \leqslant 4\}$.

5. 利用二重积分的性质求 $\iint\limits_{D} \mathrm{d}\sigma$ 的值，其中 D 为以下区域：

（1）$D = \{(x,y) \mid x^2+y^2 \leqslant 2x\}$；

（2）D 由 y 轴及直线 $x+y=1,x-y=1$ 围成（提示：利用积分中值定理）.

10.2 二重积分的计算

前面已讨论了二重积分的概念与性质，下面将根据二重积分的几何意义来导出二重积分的一种计算方法. 关键问题是如何将二重积分的计算转化为两次定积分的计算问题，即化二重积分为二次积分.

10.2.1　在直角坐标系下计算二重积分

在几何上,当被积函数 $f(x,y) \geq 0$ 时,二重积分 $\iint\limits_{D} f(x,y) \mathrm{d}\sigma$ 的值等于以 D 为底、以曲面 $z = f(x,y)$ 为顶的曲顶柱体的体积. 下面用"切片法"来求曲顶柱体的体积 V.

假定积分区域 D 为 X-型区域:
$$D = \{(x,y) \mid a \leq x \leq b, \varphi_1(x) \leq y \leq \varphi_2(x)\},$$
用平行于 yOz 坐标面的平面 $x = x_0 (a \leq x_0 \leq b)$ 去截曲顶柱体,得到一截面. 它是一个以区间 $[\varphi_1(x_0), \varphi_2(x_0)]$ 为底、以 $z = f(x_0,y)$ 为曲边的曲边梯形(见图 10.2.1 的阴影部分),故这截面的面积为

$$A(x_0) = \int_{\varphi_1(x_0)}^{\varphi_2(x_0)} f(x_0,y) \mathrm{d}y.$$

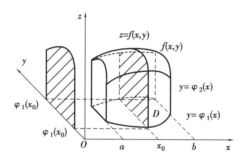

图 10.2.1

一般地,过区间 $[a,b]$ 上任一点 x 且平行于 yOz 坐标面的平面与曲顶柱体相交所得截面的面积为

$$A(x) = \int_{\varphi_1(x)}^{\varphi_2(x)} f(x,y) \mathrm{d}y,$$

于是,由式(5.3.3)得曲顶柱体的体积为

$$V = \iint\limits_{D} f(x,y) \mathrm{d}x\mathrm{d}y = \int_a^b A(x) \mathrm{d}x = \int_a^b \left[\int_{\varphi_i(x)}^{\varphi_2(x)} f(x,y) \mathrm{d}y \right] \mathrm{d}x. \tag{10.2.1}$$

式(10.2.1)右端是先对 y 后对 x 的**二次积分**(也称累次积分),这个二次积分常记作

$$\int_a^b \mathrm{d}x \int_{\varphi_1(x)}^{\varphi_2(x)} f(x,y) \mathrm{d}y.$$

因此,式(10.2.1)也写为

$$\iint\limits_{D} f(x,y) \mathrm{d}\sigma = \int_a^b \mathrm{d}x \int_{\varphi_1(x)}^{\varphi_2(x)} f(x,y) \mathrm{d}y. \tag{10.2.2}$$

这就是把二重积分化为先对 y 后对 x 的二次积分的公式.

在上述讨论中,假定 $f(x,y) \geq 0$,这只是为几何上说明方便而引入的条件,实际式(10.2.2)的成立并不受此条件的限制.

类似地,设积分区域是 Y-型区域: $D = \{(x,y) \mid c \leq y \leq d, \psi_1(y) \leq x \leq \psi_2(y)\}$,其中 $\psi_1(y)$ 与 $\psi_2(y)$ 在区间 $[c,d]$ 上连续,$f(x,y)$ 在区域 D 上连续,则有

$$\iint\limits_{D} f(x,y)\,\mathrm{d}\sigma = \int_{c}^{d}\Big[\int_{v_{1}(y)}^{\psi_{2}(y)} f(x,y)\,\mathrm{d}x\Big]\mathrm{d}y.$$

上式右端是先对 x 再对 y 的二次积分,这个二次积分也常记作

$$\iint\limits_{D} f(x,y)\,\mathrm{d}\sigma = \int_{c}^{d}\mathrm{d}y\int_{v_{1}(y)}^{\psi_{2}(y)} f(x,y)\,\mathrm{d}x. \tag{10.2.3}$$

若积分区域 D 既不是 X-型区域也不是 Y-型区域,则可将它分割成若干块 X-型区域或 Y-型区域(见图 10.2.2),然后在每块这样的区域上用式(10.2.2)或式(10.2.3),再根据二重积分的积分区域的可加性,即可计算二重积分.

若积分区域既是 X-型区域 $D = \{(x,y)\mid a\leqslant x\leqslant b,\varphi_{1}(x)\leqslant y\leqslant\varphi_{2}(x)\}$,也是 Y-型区域 $D = \{(x,y)\mid c\leqslant y\leqslant d,\psi_{1}(y)\leqslant x\leqslant\psi_{2}(y)\}$(见图 10.2.3),则由式(10.2.2)及式(10.2.3)可得

$$\int_{a}^{b}\mathrm{d}x\int_{\varphi_{2}(x)}^{\varphi_{2}(x)} f(x,y)\,\mathrm{d}y = \int_{c}^{a}\mathrm{d}y\int_{\psi_{1}(y)}^{\psi_{2}(y)} f(x,y)\,\mathrm{d}x.$$

上式表明,两个不同次序的二次积分相等,因为它们都等于二重积分 $\iint\limits_{D} f(x,y)\,\mathrm{d}\sigma$.

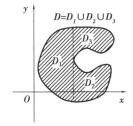
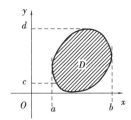

图 10.2.2　　　　　　　　　　　图 10.2.3

将二重积分化为二次积分时,关键是确定积分限. 由以上分析可知,积分次序和积分限是根据积分区域 D 来确定的. 因此,计算二重积分时,先要画出积分区域 D 的图形. 一般地,若积分区域是 X-型区域,则先对 y 积分后再对 x 积分;若积分区域是 Y-型区域,则先对 x 积分后再对 y 积分. 例如,积分区域是 X-型区域(见图 10.2.4),在区间 $[a,b]$ 上任取一点 x 值,积分区域上以这个 x 值为横坐标的点在一直线段上,这直线段平行于 y 轴,该线段上点的纵坐标从 $\varphi_{1}(x)$ 变到 $\varphi_{2}(x)$,这就是式(10.2.2)中先把 x 当成常数而对 y 积分时的下限和上限. 因为 x 的值是在区间 $[a,b]$ 上任意取定的,所以再把 x 看成变量而对 x 积分时,积分区间是 $[a,b]$.

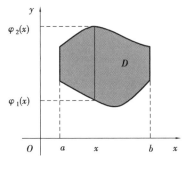
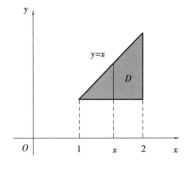

图 10.2.4　　　　　　　　　　　图 10.2.5

例 1　计算 $\iint\limits_{D}(x+y)\,\mathrm{d}\sigma$,其中 D 是由直线 $y = 1,y = x$ 及 $x = 2$ 所围成的闭区域.

解 画出积分区域 D 的图形,易见积分区域 D 既是 X-型区域又是 Y-型区域.

方法 1:如果将 D 表示为 X-型区域(见图 10.2.5),则 D 可表示为

$$D = \{(x,y) \mid 1 \leqslant x \leqslant 2, 1 \leqslant y \leqslant x\}.$$

先对 y 积分,有

$$\iint\limits_{D} f(x,y)\,\mathrm{d}\sigma = \int_1^2 \left[\int_1^x (x+y)\,\mathrm{d}y\right]\mathrm{d}x = \int_1^2 \left[\left(xy + \frac{y^2}{2}\right)\bigg|_1^x\right]\mathrm{d}x$$

$$= \int_1^2 \left(\frac{3x^2}{2} - x - \frac{1}{2}\right)\mathrm{d}x = \left(\frac{x^3}{2} - \frac{x^2}{2} - \frac{x}{2}\right)\bigg|_1^2 = \frac{3}{2}.$$

方法 2:如果将 D 表示为 Y-型区域(见图 10.2.6),则 D 可表示为

$$D = \{(x,y) \mid 1 \leqslant y \leqslant 2, y \leqslant x \leqslant 2\}.$$

先对 x 积分,有

$$\iint\limits_{D} (x+y)\,\mathrm{d}\sigma = \int_1^2 \left[\int_y^2 (x+y)\,\mathrm{d}x\right]\mathrm{d}y = \int_1^2 \left[\left(\frac{x^2}{2} + yx\right)\bigg|_y^2\right]\mathrm{d}y$$

$$= \int_1^2 \left(2 + 2y - \frac{3y^2}{2}\right)\mathrm{d}y = \left(2y + y^2 - \frac{y^3}{2}\right)\bigg|_1^2 = \frac{3}{2}.$$

例 2 计算二重积分 $\iint\limits_{D} xy\,\mathrm{d}\sigma$,其中 D 是由抛物线 $y^2 = x$ 及直线 $y = x - 2$ 所围成的闭区域.

解 方法 1:画出积分区域,若将区域 D 表示为 Y-型区域(见图 10.2.7),则 D 可表示为

$$D = \{(x,y) \mid -1 \leqslant y \leqslant 2, y^2 \leqslant x \leqslant y+2\}.$$

所以

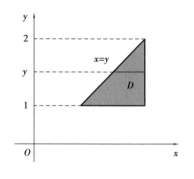

图 10.2.6

$$\iint\limits_{D} xy\,\mathrm{d}\sigma = \int_{-1}^2 \left(\int_{y^2}^{y+2} xy\,\mathrm{d}x\right)\mathrm{d}y = \int_{-1}^2 \left(y \cdot \frac{x^2}{2}\bigg|_{y^2}^{y+2}\right)\mathrm{d}y$$

$$= \frac{1}{2}\int_{-1}^2 \left[y(y+2)^2 - y^5\right]\mathrm{d}y$$

$$= \frac{1}{2}\left(\frac{y^4}{4} + \frac{4}{3}y^3 + 2y^2 - \frac{y^6}{6}\right)\bigg|_{-1}^2 = \frac{45}{8}.$$

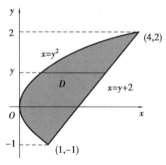

图 10.2.7

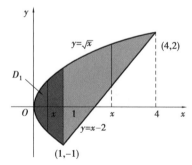

图 10.2.8

方法 2:把区域 D 表示为 X-型区域,则要把积分区域 D 分成 D_1 和 D_2 两部分(见图 10.2.8),其中 D_1 与 D_2 可表示为

$$D_1 = \{(x,y) \mid 0 \leqslant x \leqslant 1, -\sqrt{x} \leqslant y \leqslant \sqrt{x}\},$$

$$D_2 = \{(x,y) \mid 1 \leqslant x \leqslant 4, x-2 \leqslant y \leqslant \sqrt{x}\}.$$

在 D_1 和 D_2 上分别求积分

$$\iint_{D_1} xy\,\mathrm{d}\sigma = \int_0^1 \mathrm{d}x \int_{-\sqrt{x}}^{\sqrt{x}} xy\,\mathrm{d}y = \int_0^1 \left(\frac{1}{2}xy^2 \Big|_{-\sqrt{x}}^{\sqrt{x}}\right)\mathrm{d}x = 0,$$

$$\iint_{D_2} xy\,\mathrm{d}\sigma = \int_1^4 \mathrm{d}x \int_{x-2}^{\sqrt{x}} xy\,\mathrm{d}y = \int_1^4 \left(\frac{1}{2}xy^2 \Big|_{x-2}^{\sqrt{x}}\right)\mathrm{d}x$$

$$= \frac{1}{2}\int_1^4 \left[x^2 - x(x-2)^2\right]\mathrm{d}x = \frac{1}{2}\int_1^4 (5x^2 - x^3 - 4x)\,\mathrm{d}x$$

$$= \frac{1}{2}\left(\frac{5}{3}x^3 - \frac{1}{4}x^4 - 2x^2\right)\Big|_1^4 = \frac{45}{8}.$$

因此

$$\iint_D xy\,\mathrm{d}\sigma = \iint_{D_1} xy\,\mathrm{d}\sigma + \iint_{D_2} xy\,\mathrm{d}\sigma = 0 + \frac{45}{8} = \frac{45}{8}.$$

由此可知,方法 1 比方法 2 简单. 上述例子表明,在化二重积分为二次积分时,为了计算方便,需要选择恰当的积分次序. 这时,不仅要考虑积分区域 D 的形状,而且还要考虑被积函数的特性.

例 3　计算二重积分 $\iint_D y\sqrt{1+x^2-y^2}\,\mathrm{d}\sigma$,其中 D 是由直线 $y = x, x = -1$ 和 $y = 1$ 所围成的闭区域.

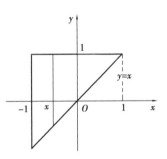

图 10.2.9

解　画出积分区域 D,易知 D: $-1 \leqslant x \leqslant 1, x \leqslant y \leqslant 1$（见图 10.2.9）. 若利用式（10.2.1）,得

$$\iint_D y\sqrt{1+x^2-y^2}\,\mathrm{d}\sigma = \int_{-1}^1 \left(\int_x^1 y\sqrt{1+x^2-y^2}\,\mathrm{d}y\right)\mathrm{d}x = -\frac{1}{3}\int_{-1}^1 (1+x^2-y^2)^{\frac{3}{2}}\Big|_x^1 \,\mathrm{d}x$$

$$= -\frac{1}{3}\int_{-1}^1 (|x|^3 - 1)\,\mathrm{d}x = -\frac{2}{3}\int_0^1 (x^3 - 1)\,\mathrm{d}x = \frac{1}{2}.$$

若利用式（10.2.2）,就有

$$\iint_D y\sqrt{1+x^2-y^2}\,\mathrm{d}\sigma = \int_{-1}^1 y\left(\int_{-1}^y \sqrt{1+x^2-y^2}\,\mathrm{d}x\right)\mathrm{d}y,$$

但计算非常麻烦. 因此,这里用式（10.2.1）来计算要方便得多.

例 4　计算二重积分 $\iint_D \cos y^2\,\mathrm{d}\sigma$,其中 D 是由直线 $y = x, y = 1$ 及 y 轴所围成的闭区域.

解　画出积分区域 D 的图形如图 10.2.10 所示. 现将 D 看成 Y-型区域: $0 \leqslant y \leqslant 1, 0 \leqslant x \leqslant y$. 则

$$\iint_D \cos y^2\,\mathrm{d}\sigma = \int_0^1 \mathrm{d}y \int_0^y \cos y^2\,\mathrm{d}x = \int_0^1 y\cos y^2\,\mathrm{d}y$$

$$= \frac{1}{2}\int_0^1 \cos y^2\,\mathrm{d}y^2 = \frac{1}{2}\sin y^2 \Big|_0^1 = \frac{1}{2}\sin 1.$$

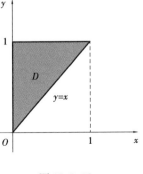

图 10.2.10

注 如果将 D 看成 X-型区域,那么 D 可表示为:$0 \leqslant x \leqslant 1, x \leqslant y \leqslant 1$,则 $\iint\limits_{D} \cos y^2 \mathrm{d}\sigma = \int_0^1 \mathrm{d}x \int_x^1 \cos y^2 \mathrm{d}y$,然而 $\int \cos y^2 \mathrm{d}y$ 无法用初等函数表示,故不能按这个积分次序进行计算.

这也说明在计算二重积分时,除了要注意积分区域 D 的特点(区分是 X-型区域,还是 Y-型区域)外,还应注意被积函数的特点,并适当选择积分次序.

现在把计算二重积分的步骤小结如下:

①画出积分区域 D 的图形. 必要时,计算某些点的坐标.

②考虑积分区域与被积函数的特点,适当选择积分次序.

③把积分区域按积分次序的要求表示为 X-型区域或 Y-型区域,以确定二次积分的上下限.

在实际应用中,如果发现积分次序选择不当,可换另一种次序重新计算,积分次序可以转化.

例 5 设 $f(x,y)$ 连续,求证

$$\int_a^b \mathrm{d}x \int_a^x f(x,y) \mathrm{d}y = \int_a^b \mathrm{d}y \int_y^b f(x,y) \mathrm{d}x.$$

解 上式左端可表为

$$\int_a^b \mathrm{d}x \int_a^x f(x,y) \mathrm{d}y = \iint\limits_{D} f(x,y) \mathrm{d}\sigma,$$

其中,积分区域为 $D = \{(x,y) \mid a \leqslant x \leqslant b, a \leqslant y \leqslant x\}$,如图 10.2.11 所示.

区域 D 也可表为

$$D = \{(x,y) \mid a \leqslant y \leqslant b, y \leqslant x \leqslant b\},$$

于是,改变积分次序

$$\iint\limits_{D} f(x,y) \mathrm{d}\sigma = \int_a^b \mathrm{d}y \int_y^b f(x,y) \mathrm{d}x.$$

由此可得

$$\int_a^b \mathrm{d}x \int_a^x f(x,y) \mathrm{d}y = \int_a^b \mathrm{d}y \int_y^b f(x,y) \mathrm{d}x.$$

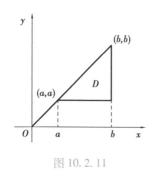

图 10.2.11

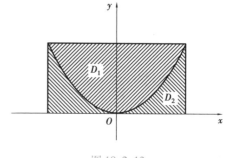

图 10.2.12

例 6 计算二重积分 $\iint\limits_{D} |y - x^2| \mathrm{d}\sigma$,$D$ 为矩形区域:$D = \{(x,y) \mid -1 \leqslant x \leqslant 1, 0 \leqslant y \leqslant 1\}$.

解 因

$$|y - x^2| = \begin{cases} y - x^2 & y \geqslant x^2 \\ x^2 - y & y < x^2 \end{cases},$$

则将积分区域 D 划分为 D_1 和 D_2（见图 10.2.12），即

$$D_1 = \{(x, y) \mid -1 \leqslant x \leqslant 1, x^2 \leqslant y \leqslant 1\},$$

$$D_2 = \{(x, y) \mid -1 \leqslant x \leqslant 1, 0 \leqslant y \leqslant x^2\}.$$

于是

$$\iint\limits_{D} |y - x^2| \, d\sigma = \iint\limits_{D_1} (y - x^2) \, dx dy + \iint\limits_{D_2} (x^2 - y) \, dx dy$$

$$= \int_{-1}^{1} dx \int_{x^2}^{1} (y - x^2) \, dy + \int_{-1}^{1} dx \int_{0}^{x^2} (x^2 - y) \, dy$$

$$= \int_{-1}^{1} \left(\frac{y^2}{2} - x^2 y \right) \Big|_{x^2}^{1} dx + \int_{-1}^{1} \left(x^2 y - \frac{y^2}{2} \right) \Big|_{0}^{x^2} dx.$$

10.2.2　在极坐标变换下二重积分的计算

有些二重积分，积分区域 D 的边界曲线用极坐标方程来表示较为方便，而且被积函数用极坐标变量 r, θ 表示比较简单. 这时，可考虑用极坐标来计算二重积分 $\iint\limits_{D} f(x, y) \, d\sigma$.

下面讨论利用极坐标变换，得出在极坐标系下二重积分的计算方法. 把极点放在直角坐标系的原点，极轴与 x 轴重合，那么点 P 的极坐标 $P(r, \theta)$ 与该点的直角坐标 $P(x, y)$ 转换公式

$$x = r \cos\theta, \quad y = r \sin\theta; \quad (0 \leqslant r < +\infty, 0 \leqslant \theta \leqslant 2\pi);$$

在直角坐标系中，是以平行于 x 轴和 y 轴的两簇直线分割区域 D 为一系列小矩形，从而得到面积元素 $d\sigma = dx dy$.

在极坐标系中，与此类似，用一簇以极点为圆心的同心圆（r = 常数）及一簇过极点的射线，将区域 D 分成 n 个小区域 $\Delta\sigma_{ij}(i, j = 1, 2, \cdots, n)$，如图 10.2.13 所示.

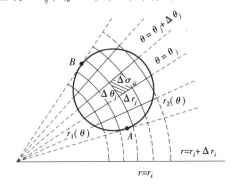

图 10.2.13

小区域 $\Delta\sigma_{ij}$ 的面积

$$\Delta\sigma_{ij} = \frac{1}{2} [(r_i + \Delta r_i)^2 \Delta\theta_j - r_i^2 \Delta\theta_j]$$

$$= r_i \Delta r_i \Delta\theta_j + \frac{1}{2} \Delta r_i^2 \Delta\theta_j.$$

记

$$\Delta\rho_{ij} = \sqrt{(\Delta r_i)^2 + (\Delta\theta_j)^2}, \qquad (i,j = 1,2,\cdots,n),$$

则有

$$\Delta\sigma_{ij} = r_i\Delta r_i\Delta\theta_j + o(\Delta\rho_{ij}),$$

所以面积元素为

$$\mathrm{d}\sigma = r\mathrm{d}r\mathrm{d}\theta.$$

于是,得到直角坐标系与极坐标系中二重积分的转化公式

$$\iint\limits_{D} f(x,y)\mathrm{d}\sigma = \iint\limits_{D} f(r\cos\theta, r\sin\theta)r\mathrm{d}r\mathrm{d}\theta. \tag{10.2.4}$$

在极坐标系下的二重积分,同样也可化为二次积分计算. 通常是按先 r 后 θ 的顺序进行转换,下面分 3 种情况讨论:

①极点 O 在区域 D 外部,如图 10.2.14 所示.

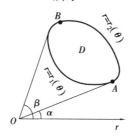

图 10.2.14

设区域 D 在两条射线 $\theta = \alpha, \theta = \beta$ 之间,两射线和区域边界的交点分别为 A, B,将区域 D 的边界分为两部分,其方程分别为 $r = r_1(\theta), r = r_2(\theta)$ 且均为 $[\alpha,\beta]$ 上的连续函数. 此时

$$D = \{(r,\theta) \mid r_1(\theta) \leqslant r \leqslant r_2(\theta), \alpha \leqslant \theta \leqslant \beta\}.$$

于是

$$\iint\limits_{D} f(r\cos\theta, r\sin\theta)r\mathrm{d}r\mathrm{d}\theta = \int_{\alpha}^{\beta} \mathrm{d}\theta \int_{r_1(\theta)}^{r_2(\theta)} f(r\cos\theta, r\sin\theta)r\mathrm{d}r.$$

②极点 O 在区域 D 内部,如图 10.2.15 所示. 若区域 D 的边界曲线方程为 $r = r(\theta)$,则积分区域 D 为

$$D = \{(r,\theta) \mid 0 \leqslant r \leqslant r(\theta), 0 \leqslant \theta \leqslant 2\pi\},$$

且 $r(\theta)$ 在 $[0,2\pi]$ 上连续.

于是

$$\iint\limits_{D} f(r\cos\theta, r\sin\theta)r\mathrm{d}r\mathrm{d}\theta = \int_{0}^{2\pi} \mathrm{d}\theta \int_{0}^{r(\theta)} f(r\cos\theta, r\sin\theta)r\mathrm{d}r.$$

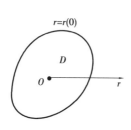

图 10.2.15

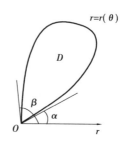

图 10.2.16

③极点 O 在区域 D 的边界上，此时积分区域 D 如图 10.2.16 所示，则
$$D = \{(r,\theta) \mid \alpha \leqslant \theta \leqslant \beta, 0 \leqslant r \leqslant r(\theta)\},$$
且 $r(\theta)$ 在 $[0,2\pi]$ 上连续，则有
$$\iint\limits_{D} f(r\cos\theta, r\sin\theta) r\mathrm{d}r\mathrm{d}\theta = \int_{\alpha}^{\beta}\mathrm{d}\theta\int_{0}^{r(\theta)} f(r\cos\theta, r\sin\theta) r\mathrm{d}r.$$

在计算二重积分时，是否采用极坐标变换，应根据积分区域 D 与被积函数的形式来决定．一般来说，当积分区域为圆域或圆域部分及被积函数可表示为 $f(x^2+y^2)$ 或 $f\left(\dfrac{y}{x}\right)$ 等形式时，常采用极坐标变换，简化二重积分的计算．

例 7　计算二重积分 $\iint\limits_{D}(1-x^2-y^2)\mathrm{d}x\mathrm{d}y$，其中积分区域 D 为圆域 $x^2+y^2 \leqslant 1$.

解　积分区域 D 可用不等式表示为：$0 \leqslant r \leqslant 1, 0 \leqslant \theta \leqslant 2\pi$（见图 10.2.17），则
$$\begin{aligned}
\iint\limits_{D}(1-x^2-y^2)\mathrm{d}x\mathrm{d}y &= \iint\limits_{D}(1-r^2) r\mathrm{d}r\mathrm{d}\theta \\
&= \int_{0}^{2\pi}\mathrm{d}\theta\int_{0}^{1}(r-r^3)\mathrm{d}r \\
&= \int_{0}^{2\pi}\left[\frac{1}{2}r^2 - \frac{1}{4}r^4\right]\Big|_{0}^{1}\mathrm{d}\theta \\
&= \int_{0}^{2\pi}\frac{1}{4}\mathrm{d}\theta = \frac{\pi}{2}.
\end{aligned}$$

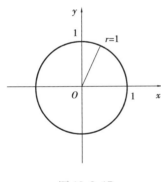

图 10.2.17

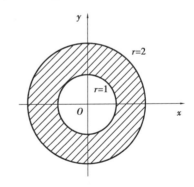

图 10.2.18

例 8　计算二重积分 $\iint\limits_{D}x^2\mathrm{d}x\mathrm{d}y$，其中积分区域 D 是两个圆 $x^2+y^2=1$ 和 $x^2+y^2=4$ 之间的环形闭区域．

解　积分区域 D（见图 10.2.18）可用不等式表示为
$$1 \leqslant r \leqslant 2, 0 \leqslant \theta \leqslant 2\pi,$$
故有
$$\begin{aligned}
\iint\limits_{D}x^2\mathrm{d}x\mathrm{d}y &= \int_{0}^{2\pi}\mathrm{d}\theta\int_{1}^{2}r^2\cos^2\theta \cdot r\mathrm{d}r \\
&= \int_{0}^{2\pi}\frac{1+\cos 2\theta}{2}\mathrm{d}\theta\int_{1}^{2}r^3\mathrm{d}r = \frac{15}{4}\pi.
\end{aligned}$$

例 9 计算二重积分 $\iint\limits_{D} \dfrac{x^2}{y^2} \mathrm{d}x\mathrm{d}y$，其中 D 是由曲线 $x^2 + y^2 = 2y$ 所围成的平面区域.

解 积分区域如图 10.2.19 所示. 其边界曲线 $x^2 + y^2 = 2y$ 的极坐标方程为 $r = 2\sin\theta$，于是，在极坐标下，D 可表示为 $0 \le \theta \le \pi$，$0 \le r \le 2\sin\theta$，因此

$$\iint\limits_{D} \frac{x^2}{y^2} \mathrm{d}x\mathrm{d}y = \int_0^\pi \mathrm{d}\theta \int_0^{2\sin\theta} \frac{\cos^2\theta}{\sin^2\theta} r\mathrm{d}r = \int_0^\pi 2\cos^2\theta\mathrm{d}\theta = \int_0^\pi (1 + \cos 2\theta)\mathrm{d}\theta = \pi.$$

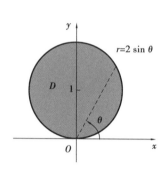

图 10.2.19

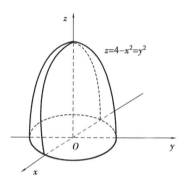

图 10.2.20

例 10 求曲面 $z = 4 - x^2 - y^2$ 与平面 $z = 0$ 所围成立体的体积.

解 曲面 $z = 4 - x^2 - y^2$ 与 $z = 0$ 的交线为 xOy 面上的圆: $x^2 + y^2 = 4$. 记区域 $D = \{(x,y) \mid x^2 + y^2 \le 4\}$，则所围立体为以区域 D 为底、以曲面 $z = 4 - x^2 - y^2$ 为顶的曲顶柱体(见图 10.2.20). 因此，所求体积为

$$V = \iint\limits_{D} (4 - x^2 - y^2)\mathrm{d}x\mathrm{d}y = \int_0^{2\pi} \mathrm{d}\theta \int_0^2 (4 - r^2)r\mathrm{d}r$$

$$= \int_0^{2\pi} \mathrm{d}\theta \int_0^2 (4r - r^3)\mathrm{d}r = 2\pi \left(2r^2 - \frac{1}{4}r^4\right)\Big|_0^2 = 8\pi.$$

习题 10.2

1. 画出积分区域，把 $\iint\limits_{D} f(x,y)\mathrm{d}\sigma$ 化为累次积分:

(1) $D = \{(x,y) \mid x + y \le 1, y - x \le 1, y \ge 0\}$;

(2) $D = \{(x,y) \mid y \ge x - 2, x \ge y^2\}$;

(3) $D = \left\{(x,y) \mid y \ge \dfrac{2}{x}, y \le 2x, x \le 2\right\}$.

2. 画出积分区域，改变累次积分的积分次序:

(1) $\int_0^2 \mathrm{d}y \int_{y^2}^{2y} f(x,y)\mathrm{d}x$; (2) $\int_1^e \mathrm{d}x \int_0^{\ln x} f(x,y)\mathrm{d}y$.

(3) $\int_0^1 \mathrm{d}y \int_{\sqrt{y}}^{3-2y} f(x,y)\mathrm{d}x$; (4) $\int_{-1}^1 \mathrm{d}x \int_{x^2}^1 f(x,y)\mathrm{d}y$.

3. 计算下列二重积分:

(1) $\iint\limits_{D} (x + y)\mathrm{d}\sigma$，其中 D 为矩形闭区域: $|x| \le 1$，$|y| \le 1$;

(2) $\iint\limits_{D}(3x+2y)\mathrm{d}\sigma$，其中 D 是由两坐标轴及直线 $x+y=2$ 所围成的闭区域；

(3) $\iint\limits_{D}\dfrac{x^2}{y^2}\mathrm{d}x\mathrm{d}y,D:1\leqslant x\leqslant 2,\dfrac{1}{x}\leqslant y\leqslant x$；

(4) $\iint\limits_{D}\mathrm{e}^{\frac{x}{y}}\mathrm{d}x\mathrm{d}y,D$ 由抛物线 $y^2=x$，直线 $x=0$ 与 $y=1$ 所围；

(5) $\iint\limits_{D}\sqrt{x^2-y^2}\mathrm{d}x\mathrm{d}y,D$ 是以 $O(0,0),A(1,-1),B(1,1)$ 为顶点的三角形；

(6) $\iint\limits_{D}\cos(x+y)\mathrm{d}x\mathrm{d}y,D=\{(x,y)\mid 0\leqslant x\leqslant\pi,x\leqslant y\leqslant\pi\}$；

(7) $\iint\limits_{D}xy\mathrm{d}\sigma$，其中 D 为直线 $y=x$ 与抛物线 $y=x^2$ 所包围的闭区域.

4. 计算二次积分 $\displaystyle\int_0^1\mathrm{d}y\int_y^{\sqrt{y}}\dfrac{\sin x}{x}\mathrm{d}x$.

5. 在极坐标系下计算二重积分：

(1) $\iint\limits_{D}\sin\sqrt{x^2+y^2}\mathrm{d}x\mathrm{d}y,D=\{(x,y)\mid\pi^2\leqslant x^2+y^2\leqslant 4\pi^2\}$；

(2) $\iint\limits_{D}\mathrm{e}^{-(x^2+y^2)}\mathrm{d}x\mathrm{d}y,D$ 为圆 $x^2+y^2=1$ 所围成的区域；

(3) $\iint\limits_{D}\arctan\dfrac{x}{y}\mathrm{d}x\mathrm{d}y,D$ 是由 $x^2+y^2=4,x^2+y^2=1$ 及直线 $y=0,y=x$ 所围成的在第 Ⅰ 象限内的闭区域；

(4) $\iint\limits_{D}(x+y)\mathrm{d}x\mathrm{d}y,D$ 是由曲线 $x^2+y^2=x+y$ 所包围的闭区域.

6. 利用极坐标计算二次积分 $\displaystyle\int_0^{2a}\mathrm{d}x\int_0^{\sqrt{2ax-x^2}}(x^2+y^2)\mathrm{d}y$，其中 a 为常数.

10.3　三重积分

10.3.1　三重积分的概念

定积分和二重积分都是和式的极限，其概念和方法推广可得到三重积分.

定义　设 Ω 是空间的有界闭区域，$f(x,y,z)$ 是 Ω 上的有界函数，任意将 Ω 分成 n 个小区域 $\Delta v_1,\Delta v_2,\cdots,\Delta v_n$，同时用 Δv_i 表示该小区域的体积，记 Δv_i 的直径为 $d(\Delta v_i)$，并令 $\lambda=\max\limits_{1\leqslant i\leqslant n}d(\Delta v_i)$，在 Δv_i 上任取一点 $(\xi_i,\eta_i,\zeta_i)(i=1,2,\cdots,n)$，作乘积 $f(\xi_i,\eta_i,\zeta_i)\Delta v_i$，作和式

$$\sum_{i=1}^{n}f(\xi_i,\eta_i,\zeta_i)\Delta v_i,$$

若极限

$$\lim_{\lambda\to 0}\sum_{i=1}^{n}f(\xi_i,\eta_i,\zeta_i)\Delta v_i$$

存在(它不依赖于区域 Ω 的分法及点 (ξ_i,η_i,ζ_i) 的取法),则称这个极限值为函数 $f(x,y,z)$ 在空间区域 Ω 上的**三重积分**,记作

$$\iiint\limits_{\Omega} f(x,y,z)\,\mathrm{d}v,$$

即

$$\iiint\limits_{\Omega} f(x,y,z)\,\mathrm{d}v = \lim_{\lambda\to 0}\sum_{i=1}^{n} f(\xi_i,\eta_i,\zeta_i)\Delta v_i,$$

其中,$f(x,y,z)$ 称为**被积函数**,Ω 称为**积分区域**,$\mathrm{d}v$ 称为**体积元素**.

在直角坐标系中,若对区域 Ω 用平行于 3 个坐标面的平面来分割,于是把区域分成一些小长方体. 与二重积分完全类似. 此时,三重积分可用符号

$$\iiint\limits_{\Omega} f(x,y,z)\,\mathrm{d}x\mathrm{d}y\mathrm{d}z$$

来表示,即在直角坐标系中体积元素 $\mathrm{d}v$ 可记为 $\mathrm{d}x\mathrm{d}y\mathrm{d}z$.

如果在区域 Ω 上 $f(x,y,z)=1$,并且 Ω 的体积记作 V,那么由三重积分定义可知

$$\iiint\limits_{\Omega} 1\,\mathrm{d}v = \iiint\limits_{\Omega} \mathrm{d}v = V.$$

这就是说,三重积分 $\iiint\limits_{\Omega}\mathrm{d}v$ 在数值上等于区域 Ω 的体积.

三重积分的存在性和基本性质与二重积分相类似,此处不再重述.

10.3.2 三重积分的计算

1)直角坐标系下计算三重积分

为简单起见,在直角坐标系下,采用微元分析法来给出计算三重积分的公式.

把三重积分 $\iiint\limits_{\Omega} f(x,y,z)\,\mathrm{d}v$ 想象成占空间区域 Ω 的物体的质量. 设 Ω 是柱形区域,其上下分别由连续曲面 $z=z_2(x,y)$,$z=z_1(x,y)$ 所围成,它们在 xOy 平面上的投影是有界闭区域 D;Ω 的侧面由柱面所围成,其母线平行于 z 轴,准线是 D 的边界线. 这时,区域 Ω 可表示为

$$\Omega = \{(x,y,z)\mid z_1(x,y)\leqslant z\leqslant z_2(x,y),\quad (x,y)\in D\},$$

先在区域 D 内点 (x,y) 处取一面积微元 $\mathrm{d}\sigma = \mathrm{d}x\mathrm{d}y$,对应地有 Ω 中的一个小条,再用与 xOy 面平行的平面去截此小条,得到小薄片(见图 10.3.1).

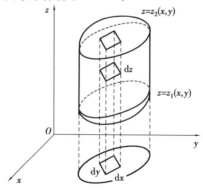

图 10.3.1

于是,以 $\mathrm{d}\sigma$ 为底、以 $\mathrm{d}z$ 为高的小薄片的质量为

$$f(x,y,z)\mathrm{d}x\mathrm{d}y\mathrm{d}z.$$

把这些小薄片沿 z 轴方向积分,得小条的质量为

$$\Big[\int_{z_1(x,y)}^{z_2(x,y)}f(x,y,z)\mathrm{d}z\Big]\mathrm{d}x\mathrm{d}y.$$

然后,再在区域 D 上积分,就得到物体的质量

$$\iint_D\Big[\int_{z_1(x,y)}^{z_2(x,y)}f(x,y,z)\mathrm{d}z\Big]\mathrm{d}x\mathrm{d}y.$$

也就是说,得到了三重积分的计算公式

$$\iiint_\Omega f(x,y,z)\mathrm{d}v = \iint_D\Big[\int_{z_1(x,y)}^{z_2(x,y)}f(x,y,z)\mathrm{d}z\Big]\mathrm{d}x\mathrm{d}y$$

$$= \iint_D\mathrm{d}x\mathrm{d}y\int_{z_1(x,y)}^{z_2(x,y)}f(x,y,z)\mathrm{d}z. \tag{10.3.1}$$

例 1　计算三重积分 $\iiint_\Omega x\mathrm{d}x\mathrm{d}y\mathrm{d}z$,其中 Ω 是 3 个坐标面与平面 $x+y+z=1$ 所围成的区域(见图 10.3.2).

解　积分区域 Ω 在 xOy 平面的投影区域 D 是由坐标轴与直线 $x+y=1$ 围成的区域:$0\leqslant x\leqslant 1,0\leqslant y\leqslant 1-x$,所以

$$\iiint_\Omega x\mathrm{d}x\mathrm{d}y\mathrm{d}z = \iint_D\mathrm{d}x\mathrm{d}y\int_0^{1-x-y}x\mathrm{d}z = \int_0^1\mathrm{d}x\int_0^{1-x}\mathrm{d}y\int_0^{1-x-y}x\mathrm{d}z$$

$$= \int_0^1\mathrm{d}x\int_0^{1-x}x(1-x-y)\mathrm{d}y$$

$$= \int_0^1 x\frac{(1-x)^2}{2}\mathrm{d}x = \frac{1}{24}.$$

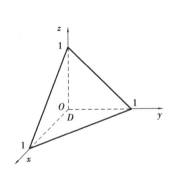

图 10.3.2　　　　　　　图 10.3.3

例 2　计算三重积分 $\iiint_\Omega z\mathrm{d}v$,其中 $\Omega:x\geqslant 0,y\geqslant 0,z\geqslant 0,x^2+y^2+z^2\leqslant R^2$(见图 10.3.3).

解　区域 Ω 在 xOy 平面上的投影区域 $D:x^2+y^2\leqslant R^2,x\geqslant 0,y\geqslant 0$. 对 D 中任意一点 (x,y),相应的竖坐标从 $z=0$ 变到 $z=\sqrt{R^2-x^2-y^2}$. 因此,由式(10.3.1),得

$$\iiint_\Omega z\mathrm{d}v = \iint_D\mathrm{d}x\mathrm{d}y\int_0^{\sqrt{R^2-x^2-y^2}}z\mathrm{d}z = \iint_D\frac{1}{2}(R^2-x^2-y^2)\mathrm{d}x\mathrm{d}y$$

$$= \frac{1}{2} \int_0^{\frac{\pi}{2}} d\theta \int_0^R (R^2 - \rho^2) \rho d\rho$$

$$= \frac{1}{2} \cdot \frac{\pi}{2} \left(R^2 \cdot \frac{\rho^2}{2} - \frac{\rho^4}{4} \right) \Big|_0^R$$

$$= \frac{\pi}{16} R^4.$$

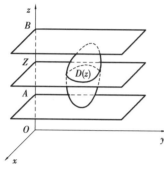

图 10.3.4

三重积分化为累次积分时,除上面所说的方法外,还可用先求二重积分再求定积分的方法计算. 若积分区域 Ω 如图 10.3.4 所示,它在 z 轴的投影区间为 $[A, B]$,对区间内的任意一点 z,过 z 作平行于 xOy 面的平面,该平面与区域 Ω 相交为一平面区域,记作 $D(z)$. 这时,三重积分可化为先对区域 $D(z)$ 求二重积分,再对 z 在 $[A, B]$ 上求定积分,得

$$\iiint\limits_{\Omega} f(x, y, z) dv = \int_A^B dz \iint\limits_{D(z)} f(x, y, z) dx dy. \quad (10.3.2)$$

可利用式(10.3.2)重新计算例2中的积分.

区域 Ω 在 z 轴上的投影区间为 $[0, R]$,对该区间中任意一点 z,相应地有一平面区域 $D(z) : x \geq 0, y \geq 0$ 与 $x^2 + y^2 \leq R^2 - z^2$ 与之对应. 由式(10.3.2),得

$$\iiint\limits_{\Omega} z dv = \int_0^R dz \iint\limits_{D(z)} z dx dy.$$

求内层积分时,z 可看成常数:并且 $D(z) : x^2 + y^2 \leq R^2 - z^2$ 是 $\frac{1}{4}$ 个圆,其面积为 $\frac{\pi}{4} = (R^2 - z^2)$,所以

$$\iiint\limits_{\Omega} z dv = \int_0^R z \cdot \frac{1}{4} \pi (R^2 - z^2) dz = \frac{\pi}{16} R^4.$$

例3 计算三重积分 $\iiint\limits_{\Omega} z^2 dv$,其中 $\Omega : \frac{x^2}{a^2} + \frac{y^2}{b^2} + \frac{z^2}{c^2} \leq 1$.

解 利用式(10.3.2)将三重积分化为累次积分. 区域 Ω 在 z 轴上的投影区间为 $[-c, c]$,对区间内任意一点 z,相应地有一平面区域 $D(z)$:

$$\frac{x^2}{a^2 \left(1 - \frac{z^2}{c^2} \right)} + \frac{y^2}{b^2 \left(1 - \frac{z^2}{c^2} \right)} \leq 1.$$

与之相应,该区域是一椭圆(见图 10.3.5),其面积为 $\pi ab \left(1 - \frac{z^2}{c^2} \right)$,所以

$$\iiint\limits_{\Omega} z^2 dv = \int_{-c}^c z^2 dz \iint\limits_{D(z)} dx dy = \int_{-c}^c \pi ab z^2 \left(1 - \frac{z^2}{c^2} \right) dz$$

$$= \frac{4}{15} \pi abc^3.$$

读者若自己用式(10.3.1)试算一下,可知此积分利用式(10.3.2)比用式(10.3.1)计算简便得多.

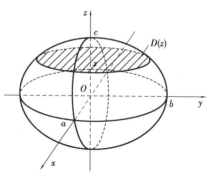

图 10.3.5

2）利用柱坐标系计算三重积分

设 $M(x,y,z)$ 为空间的任一点,它在 xOy 面上的投影点 P 的极坐标为 (r,θ),称 (r,θ,z) 为点 M 的**柱面坐标**（见图 10.3.6）.这里规定 r,θ,z 的取值范围为

$$0\leqslant r<+\infty,\quad 0\leqslant\theta\leqslant 2\pi,\quad -\infty<z<+\infty.$$

柱面坐标系的 3 组坐标面分别为:

① $r=$ 常数,表示以 z 轴为轴的圆柱面.

② $\theta=$ 常数,表示过 z 轴的半平面.

③ $z=$ 常数,表示平行于 xOy 面的平面.

显然,点 M 的直角坐标 (x,y,z) 与柱坐标 (r,θ,z) 的变换关系为

$$\begin{cases} x=r\cos\theta \\ y=r\sin\theta. \\ z=z \end{cases}$$

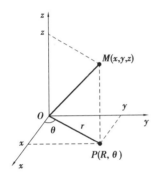

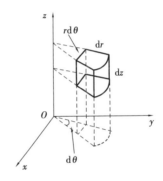

图 10.3.6　　　　　　　　　　　　　　图 10.3.7

在柱面坐标变换下计算三重积分 $\iiint\limits_{\Omega}f(x,y,z)\mathrm{d}v$,用 3 组坐标面 $r=$ 常数,$\theta=$ 常数,$z=$ 常数把 Ω 划分成许多小闭区域,除了包含 Ω 边界点的一些不规则小闭区域外,其余的小闭区域是小柱体.现在考虑 3 个坐标量 r,θ,z 取得微小增量 $\mathrm{d}r,\mathrm{d}\theta,\mathrm{d}z$ 时所成的小柱体的体积（见图 10.3.7）,这个小柱体的体积

$$\mathrm{d}v=r\mathrm{d}r\mathrm{d}\theta\mathrm{d}z,$$

这就是柱面坐标中的体积元素.再由直角坐标与柱坐标的关系,则得到柱面坐标变换下的三重积分的计算公式为

$$\iiint\limits_{\Omega}f(x,y,z)\mathrm{d}v=\iiint\limits_{\Omega}f(r\cos\theta,r\sin\theta,z)r\mathrm{d}r\mathrm{d}\theta\mathrm{d}z. \tag{10.3.3}$$

变换为柱面坐标后的三重积分的计算,可化为三次积分进行.通常把积分区域 Ω 投影到 xOy 面得到投影区域 $D_{r\theta}$,以确定 r,θ 的范围,而 z 的范围的确定与在直角坐标系时相同.当

$$\Omega=\{(r,\theta,z)\,|\,z_1(r,\theta)\leqslant z\leqslant z_2(r,\theta),(x,y)\in D_{r\theta}\}$$

时,则

$$\iiint\limits_{\Omega}f(x,y,z)\mathrm{d}v=\iint\limits_{D,e}r\mathrm{d}r\mathrm{d}\theta\int_{z_1(r,\theta)}^{z_2(r,\theta)}f(r\cos\theta,r\sin\theta,z)\mathrm{d}z, \tag{10.3.4}$$

其中的二重积分采用极坐标计算.

从式(10.3.4)可知,利用柱面坐标计算三重积分时往往是先计算一个定积分,再用极坐标计算二重积分.

例 4 计算三重积分 $\iiint\limits_{\Omega} \sqrt{x^2 + y^2}\,\mathrm{d}v$,其中 Ω 是由圆锥面 $z = \sqrt{x^2 + y^2}$ 与半球面 $z = \sqrt{1 - x^2 - y^2}$ 所围的那部分有界立体.

解 在柱面坐标下区域(见图 10.3.8)

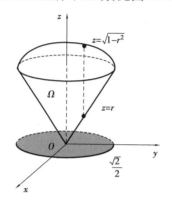 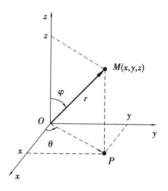

图 10.3.8 图 10.3.9

$$\Omega = \left\{ (r, \theta, z) \mid 0 \leqslant r \leqslant \frac{\sqrt{2}}{2}, 0 \leqslant \theta \leqslant 2\pi, r \leqslant z \leqslant \sqrt{1 - r^2} \right\},$$

故

$$\iiint\limits_{\Omega} \sqrt{x^2 + y^2}\,\mathrm{d}v = \int_0^{2\pi} \mathrm{d}\theta \int_0^{\frac{\sqrt{2}}{2}} \mathrm{d}r \int_r^{\sqrt{1-r^2}} r \cdot r\,\mathrm{d}z$$

$$= 2\pi \int_0^{\frac{\sqrt{2}}{2}} r^2 (\sqrt{1 - r^2} - r)\,\mathrm{d}r$$

$$= \frac{\pi}{16}(\pi - 2).$$

3)利用球面坐标系计算三重积分

如图 10.3.9 所示,设 $M(x,y,z)$ 为空间的任一点,点 P 为点 M 在 xOy 面上的投影,r 为点 M 到原点的距离,φ 为有向线段 $\overrightarrow{OM}$ 与 z 轴正向的夹角,θ 为从 z 轴正向看自 x 轴正向按逆时针方向旋转到有向线段 $\overrightarrow{OP}$ 的角,则 M 也可用 (r, φ, θ) 来表示,并称 (r, φ, θ) 为点 M 的**球面坐标**. 这里规定 r, φ, θ 的取值范围为

$$0 \leqslant r < +\infty, \quad 0 \leqslant \varphi \leqslant \pi, \quad 0 \leqslant \theta \leqslant 2\pi.$$

3 组坐标面分别为:

①$r = $ 常数,表示以原点为中心、半径为 r 的球面.

②$\varphi = $ 常数,表示以原点为顶点、z 轴为轴、半顶角为 φ 的圆锥面.

③$\theta = $ 常数,表示过 z 轴的半平面.

显然,点 M 的直角坐标 (x,y,z) 与球面坐标 (r, φ, θ) 的变换关系为

$$\begin{cases} x = |\overrightarrow{OP}| \cos \theta = r \sin \varphi \cos \theta \\ y = |\overrightarrow{OP}| \sin \theta = r \sin \varphi \sin \theta. \\ z = r \cos \varphi \end{cases}$$

在球面坐标变换下计算三重积分 $\iiint\limits_{\Omega}f(x,y,z)\mathrm{d}v$，用3组坐标面（$r=$ 常数，$\varphi=$ 常数，$\theta=$ 常数）把 Ω 划分成许多小闭区域，除了包含 Ω 边界点的一些不规则小闭区域外，其余的小闭区域是一些小六面体. 现在考虑3个坐标量 r,φ,θ 取得微小增量 $\mathrm{d}r,\mathrm{d}\varphi,\mathrm{d}\theta$ 时所成的小六面体的体积（见图10.3.10）. 不计高阶无穷小，可把这个小六面体看成长为 $r\mathrm{d}\varphi$、宽为 $r\sin\varphi\,\mathrm{d}\theta$、高为 $\mathrm{d}r$ 的小长方体，其体积

$$\mathrm{d}v = r^2\sin\varphi\,\mathrm{d}r\mathrm{d}\varphi\mathrm{d}\theta,$$

这就是球面坐标中的体积元素.

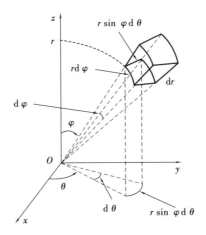

图 10.3.10

于是，由直角坐标与球面坐标的关系，则得到球面坐标变换下的三重积分的计算公式为

$$\iiint\limits_{\Omega}f(x,y,z)\mathrm{d}v = \iiint\limits_{\Omega}f(r\sin\varphi\cos\theta,r\sin\varphi\sin\theta,r\cos\varphi)r^2\sin\varphi\mathrm{d}r\mathrm{d}\varphi\mathrm{d}\theta. \quad (10.3.5)$$

变换为球面坐标后的三重积分的计算，可化成对 r,φ,θ 的三次积分. 在球坐标下，当积分区域为

$$\Omega = \{(r,\varphi,\theta)\mid \alpha\leqslant\theta\leqslant\beta,\varphi_1(\theta)\leqslant\varphi\leqslant\varphi_2(\theta),r_1(\varphi,\theta)\leqslant r\leqslant r_2(\varphi,\theta)\}$$

时，式（10.3.5）可化为三次积分

$$\iiint\limits_{\Omega}f(x,y,z)\mathrm{d}v = \int_{\alpha}^{\beta}\mathrm{d}\theta\int_{\varphi_1\theta}^{\varphi_2\theta}\mathrm{d}\varphi\int_{r_1(\varphi,\theta)}^{r_2(\varphi,\theta)}F(r,\varphi,\theta)r^2\sin\varphi\,\mathrm{d}r, \quad (10.3.6)$$

其中

$$F(r,\varphi,\theta) = f(r\sin\varphi\cos\theta,r\sin\varphi\sin\theta,r\cos\varphi).$$

当积分区域 Ω 为球面 $r=a$ 所围成时，则

$$\iiint\limits_{\Omega}f(x,y,z)\mathrm{d}v = \int_0^{2\pi}\mathrm{d}\theta\int_0^{\pi}\mathrm{d}\varphi\int_0^a F(r,\varphi,\theta)r^2\sin\varphi\,\mathrm{d}r.$$

特别地，当 $f(r,\varphi,\theta)=1$ 时，由上式即得球的体积为

$$V = \int_0^{2\pi}\mathrm{d}\theta\int_0^{\pi}\sin\varphi\,\mathrm{d}\varphi\int_0^a r^2\mathrm{d}r = 2\pi\cdot 2\cdot\frac{a^3}{3} = \frac{4}{3}\pi a^3,$$

这是人们所熟悉的结果.

例5 计算三重积分 $\iiint\limits_{\Omega}(x^2+y^2+z^2)\mathrm{d}x\mathrm{d}y\mathrm{d}z$，其中 Ω 是由圆锥面 $z=\sqrt{x^2+y^2}$ 与半球面 x^2+

$y^2 + z^2 = 2Rz(z \geqslant R, R > 0)$ 所围的较大部分立体.

解 在球面坐标下,球面方程可表示为 $r = 2R\cos\varphi$,锥面方程为 $\varphi = \dfrac{\pi}{4}$. 这时,积分区域 Ω 可表示为(见图 10.3.11)

$$\Omega = \left\{ (r, \varphi, \theta) \mid 0 \leqslant \theta \leqslant 2\pi, 0 \leqslant \varphi \leqslant \frac{\pi}{4}, 0 \leqslant r \leqslant 2R\cos\varphi \right\},$$

从而

$$\iiint\limits_{\Omega} (x^2 + y^2 + z^2)\,\mathrm{d}x\mathrm{d}y\mathrm{d}z = \iiint\limits_{\Omega} r^2 \cdot r^2 \sin\varphi\,\mathrm{d}r\mathrm{d}\varphi\mathrm{d}\theta$$

$$= \int_0^{2\pi} \mathrm{d}\theta \int_0^{\frac{\pi}{4}} \mathrm{d}\varphi \int_0^{2R\cos\varphi} r^4 \sin\varphi\,\mathrm{d}r$$

$$= \frac{64\pi R^5}{5} \int_0^{\frac{\pi}{4}} \cos^5\varphi \sin\varphi\,\mathrm{d}\varphi = \frac{28\pi R^5}{15}.$$

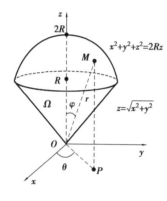

图 10.3.11

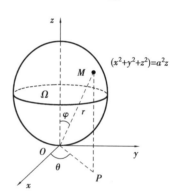

图 10.3.12

例 6 计算由曲面 $(x^2 + y^2 + z^2)^2 = a^3 z (a > 0)$ 所围的立体的体积.

解 由直角坐标与球面坐标的变换关系可知,曲面方程可用球面坐标表示为

$$r = a\sqrt[3]{\cos\varphi}.$$

由曲面方程可知,立体位于 xOy 面上部,且关于 xOz 面及 yOz 面对称,并与 xOy 面相切(见图 10.3.12),故在球面坐标系下所围立体 Ω 可表示为

$$\Omega = \left\{ (r, \varphi, \theta) \mid 0 \leqslant \theta \leqslant 2\pi, 0 \leqslant \varphi \leqslant \frac{\pi}{2}, 0 \leqslant r \leqslant a\sqrt[3]{\cos\varphi} \right\},$$

利用对称性,所求立体体积为第一卦限体积的 4 倍,因此

$$V = \iiint\limits_{\Omega} \mathrm{d}v = 4\int_0^{\frac{\pi}{2}} \mathrm{d}\theta \int_0^{\frac{\pi}{2}} \mathrm{d}\varphi \int_0^{a\sqrt[3]{\cos\varphi}} r^2 \sin\varphi\,\mathrm{d}r = \frac{2a^3\pi}{3} \int_0^{\frac{\pi}{2}} \sin\varphi\cos\varphi\,\mathrm{d}\varphi = \frac{a^3\pi}{3}.$$

以上介绍了利用直角坐标系、柱面坐标系及球面坐标系计算三重积分的方法. 选择何种坐标系计算三重积分,通常要综合考虑积分区域和被积函数的特点.

另外,也可利用在对称区域上被积函数关于变量所成的奇偶性函数来简化计算.

习题 10.3

1. 化三重积分 $I = \iiint\limits_{\Omega} f(x,y,z)\mathrm{d}x\mathrm{d}y\mathrm{d}z$ 为三次积分,其中积分区域 Ω 分别是:

(1) 由双曲抛物面 $xy = z$ 及平面 $x + y - 1 = 0, z = 0$ 所围成的闭区域;

(2) 由曲面 $z = x^2 + y^2$ 及平面 $z = 1$ 所围成的闭区域;

(3) 由曲面 $z = x^2 + 2y^2$ 及 $z = 2 - x^2$ 所围成的闭区域.

2. 在直角坐标系下计算三重积分:

(1) $\iiint\limits_{\Omega} xy^2 z^3 \mathrm{d}x\mathrm{d}y\mathrm{d}z$,其中 Ω 是由曲面 $z = xy$ 与平面 $y = x, x = 1$ 和 $z = 0$ 所围成的闭区域;

(2) $\iiint\limits_{\Omega} \dfrac{\mathrm{d}x\mathrm{d}y\mathrm{d}z}{(1 + x + y + z)^3}$,其中 Ω 为平面 $x = 0, y = 0, z = 0, x + y + z = 1$ 所围的四面体.

3. 利用柱面坐标计算下列三重积分:

(1) $\iiint\limits_{\Omega} z\mathrm{d}v$,其中 Ω 是由曲面 $z = \sqrt{2 - x^2 - y^2}$ 及 $z = x^2 + y^2$ 所围成的闭区域;

(2) $\iiint\limits_{\Omega} (x^2 + y^2)\mathrm{d}v$,其中 Ω 是由曲面 $x^2 + y^2 = 2z$ 及平面 $z = 2$ 所围成的闭区域.

4. 利用球面坐标计算下列三重积分:

(1) $\iiint\limits_{\Omega} (x^2 + y^2 + z^2)\mathrm{d}v$,其中 Ω 是由球面 $x^2 + y^2 + z^2 = 1$ 所围成的闭区域;

(2) $\iiint\limits_{\Omega} z\mathrm{d}v$,其中 Ω 由不等式 $x^2 + y^2 + (z - a)^2 \leqslant a^2, x^2 + y^2 \leqslant z^2$ 所确定.

*10.4 重积分的应用

人们利用定积分的元素法解决了许多求总量的问题,这种元素法也可推广到重积分的应用中. 如果所考察的某个量 u 对闭区域具有可加性(即当闭区域 D 分成许多小闭区域时,所求量 u 相应地分成许多部分量,且 u 等于部分量之和),并且在闭区域 D 内任取一个直径很小的闭区域 $\mathrm{d}\Omega$ 时,相应的部分量可近似地表示为 $f(M)\mathrm{d}\Omega$ 的形式. 其中,M 为 $\mathrm{d}\Omega$ 内的某一点,这个 $f(M)\mathrm{d}\Omega$ 称为所求量 u 的元素,记作 $\mathrm{d}u$. 以它为被积表达式,在闭区域 D 上积分

$$u = \int_{D} f(M)\mathrm{d}\Omega, \tag{10.4.1}$$

这就是所求量的积分表达式. 显然,当区域 D 为平面闭区域,M 为 D 内点 (x,y) 时,$\mathrm{d}\Omega = \mathrm{d}\sigma$ 即面积微元,则式(10.4.1)可表示为

$$u = \iint_{D} f(x,y)\mathrm{d}\sigma.$$

当区域 D 为空间闭区域,M 为 D 内点 (x,y,z) 时,$\mathrm{d}\Omega = \mathrm{d}v$ 即体积微元,则式(10.4.1)可表

示为

$$u = \iiint\limits_{D} f(x,y,z)\,\mathrm{d}v.$$

下面仅讨论重积分在几何物理上的一些应用.

10.4.1 空间曲面的面积

设曲面 S 的方程为 $z=f(x,y)$,曲面 S 在 xOy 坐标面上的投影区域为 D,$f(x,y)$ 在 D 上具有连续偏导数 $f_x(x,y)$ 和 $f_y(x,y)$,要计算曲面 S 的面积 A.

在 D 上任取一面积微元 $\mathrm{d}\sigma$,在 $\mathrm{d}\sigma$ 内任取一点 $P(x,y)$,对应曲面 S 上的点 $M(x,y,f(x,y))$ 在 xOy 平面上的投影即点 P,点 M 处曲面 S 有切平面设为 T(见图 10.4.1),以小区域 $\mathrm{d}\sigma$ 的边界为准线,作母线平行于 z 轴的柱面. 这柱面在曲面 S 上截下一小片曲面,其面积记为 ΔA;柱面在切平面上截下一小片平面,其面积记为 $\mathrm{d}A$. 由于 $\mathrm{d}\sigma$ 的直径很小,因此,切平面 T 上的那一小片平面的面积 $\mathrm{d}A$ 可近似代替曲面 S 上相应的那一小片曲面的面积 ΔA,即

$$\Delta A \approx \mathrm{d}A.$$

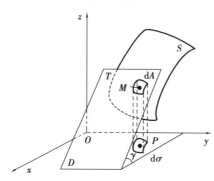

图 10.4.1

设点 M 处曲面 S 的法线(指向朝上)与 z 轴正向的夹角为 γ,则根据投影定理有

$$\mathrm{d}A = \frac{\mathrm{d}\sigma}{\cos \gamma}.$$

因为

$$\cos \gamma = \frac{1}{\sqrt{1 + f_x^{\,2}(x,y) + f_y^{\,2}(x,y)}},$$

所以

$$\mathrm{d}A = \sqrt{1 + f_x^{\,2}(x,y) + f_y^{\,2}(x,y)}\,\mathrm{d}\sigma,$$

这就是曲面 S 的面积元素. 以它为被积表达式在闭区域 D 上积分,得

$$A = \iint\limits_{D} \sqrt{1 + f_x^2(x,y) + f_y^2(x,y)}\,\mathrm{d}\sigma,$$

或

$$A = \iint\limits_{D} \sqrt{1 + \left(\frac{\partial z}{\partial x}\right)^2 + \left(\frac{\partial z}{\partial y}\right)^2}\,\mathrm{d}x\mathrm{d}y,$$

这就是曲面面积的计算公式.

设曲面方程为 $x=g(y,z)$(或 $y=h(z,x)$),则可把曲面投影到 yOz 面上(或 zOx 面上),得

投影区域 D_{yz}（或 D_{zx}），类似可得

$$A = \iint\limits_{D_{yz}} \sqrt{1 + \left(\frac{\partial x}{\partial y}\right)^2 + \left(\frac{\partial x}{\partial z}\right)^2}\, \mathrm{d}y\mathrm{d}z,$$

或

$$A = \iint\limits_{D_{zx}} \sqrt{1 + \left(\frac{\partial y}{\partial x}\right)^2 + \left(\frac{\partial y}{\partial z}\right)^2}\, \mathrm{d}z\mathrm{d}x.$$

例 1　求半径为 a 的球的表面积.

解　取上半球面方程为 $z = \sqrt{a^2 - x^2 - y^2}$，则它在 xOy 面上的投影区域 D 可表示为
$$x^2 + y^2 \leqslant a^2.$$

由

$$\frac{\partial z}{\partial x} = \frac{-x}{\sqrt{a^2 - x^2 - y^2}},$$

$$\frac{\partial z}{\partial y} = \frac{-y}{\sqrt{a^2 - x^2 - y^2}},$$

得

$$\sqrt{1 + \left(\frac{\partial z}{\partial x}\right)^2 + \left(\frac{\partial z}{\partial y}\right)^2} = \frac{a}{\sqrt{a^2 - x^2 - y^2}}.$$

因为这函数在闭区域 D 上无界，不能直接应用曲面面积公式，由广义积分得

$$A = 2\iint\limits_{D} \frac{a}{\sqrt{a^2 - x^2 - y^2}}\, \mathrm{d}x\mathrm{d}y.$$

用极坐标，得

$$A = 2a\int_0^{2\pi} \mathrm{d}\theta \int_0^a \frac{r}{\sqrt{a^2 - r^2}}\, \mathrm{d}r = 4\pi a^2.$$

例 2　求旋转抛物面 $z = \frac{1}{2}(x^2 + y^2)$ 被圆柱面 $x^2 + y^2 = R^2$ 所截下部分的曲面面积 S.

解　曲面的图形如图 10.4.2 所示.

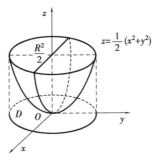

图 10.4.2

曲面的方程为 $z = \frac{1}{2}(x^2 + y^2)$，它在 xOy 坐标面上的投影区域为 $D: x^2 + y^2 = r^2 \leqslant R^2$，

即 $r \leqslant R$.

由

$$\frac{\partial z}{\partial x} = x, \quad \frac{\partial z}{\partial y} = y$$

得

$$S = \iint_D \sqrt{1 + \left(\frac{\partial z}{\partial x}\right)^2 + \left(\frac{\partial z}{\partial y}\right)^2} \, \mathrm{d}x\mathrm{d}y$$

$$= \iint_D \sqrt{1 + x^2 + y^2} \, \mathrm{d}x\mathrm{d}y.$$

用极坐标,则

$$S = \iint_D \sqrt{1 + r^2} \, r\mathrm{d}r\mathrm{d}\theta = \int_0^{2\pi} \mathrm{d}\theta \int_0^R r\sqrt{1 + r^2} \, \mathrm{d}r$$

$$= 2\pi \cdot \frac{1}{2} \int_0^R \sqrt{1 + r^2} \, \mathrm{d}(1 + r^2)$$

$$= \frac{2}{3}\pi \left[(1 + R^2)^{\frac{3}{2}} - 1 \right].$$

10.4.2 平面薄片的重心

设在 xOy 平面上有 n 个质点,它们分别位于点 $(x_1, y_1), (x_2, y_2), \cdots, (x_n, y_n)$ 处,质量分别为 $m_1, m_2, \cdots, m_n$. 由力学知识可知,该质点系的重心的坐标为

$$\bar{x} = \frac{M_y}{M} = \frac{\sum\limits_{i=1}^n m_i x_i}{\sum\limits_{i=1}^n m_i}, \quad \bar{y} = \frac{M_x}{M} = \frac{\sum\limits_{i=1}^n m_i y_i}{\sum\limits_{i=1}^n m_i},$$

其中,$M = \sum\limits_{i=1}^n m_i$ 为该质点系的总质量. $M_y = \sum\limits_{i=1}^n m_i x_i, M_x = \sum\limits_{i=1}^n m_i y_i$ 分别为该质点系对 y 轴和 x 轴的静矩.

设有一平面薄片占有 xOy 面上的闭区域 D,在点 (x,y) 处的面密度为 $\rho(x,y)$,$\rho(x,y)$ 在 D 上连续,现在要找该薄片的重心坐标.

在闭区域 D 上任取一直径很小的闭区域 $\mathrm{d}\sigma$(这个小闭域的面积也记作 $\mathrm{d}\sigma$),(x,y) 是这个闭区域上的一个点. 由于 $\mathrm{d}\sigma$ 直径很小,且 $\rho(x,y)$ 在 D 上连续. 因此,薄片中相应于 $\mathrm{d}\sigma$ 的部分的质量近似等于 $\rho(x,y)\mathrm{d}\sigma$,这部分质量可近似地看成集中在点 (x,y) 上. 于是,可写出静矩元素 $\mathrm{d}M_y$ 及 $\mathrm{d}M_x$ 分别为

$$\mathrm{d}M_y = x\rho(x,y)\mathrm{d}\sigma, \quad \mathrm{d}M_x = y\rho(x,y)\mathrm{d}\sigma.$$

以这些元素为被积表达式,在闭区域 D 上积分,则得

$$M_y = \iint_D x\rho(x,y)\mathrm{d}\sigma, \quad M_x = \iint_D y\rho(x,y)\mathrm{d}\sigma.$$

又由 10.1 节可知,薄片的质量为

$$M = \iint_D \rho(x,y)\mathrm{d}\sigma.$$

因此,薄片的重心的坐标为

$$\bar{x} = \frac{M_y}{M} = \frac{\iint\limits_{D} x\rho(x,y)\,\mathrm{d}\sigma}{\iint\limits_{D} \rho(x,y)\,\mathrm{d}\sigma}, \quad \bar{y} = \frac{M_x}{M} = \frac{\iint\limits_{D} y\rho(x,y)\,\mathrm{d}\sigma}{\iint\limits_{D} \rho(x,y)\,\mathrm{d}\sigma}.$$

如果薄片是均匀的，即面密度为常量，则上式中可把 ρ 提到积分记号外面，并从分子、分母中约去. 于是，则得到均匀薄片重心的坐标为

$$\bar{x} = \frac{1}{A} \iint\limits_{D} x\,\mathrm{d}\sigma, \quad \bar{y} = \frac{1}{A} \iint\limits_{D} y\,\mathrm{d}\sigma, \tag{10.4.2}$$

其中，$A = \iint\limits_{D} \mathrm{d}\sigma$ 为闭区域 D 的面积. 这时，薄片的重心完全由闭区域 D 的形状所决定. 将均匀平面薄片的重心，称为这平面薄片所占的平面图形的形心. 因此，平面图形 D 的形心，就可用式（10.4.2）来计算.

例 3　求位于 $r=1, r=2$ 之间的均匀半圆环薄片的重心（见图 10.4.3）.

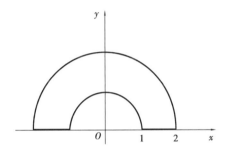

图 10.4.3

解　因为闭区域 D 对称于 y 轴，所以重心 $C(\bar{x},\bar{y})$ 必位于 y 轴上. 于是，$\bar{x}=0$，D 的面积为

$$A = \frac{1}{2} \times 2^2\pi - \frac{1}{2} \times 1^2\pi = \frac{3}{2}\pi,$$

而

$$\iint\limits_{D} y\,\mathrm{d}\sigma = \int_0^\pi \sin\theta\,\mathrm{d}\theta \int_1^2 r^2\,\mathrm{d}r = (-\cos\theta)\Big|_0^\pi \left(\frac{1}{3}r^3\right)\Big|_1^2 = \frac{14}{3},$$

故由式（10.4.2）得

$$\bar{y} = \frac{1}{A} \iint y\,\mathrm{d}\sigma = \frac{1}{\frac{3}{2}\pi} \times \frac{14}{3} = \frac{28}{9\pi},$$

即重心为 $\left(0, \dfrac{28}{9\pi}\right)$.

10.4.3　平面薄片的转动惯量

设在 xOy 平面上有 n 个质点，它们分别位于点 $(x_1,y_1),(x_2,y_2),\cdots,(x_n,y_n)$ 处，质量分别为 $m_1,m_2,\cdots,m_n$. 由力学知识可知，该质点系对 x 轴以及对 y 轴的转动惯量依次为

$$I_x = \sum_{i=1}^{n} y_i^2 m_i, \quad I_y = \sum_{i=1}^{n} x_i^2 m_i.$$

设有一薄片，占有 xOy 面上的闭区域 D，在点 (x,y) 处的面密度为 $\rho(x,y)$，假定 $\rho(x,y)$ 在

D 上连续.现在要求该薄片对 x 轴的转动惯量 I_x 以及对 y 轴的转动惯量 I_y.

应用元素法.在闭区域 D 上任取一直径很小的闭区域 $d\sigma$(这个小闭区域的面积也记作 $d\sigma$),(x,y) 是这小闭区域上的一个点.因为 $d\sigma$ 的直径很小,且 $\rho(x,y)$ 在 D 上连续,所以薄片中相应于 $d\sigma$ 部分的质量近似等于 $\rho(x,y)d\sigma$,这部分质量可近似地看成集中在点 (x,y) 上.于是,可写出薄片对 x 轴以及对 y 轴的转动惯量元素为

$$dI_x = y^2\rho(x,y)d\sigma, \quad dI_y = x^2\rho(x,y)d\sigma.$$

以这些元素为被积表达式,在闭区域 D 上积分,则得

$$I_x = \iint\limits_D y^2\rho(x,y)d\sigma, \quad I_y = \iint\limits_D x^2\rho(x,y)d\sigma. \tag{10.4.3}$$

例4 求由 $y^2 = 4ax$,$y = 2a$ 及 y 轴所围成的均质薄片(面密度为1)关于 y 轴的转动惯量(见图 10.4.4).

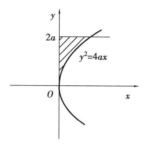

图 10.4.4

解 区域 D 由不等式 $0 \leqslant y \leqslant 2a$,$0 \leqslant x \leqslant \dfrac{y^2}{4a}$ 所确定.根据转动惯量 I_y 的计算公式,得

$$I_y = \iint\limits_D x^2 d\sigma = \int_0^{2a} dy \int_0^{\frac{y^2}{4a}} x^2 dx$$

$$= \frac{1}{192a^3} \int_0^{2a} y^6 dy = \frac{1}{192a^3} \cdot \frac{1}{7} y^7 \Big|_0^{2a}$$

$$= \frac{2}{21} a^4.$$

10.4.4 平面薄片对质点的引力

设有一平面薄片,占有 xOy 平面上的闭区域 D,在点 (x,y) 处的面密度为 $\rho(x,y)$,假定 $\rho(x,y)$ 在 D 上连续.现在要计算该薄片对位于 z 轴上的点 $M_0(0,0,a)$($a>0$)处单位质量的质点的引力.

应用元素法来求引力 $F = (F_x, F_y, F_z)$.在闭区域 D 上任取一直径很小的闭区域 $d\sigma$(这小闭区域的面积也记作 $d\sigma$),(x,y) 是 $d\sigma$ 上的一个点.薄片中相应于 $d\sigma$ 的部分的质量近似等于 $\rho(x,y)d\sigma$,这部分质量可近似地看成集中在点 (x,y) 处.于是,按两质点间的引力公式,可得出薄片中相应于 $d\sigma$ 的部分对该质点的引力的大小近似地为

$$G\frac{\rho(x,y)d\sigma}{r^2},$$

引力的方向与 $(x,y,0-a)$ 一致,其中

$$r = \sqrt{x^2 + y^2 + a^2},$$

G 为引力常数.

于是，薄片对该质点的引力在 3 个坐标轴上的投影 F_x, F_y, F_z 的元素为

$$dF_x = G\frac{\rho(x,y)x\,d\sigma}{r^3},$$

$$dF_y = G\frac{\rho(x,y)y\,d\sigma}{r^3},$$

$$dF_z = G\frac{\rho(x,y)(0-a)\,d\sigma}{r^3}.$$

以这些元素为被积表达式，在闭区域 D 上积分，则得到

$$
\begin{aligned}
F_x &= G\iint\limits_D \frac{\rho(x,y)x}{(x^2+y^2+a^2)^{\frac{3}{2}}}\,d\sigma,\\
F_y &= G\iint\limits_D \frac{\rho(x,y)y}{(x^2+y^2+a^2)^{\frac{3}{2}}}\,d\sigma,\\
F_z &= -Ga\iint\limits_D \frac{\rho(x,y)}{(x^2+y^2+a^2)^{\frac{3}{2}}}\,d\sigma.
\end{aligned}
\tag{10.4.4}
$$

例 5　求面密度为常量、半径为 R 的匀质圆形薄片：$x^2+y^2\leqslant R^2, z=0$ 对位于 z 轴上点 $M_0(0,0,a)(a>0)$ 处单位质量的质点的引力.

解　由积分区域的对称性易知，$F_x=F_y=0$. 记面密度为常量 ρ，这时

$$
\begin{aligned}
F_z &= -Ga\rho\iint\limits_D \frac{d\sigma}{(x^2+y^2+a^2)^{\frac{3}{2}}} = -Ga\rho\int_0^{2\pi}d\theta\int_0^R \frac{r\,dr}{(r^2+a^2)^{\frac{3}{2}}}\\
&= -\pi Ga\rho\int_0^R \frac{d(r^2+a^2)}{(r^2+a^2)^{\frac{3}{2}}} = 2\pi Ga\rho\left(\frac{1}{\sqrt{R^2+a^2}}-\frac{1}{a}\right),
\end{aligned}
$$

故所求引力为 $\left(0,0,2\pi Ga\rho\left(\dfrac{1}{\sqrt{R^2+a^2}}-\dfrac{1}{a}\right)\right)$.

习题 10.4

1. 球心在原点、半径为 R 的球体，在其上任意一点密度的大小与该点到球心的距离成正比，求此球体的质量.

2. 求球面 $x^2+y^2+z^2=a^2$ 含在圆柱面 $x^2+y^2=ax$ 内部的那部分面积.

3. 求锥面 $z=\sqrt{x^2+y^2}$ 被柱面 $z^2=2x$ 所割下部分的曲面面积.

4. 求底圆半径相等的两个直交圆柱面 $x^2+y^2=R^2$ 及 $x^2+z^2=R^2$ 所围立体的表面积.

5. 设薄片所占的闭区域 D 如下，求均匀薄片的重心：

（1）D 由 $y=\sqrt{2px}, x=x_0, y=0$ 所围成；

（2）D 是半椭圆形闭区域：$\dfrac{x^2}{a^2}+\dfrac{y^2}{b^2}\leqslant 1, y\geqslant 0$；

（3）D 是介于两个圆 $r=a\cos\theta, r=b\cos\theta(0<a<b)$ 之间的闭区域.

6. 设均匀薄片（面密度为常数 1）所占闭区域 D 如下，求指定的转动惯量：

（1）$D:\dfrac{x^2}{a^2}+\dfrac{y^2}{b^2}\leqslant 1$，求 I_y；

(2)D 由抛物线 $y^2 = \dfrac{9}{2}x$ 与直线 $x = 2$ 所围成,求 I_x 和 I_y;

(3)D 为矩形闭区域:$0 \le x \le a, 0 \le y \le b$,求 I_x 和 I_y.

习题 10

1. 填空题:

(1)二次积分 $\displaystyle\int_0^3 \int_1^2 x^2 y \mathrm{d}y \mathrm{d}x$ 的值等于 _____.

(2)设 $D: x^2 + y^2 \le 1 (y \ge 0)$,则二重积分 $\displaystyle\iint_D 3\mathrm{d}x\mathrm{d}y$ 的值是 _____.

(3)设 $\Omega = \{(x,y,z) \mid x^2 + y^2 + z^2 \le 1\}$,则 $\displaystyle\iiint_\Omega z^2 \mathrm{d}x\mathrm{d}y\mathrm{d}z = $ _____.

(4)设积分区域 $D: x^2 + y^2 \le a^2 (a > 0)$,又有 $\displaystyle\iint_D (x^2 + y^2)\mathrm{d}x\mathrm{d}y = 8\pi$,则 $a = $ _____.

(5)设函数 $f(x,y,z)$ 连续,$I = \displaystyle\int_0^1 \mathrm{d}x \int_0^{\sqrt{1+x^2}} \mathrm{d}y \int_{x^2+y^2}^1 f(x,y,z)\mathrm{d}z$,如果将这个三次积分改为先对 x、再对 y、后对 z 的三次积分,则 $I = $ _____.

2. 选择题:

(1)积分区域 $D = \{(x,y) \mid 3 \le x \le 5, 0 \le y \le 2\}$ 上 $\displaystyle\iint_D \ln(x+y)\mathrm{d}\sigma$ 与 $\displaystyle\iint_D [\ln(x+y)]^2 \mathrm{d}\sigma$ 的大小关系为( ).

    A. 大于   B. 小于等于

    C. 小于   D. 无法判断

(2)设 $f(x,y)$ 在有界闭区域 D 上有界是二重积分 $\displaystyle\iint_D f(x,y)\mathrm{d}\sigma$ 存在的( ).

    A. 充要条件   B. 充分但非必要条件

    C. 必要但非充分条件   D. 既非充分条件,也非必要条件

(3)设 $f(x,y)$ 为连续函数,则 $\displaystyle\int_0^{\frac{\pi}{4}} \mathrm{d}\theta \int_0^1 f(r\cos\theta, r\sin\theta) r\mathrm{d}r$ 等于( ).

    A. $\displaystyle\int_0^{\frac{\sqrt{2}}{2}} \mathrm{d}x \int_x^{\sqrt{1-x^2}} f(x,y)\mathrm{d}y$ B. $\displaystyle\int_0^{\frac{\sqrt{2}}{2}} \mathrm{d}x \int_0^{\sqrt{1-x^2}} f(x,y)\mathrm{d}y$

    C. $\displaystyle\int_0^{\frac{\sqrt{2}}{2}} \mathrm{d}y \int_y^{\sqrt{1-y^2}} f(x,y)\mathrm{d}x$ D. $\displaystyle\int_0^{\frac{\sqrt{2}}{2}} \mathrm{d}y \int_x^{\sqrt{1-y^2}} f(x,y)\mathrm{d}x$

(4)设 $f(x)$ 为连续函数,则 $F(t) = \displaystyle\int_1^t \mathrm{d}y \int_y^t f(x)\mathrm{d}x$,则 $F'(2)$ 等于( ).

    A. $2f(2)$ B. $f(2)$ C. $-f(2)$ D. 0

3. 计算下列二重积分:

(1)$\displaystyle\iint_D (1+x)\sin y \mathrm{d}\sigma$,其中 D 是顶点分别为 $(0,0)$,$(1,0)$,$(1,2)$ 及 $(0,1)$ 的梯形闭

区域；

（2）$\iint\limits_{D} x^2 y^2 \mathrm{d}\sigma$，其中 D 是由直线 $y = x, y = -x$ 及抛物线 $y = 2 - x^2$ 所围成的在 x 轴上方的有界闭区域；

（3）$\iint\limits_{D} \sqrt{R^2 - x^2 - y^2}\, \mathrm{d}\sigma$，其中 D 是由圆周 $x^2 + y^2 = Rx (R > 0)$ 所围成的闭区域；

（4）$\iint\limits_{D} (x^2 + 2x + \sin y + 19)\mathrm{d}\sigma$，其中 D 是由圆周 $x^2 + y^2 = R^2$ 所围成的闭区域；

（5）$\iint\limits_{D} \mathrm{e}^{x^2 + y^2}\mathrm{d}x\mathrm{d}y$，其中 D 是由圆周 $x^2 + y^2 = 4$ 所围成的闭区域；

（6）$\iint\limits_{D} \sqrt{x^2 + y^2}\, \mathrm{d}x\mathrm{d}y$，其中 D 由 $y = x^4$ 与 $y = x$ 所围成.

4. 交换下列二次积分的积分次序：

（1）$\int_0^1 \mathrm{d}y \int_{\sqrt{y}}^{\sqrt{2-y^2}} f(x, y)\mathrm{d}x$；

（2）$\int_{\frac{1}{4}}^{\frac{1}{2}} \mathrm{d}y \int_{\frac{1}{2}}^{\sqrt{y}} f(x, y)\mathrm{d}x + \int_{\frac{1}{2}}^{1} \mathrm{d}y \int_y^{\sqrt{y}} f(x, y)\mathrm{d}x$.

5. 设 D 是由 $y = 0, y = x^2, x = 1$ 所围成的闭区域，$f(x, y)$ 在区域 D 上连续，且 $f(x, y) = xy + \iint\limits_{D} f(x, y)\mathrm{d}x\mathrm{d}y$，求 $f(x, y)$.

6. 计算 $\int_0^{\frac{\pi}{6}} \mathrm{d}y \int_y^{\frac{\pi}{6}} \dfrac{\cos x}{x}\mathrm{d}x$.

7. 计算 $\int_0^1 \mathrm{d}y \int_0^{y^2} y \cos (1 - x)^2 \mathrm{d}x$.

8. 计算 $\iint\limits_{D} xy\mathrm{d}\sigma$，其中 D 是由曲线 $r = \sin 2\theta \left(0 \leqslant \theta \leqslant \dfrac{\pi}{2}\right)$ 所围成的有界闭区域.

9. 计算下列三重积分：

（1）$\iiint\limits_{\Omega} z^2 \mathrm{d}x\mathrm{d}y\mathrm{d}z$，其中 Ω 是两个球：$x^2 + y^2 + z^2 \leqslant R^2$ 和 $x^2 + y^2 + z^2 \leqslant 2Rz (R > 0)$ 的公共部分；

（2）$\iiint\limits_{\Omega} (y^2 + z^2)\mathrm{d}v$，其中 Ω 是由 xOy 面上的曲线 $y^2 = 2x$ 绕 x 轴旋转而成的曲面与平面 $x = 5$ 所围成的有界闭区域；

（3）$\iiint\limits_{\Omega} (x^2 + y^2)\mathrm{d}v$，其中 Ω 是椭球面 $\dfrac{x^2}{a^2} + \dfrac{y^2}{b^2} + \dfrac{z^2}{c^2} \leqslant 1$；

（4）$\iiint\limits_{\Omega} (x + y + z)^2 \mathrm{d}v$，其中 Ω 是由圆柱面 $x^2 + y^2 = 1$ 和平面 $z = 1, z = -1$ 所围成的有界闭区域；

（5）$\iiint\limits_{\Omega} (x^3 + y^3 + z^3)\mathrm{d}v$，其中 Ω 是由半球面 $x^2 + y^2 + z^2 = 2z (z \geqslant 1)$ 和锥面 $z = \sqrt{x^2 + y^2}$ 所围成的有界闭区域；

(6)$\iiint\limits_{\Omega} y\sqrt{1-x^2}\,\mathrm{d}v$,其中 Ω 是由 $y = -\sqrt{1-x^2-z^2}$,$x^2+z^2 = 1$ 及 $y = 1$ 所围成的有界闭区域.

10. 应用题:

(1)计算曲面 $z = x^2+y^2$,3 个坐标面及平面 $x+y = 1$ 所围成立体的体积.

(2)求两个圆柱面 $x^2+y^2 = a^2$ 和 $x^2+z^2 = a^2$ 所围立体的表面积.

(3)求高为 H、底面半径为 R 的圆锥体的形心.

(4)求密度均匀的圆柱体 $x^2+y^2 \leqslant a^2$,$|z| \leqslant h$,对 x 轴的转动惯量.

第 10 章参考答案

第 **11** 章

多元函数积分学（Ⅱ）

上一章已介绍了重积分及其应用,这章主要讨论曲线积分与曲面积分. 曲线积分分为第一类曲线积分和第二类曲线积分,即对弧长的曲线积分和对坐标的曲线积分. 曲面积分分为第一类曲面积分和第二类曲面积分,即对面积的曲面积分和对坐标的曲面积分. 分别讨论它们之间的联系与区别.

11.1 对弧长的曲线积分

11.1.1 对弧长的曲线积分的概念

前面所考虑的积分,其积分区域是区间、平面区域或空间区域. 现在把积分概念推广到积分范围为一段曲线的情形. 即所谓的曲线积分.

例1 设有平面上一条光滑曲线 L,它的两端点是 A,B,其上分布有质量,L 上任意一点 $M(x,y)$ 处的线密度为 $\rho(x,y)$. 当点 M 在 L 上移动时,$\rho(x,y)$ 在 L 上连续,求此曲线弧的质量 M.

解 用分点 $A=M_0,M_1,\cdots,M_{n-1},M_n=B$,将曲线 L 任意分成 n 小段(见图 11.1.1)

$$\widehat{M_0M_1},\widehat{M_1M_2},\cdots,\widehat{M_{n-1}M_n},$$

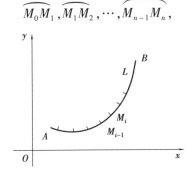

图 11.1.1

每小段 $\overarc{M_{i-1}M_i}$ 的弧长记作 $\Delta s_i(i=1,2,\cdots,n)$. 当 Δs_i 很小时, $\overarc{M_{i-1}M_i}$ 上的线密度可近似看成常量, 它近似等于 $\overarc{M_{i-1}M_i}$ 上某点 $K_i(\xi_i,\eta_i)$ 处的值. 于是, 这一小段的质量为

$$\Delta M_i \approx \rho(\xi_i,\eta_i)\Delta s_i.$$

将它们求和, 可得此曲线弧总质量的近似值为

$$M = \sum_{i=1}^{n} \Delta M_i \approx \sum_{i=1}^{n} \rho(\xi_i,\eta_i)\Delta s_i.$$

记 $\lambda = \max_{1\leqslant i\leqslant n}\Delta s_i$, 取极限得

$$M = \lim_{\lambda\to 0}\sum_{i=1}^{n}\rho(\xi_i,\eta_i)\Delta s_i.$$

当求质量分布不均匀的曲线弧的重心、转动惯量时, 也会遇到与上式类似的极限. 为此引进对弧长的曲线积分的定义.

定义 设函数 $f(x,y)$ 在分段光滑曲线 L 上有定义, A,B 是 L 的端点, 依次用分点 $A=M_0$, $M_1,\cdots,M_{n-1},M_n=B$ 把 L 分成 n 小段

$$\overarc{M_0M_2},\overarc{M_1M_2},\cdots,\overarc{M_{n-1}M_n},$$

每小段的弧长记为 Δs_i, 在 $\overarc{M_{i-1}M_i}$ 上任取一点 $K_i(\xi_i,\eta_i)$, 若 $\lambda = \max_{1\leqslant i\leqslant n}\Delta s_i\to 0$ 时, 和式 $\sum_{i=1}^{n}f(\xi_i,\eta_i)\Delta s_i$ 的极限存在(它不依赖于曲线 L 的分法及点 (ξ_i,η_i) 的取法), 则称这个极限值为 $f(x,y)$ **沿曲线 L 对弧长的曲线积分**, 记作 $\displaystyle\int_L f(x,y)\mathrm{d}s$, 即

$$\int_L f(x,y)\mathrm{d}s = \lim_{\lambda\to 0}\sum_{i=1}^{n}f(\xi_i,\eta_i)\Delta s_i.$$

由定义可知, 曲线弧的质量 M 等于线密度 $\rho(x,y)$ 沿曲线 L 对弧长的曲线积分

$$M = \int_L \rho(x,y)\mathrm{d}s.$$

特别地, 当 $\rho(x,y)=1$ 时, $M = \displaystyle\int_L \mathrm{d}s = S$.

11.1.2　对弧长的曲线积分的性质

根据定义可证明(证明从略), 若函数 $f(x,y)$ 在 L 上连续(或除去个别点外, $f(x,y)$ 在 L 上连续, 有界), L 是逐段光滑曲线, 则 $f(x,y)$ 在 L 上对弧长的曲线积分一定存在(即 $f(x,y)$ 在 L 上可积).

设 $f(x,y),g(x,y)$ 在 L 上可积, 则有以下性质:

①$\displaystyle\int_L kf(x,y)\mathrm{d}s = k\int_L f(x,y)\mathrm{d}s$($k$ 为常数);

②$\displaystyle\int_L [f(x,y)\pm g(x,y)]\mathrm{d}s = \int_L f(x,y)\mathrm{d}s \pm \int_L g(x,y)\mathrm{d}s$;

③如果曲线 L 由 $L_1,L_2,\cdots,L_k$ 几部分组成, 则在弧 L 上的积分等于在各部分上积分之和, 即

$$\int_L f(x,y)\,\mathrm{d}s = \int_{L_1} f(x,y)\,\mathrm{d}s + \int_{L_2} f(x,y)\,\mathrm{d}s + \cdots + \int_{L_k} f(x,y)\,\mathrm{d}s.$$

11.1.3 对弧长的曲线积分的计算法

定理 设曲线 L 由参数方程 $x = x(t)$，$y = y(t)$（$\alpha \leqslant t \leqslant \beta$）表示，$x(t)$，$y(t)$ 在区间 $[a,\beta]$ 上有一阶连续导数，且 $x'^2(t) + y'^2(t) \neq 0$（即曲线 L 是光滑的简单曲线），函数 $f(x,y)$ 在曲线上连续，则

$$\int_L f(x,y)\,\mathrm{d}s = \int_\alpha^\beta f(x(t),y(t))\sqrt{x'^2(t) + y'^2(t)}\,\mathrm{d}t. \tag{11.1.1}$$

证明略.

由定理可知,曲线积分可化为定积分来进行计算. 由式(11.1.1)可知,计算曲线积分时,必须将被积函数中的变量 x 和 y,用坐标的参数式代入,同时将 $\mathrm{d}s$ 化为弧长微分的参数形式;并且积分限对应于端点的参数值,下限 α 必须小于上限 β.

若曲线 L 由方程 $y = y(x)$（$a \leqslant x \leqslant b$）给出,$y(x)$ 在 $[a,b]$ 上有一阶连续导数,$f(x,y)$ 在曲线 L 上连续,则

$$\int_L f(x,y)\,\mathrm{d}s = \int_a^b f(x,y(x))\sqrt{1 + y'^2(x)}\,\mathrm{d}x. \tag{11.1.2}$$

类似地,若曲线 L 由方程 $x = x(y)$（$c \leqslant y \leqslant d$）给出,$x(y)$ 在 $[c,d]$ 上有一阶连续导数,$f(x,y)$ 在曲线 L 上连续,则

$$\int_L f(x,y)\,\mathrm{d}s = \int_c^d f(x(y),y)\sqrt{x'^2(y) + 1}\,\mathrm{d}y. \tag{11.1.3}$$

例 2 计算曲线积分 $I = \int_L xy\mathrm{d}s$,L 是圆 $x^2 + y^2 = a^2$（$a > 0$）在第 Ⅰ 象限中的部分.

解 由椭圆的参数方程

$$x = a\cos t, \quad y = a\sin t, \quad 0 \leqslant t \leqslant \frac{\pi}{2},$$

可得

$$x_t' = -a\sin t, \quad y_t' = a\cos t,$$

$$\mathrm{d}s = \sqrt{x_t'^2 + y_t'^2}\,\mathrm{d}t = \sqrt{a^2\sin^2 t + a^2\cos^2 t}\,\mathrm{d}t = a\mathrm{d}t.$$

按式(11.1.1),得

$$I = \int_L xy\mathrm{d}s = \int_0^{\frac{\pi}{2}} a\cos t \cdot a\sin t \cdot a\mathrm{d}t$$

$$= \frac{a^3}{2}\int_0^{\frac{\pi}{2}} \sin 2t\mathrm{d}t = \frac{a^3}{2}.$$

例 3 计算曲线积分 $\int_L \sqrt{y}\mathrm{d}s$,曲线 L 是抛物线 $y = \frac{1}{4}x^2$ 自点 $(0,0)$ 到点 $(2,1)$ 的一段弧.

解 因为

$$\mathrm{d}s = \sqrt{1 + y'^2}\mathrm{d}x = \sqrt{1 + \left(\frac{x}{2}\right)^2}\mathrm{d}x,$$

而 x 的变化区间是 $[0,2]$,由式(11.1.2)得

$$\int_L \sqrt{y}\,ds = \int_0^2 \frac{1}{2}x\sqrt{1+\frac{x^2}{4}}\,dx = \frac{2}{3}\left(1+\frac{x^2}{4}\right)^{\frac{3}{2}}\bigg|_0^2$$

$$= \frac{2}{3}(2\sqrt{2}-1).$$

例 4　计算曲线积分 $I = \oint_L e^{\sqrt{x^2+y^2}}\,ds$,其中 L 为圆周 $x^2+y^2 = a^2$,直线 $y = x$ 及 x 轴在第 I 象限中所围成的扇形的整个边界.

解　如图 11.1.2 所示,积分曲线 L 由 L_1, L_2, L_3 组成,它们的方程及弧长元素分别为

$$L_1: y = 0 \qquad (0 \leqslant x \leqslant a),$$

$$ds = \sqrt{1+y'^2}\,dx = \sqrt{1+0^2}\,dx = dx;$$

$$L_2: y = x \qquad \left(0 \leqslant x \leqslant \frac{a}{\sqrt{2}}\right),$$

$$ds = \sqrt{1+y'^2}\,dx = \sqrt{1+1^2}\,dx = \sqrt{2}\,dx;$$

$$L_3: r = a \qquad \left(0 \leqslant \theta \leqslant \frac{\pi}{4}\right),$$

$$ds = \sqrt{r^2(\theta)+r'^2(\theta)}\,d\theta = \sqrt{a^2+0^2}\,d\theta = a\,d\theta.$$

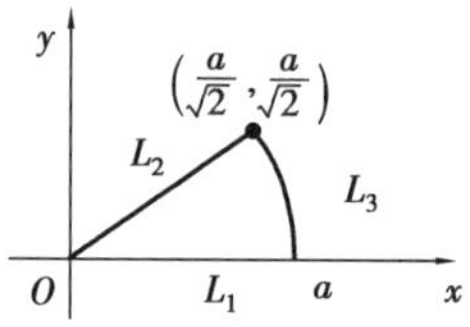

图 11.1.2

于是

$$I = \int_{L_1} e^{\sqrt{x^2+y^2}}\,ds + \int_{L_2} e^{\sqrt{x^2+y^2}}\,ds + \int_{L_3} e^{\sqrt{x^2+y^2}}\,ds$$

$$= \int_0^a e^x\,dx + \int_0^{\frac{a}{\sqrt{2}}} e^{\sqrt{2}x}\cdot\sqrt{2}\,dx + \int_0^{\frac{\pi}{4}} e^a\cdot a\,d\theta$$

$$= e^a - 1 + e^a - 1 + \frac{ae^a\pi}{4} = e^a\left(2+\frac{\pi a}{4}\right) - 2.$$

以上讨论了平面上弧长的曲线积分. 完全类似地,可建立空间对弧长的曲线积分的定义、性质与计算方法. 设给定空间曲线积分

$$\int_\Gamma f(x,y,z)\,ds,$$

空间曲线 Γ 的参数方程为

$$x = x(t), \quad y = y(t), \quad z = z(t) \qquad (\alpha \leqslant t \leqslant \beta),$$

则

$$\int_\Gamma f(x,y,z)\,ds = \int_\alpha^\beta f[x(t),y(t),z(t)]\sqrt{x'^2(t)+y'^2(t)+z'^2(t)}\,dt. \quad (11.1.4)$$

例 5　计算曲线积分

$$\int_\Gamma \frac{ds}{x^2+y^2+z^2},$$

其中,Γ 是螺旋线 $x = a\cos t, y = a\sin t, z = bt$ 上相应于 t 从 0 到 2π 的一段弧.

解　因为

$$ds = \sqrt{x'^2(t)+y'^2(t)+z'^2(t)}\,dt$$

$$= \sqrt{(-a\sin t)^2+(a\cos t)^2+b^2}\,dt$$

$$= \sqrt{a^2+b^2}\,dt,$$

t 的变化区间是 $[0,2\pi]$，由式（11.1.4）得

$$
\begin{aligned}
\int_{\Gamma} \frac{\mathrm{d}s}{x^2 + y^2 + z^2} &= \sqrt{a^2 + b^2} \int_0^{2\pi} \frac{\mathrm{d}t}{a^2 + b^2 t^2} \\
&= \frac{\sqrt{a^2 + b^2}}{ab} \arctan \frac{bt}{a} \Big|_0^{2\pi} \\
&= \frac{\sqrt{a^2 + b^2}}{ab} \arctan \frac{2\pi b}{a}.
\end{aligned}
$$

习题 11.1

计算下列对弧长的曲线积分：

(1) $\oint_L (x^2 + y^2)^n \mathrm{d}s$，其中 L 为圆周 $x = a\cos t, y = a\sin t (0 \leqslant t \leqslant 2\pi)$；

(2) $\int_L (x + y)\mathrm{d}s$，其中 L 为连接 $(1,0)$ 及 $(0,1)$ 两点的直线段；

(3) $\oint_L x\mathrm{d}s$，其中 L 为由直线 $y = x$ 及抛物线 $y = x^2$ 所围成的区域的整个边界；

(4) $\int_{\Gamma} \frac{1}{x^2 + y^2 + z^2} \mathrm{d}s$，其中 Γ 为曲线 $x = \mathrm{e}^t \cos t, y = \mathrm{e}^t \sin t, z = \mathrm{e}^t$ 上相应于 t 从 0 变到 2 的这段弧；

(5) $\int_{\Gamma} \sqrt{y}\, \mathrm{d}s$，其中 Γ 为抛物线 $y = x^2$ 上点 $O(0,0)$ 与点 $B(1,1)$ 之间的一段弧；

(6) $\int_{\Gamma} \frac{1}{x - y} \mathrm{d}s$，其中 Γ 为连接 $(0, -2)$ 及 $(4,0)$ 两点的直线段.

11.2　对坐标的曲线积分

11.2.1　对坐标的曲线积分的概念

例 1（变力沿曲线所做的功）　设质点受力 $\boldsymbol{F}(x,y) = P(x,y)\boldsymbol{i} + Q(x,y)\boldsymbol{j}$ 的作用沿平面光滑曲线 L 从 A 点运动到 B 点，其中 $P(x,y), Q(x,y)$ 在 L 上连续，要计算在上述移动过程中变力 $\boldsymbol{F}(x,y)$ 所做的功（见图 11.2.1）.

已知如果 $\boldsymbol{F}$ 是常力，且质点沿直线从 A 运动到 B，那么常力 $\boldsymbol{F}$ 所做的功 W 等于两个向量 $\boldsymbol{F}$ 与 $\overrightarrow{AB}$ 的数量积，即

$$
W = \boldsymbol{F} \cdot \overrightarrow{AB}.
$$

现在 $\boldsymbol{F}(x,y)$ 是变力，且质点沿曲线 L 运动，功 W 不能直接按以上公式计算，故仍采用"分割、近似、求和、取极限"的办法来处理这个问题.

1）分割

将 L 分成 n 个小弧段，取其中一个有向小弧段 $\overparen{M_{i-1}M_i}$ 来分析.

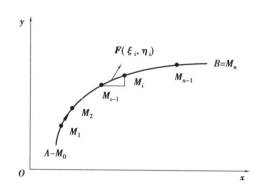

图 11.2.1

2)近似

由于 $\overparen{M_{i-1}M_i}$ 光滑且很短,因此,可用有向线段

$$\overrightarrow{M_{i-1}M_i} = (\Delta x_i)\boldsymbol{i} + (\Delta y_i)\boldsymbol{j}$$

来近似代替它,其中

$$\Delta x_i = x_i - x_{i-1}, \quad \Delta y_i = y_i - y_{i-1}.$$

由于 $P(x,y),Q(x,y)$ 在 L 上连续,因此,可用在 $\overparen{M_{i-1}M_i}$ 上任意取定的一点 (ξ_i,η_i) 处的力

$$\boldsymbol{F}(\xi_i,\eta_i) = P(\xi_i,\eta_i)\boldsymbol{i} + Q(\xi_i,\eta_i)\boldsymbol{j}$$

来近似代替这一小弧段上各点处的力.

3)求和

变力 $\boldsymbol{F}(x,y)$ 沿有向小弧段 $\overparen{M_{i-1}M_i}$ 所做的功,近似等于常力 $\boldsymbol{F}(\xi_i,\eta_i)$ 沿直线 $\overrightarrow{M_{i-1}M_i}$ 所做的功

$$\Delta W_i \approx \boldsymbol{F}(\xi_i,\eta_i) \cdot \overrightarrow{M_{i-1}M_i} = P(\xi_i,\eta_i)\Delta x_i + Q(\xi_i,\eta_i)\Delta y_i,$$

于是

$$W = \sum_{i=1}^{n} \Delta W_i \approx \sum_{i=1}^{n} [P(\xi_i,\eta_i)\Delta x_i + Q(\xi_i,\eta_i)\Delta y_i].$$

4)取极限

用 λ 表示 n 个小弧段的最大长度,令 $\lambda \to 0$ 取上述和的极限,所得极限应该就是 W 的精确值,即

$$W = \lim_{\lambda \to 0} \sum_{i=1}^{n} [P(\xi_i,\eta_i)\Delta x_i + Q(\xi_i,\eta_i)\Delta y_i].$$

定义 设 L 为 xOy 面内从点 A 到点 B 的一条有向光滑曲线弧,函数 $P(x,y),Q(x,y)$ 在 L 上有界,在 L 上沿 L 的方向任意插入一点列 $M_1(x_1,y_1),M_2(x_2,y_2),\cdots,M_{n-1}(x_{n-1},y_{n-1})$,把 L 分成 n 个有向小弧段

$$\overrightarrow{M_{i-1}M_i} \quad (i=1,2,\cdots,n; M_0 = A, M_n = B).$$

设 $\Delta x_i = x_i - x_{i-1}, \Delta y_i = y_i - y_{i-1}$,点 (ξ_i,η_i) 为 $\overparen{M_{i-1}M_i}$ 上任意取定的一点,如果无论怎样将 L 划分为 n 个小弧段,也无论 (ξ_i,η_i) 在小弧段 $\overparen{M_{i-1}M_i}$ 上怎样取定,当各小弧段长度的最大值 $\lambda \to 0$ 时,和式 $\sum_{i=1}^{n} P(\xi_i,\eta_i)\Delta x_i$ 的极限总存在,则称此极限值为**函数 $P(x,y)$ 在有向曲线弧 L 上**

对坐标 x 的曲线积分,记作 $\int_L P(x,y)\mathrm{d}y$.

类似地,如果 $\sum\limits_{i=1}^{n} Q(\xi_i,\eta_i)\Delta y_i$ 总存在,则称此极限值为**函数 $Q(x,y)$ 在有向曲线弧 L 上对坐标 y 的曲线积分**,记作 $\int_L Q(x,y)\mathrm{d}y$,即有

$$\int_L P(x,y)\mathrm{d}x = \lim_{\lambda\to 0}\sum_{i=1}^{n} P(\xi_i,\eta_i)\Delta x_i \qquad (11.2.1)$$

和

$$\int_L Q(x,y)\mathrm{d}y = \lim_{\lambda\to 0}\sum_{i=1}^{n} Q(\xi_i,\eta_i)\Delta y_i, \qquad (11.2.2)$$

其中,$P(x,y)$,$Q(x,y)$ 称为**被积函数**,L 称为**积分弧段**.

对坐标 x 或 y 的曲线积分,统称**对坐标的曲线积分**,或称**第二类曲线积分**.

应用上经常出现的是

$$\int_L P(x,y)\mathrm{d}x + \int_L Q(x,y)\mathrm{d}y$$

这种合并起来的形式. 为简便起见,把它写成

$$\int_L P(x,y)\mathrm{d}x + Q(x,y)\mathrm{d}y .$$

例如,前面讨论过的变力 $\boldsymbol{F}(x,y)=P(x,y)\boldsymbol{i}+Q(x,y)\boldsymbol{j}$ 沿 L 从 A 到 B 所做的功可表示为

$$W = \int_L P(x,y)\mathrm{d}x + Q(x,y)\mathrm{d}y .$$

可以指出,当 $P(x,y)$,$Q(x,y)$ 在有向曲线弧 L 上连续时,对坐标的曲线积分都存在,以后总假定 $P(x,y)$,$Q(x,y)$ 在 L 上连续.

上述定义可类似地推广到积分弧段为空间有向曲线弧 $\varGamma$ 的情形,如

$$\int_{\varGamma} P(x,y,z)\mathrm{d}x = \lim_{x\to 0}\sum_{i=1}^{n} P(\xi_i,\eta_i,\zeta_i)\Delta x_i$$

表示 $P(x,y,z)$ 沿曲线 $\varGamma$ 对坐标 x 的曲线积分.

11.2.2　对坐标的曲线积分的性质

根据上述对坐标的曲线积分的定义,可导出这类曲线积分的一些性质. 为了简便起见,这里省略了一些积分共有的性质.

性质 1　把 L 分成分段光滑的 L_1 和 L_2,则

$$\int_L P\mathrm{d}x + Q\mathrm{d}y = \int_{L_1} P\mathrm{d}x + Q\mathrm{d}y + \int_{L_2} P\mathrm{d}x + Q\mathrm{d}y. \qquad (11.2.3)$$

性质 2　设 L 是有向曲线弧,$-L$ 是与 L 方向相反的有向曲线弧,则有

$$\int_{-L} P(x,y)\mathrm{d}x = -\int_L P(x,y)\mathrm{d}x, \qquad (11.2.4)$$

$$\int_{-L} Q(x,y)\mathrm{d}y = -\int_L Q(x,y)\mathrm{d}y. \qquad (11.2.5)$$

式(11.2.4)和式(11.2.5)表明,当积分弧段的方向改变时,对坐标的曲线积分要改变符号. 因此,关于对坐标的曲线积分,必须注意积分弧段的方向,而对弧长的曲线积分则与积分弧段的方向无关. 这是两类曲线积分的一个重要差别.

11.2.3　对坐标的曲线积分的计算

与对弧长的曲线积分的计算方法类似,可将对坐标的曲线积分的计算转化为定积分来计算. 这里必须强调的是,这一转化与对弧长的曲线积分的计算的转化有着本质的区别.

定理　设 $P(x,y),Q(x,y)$ 在有向曲线弧 L 上有定义且连续,L 的参数方程为

$$x = \varphi(t), \quad y = \psi(t).$$

当参数 t 单调地由 α 变到 β 时,点 $M(x,y)$ 从 L 的起点 A 沿 L 运动到终点 B,$\varphi(t),\psi(t)$ 在以 α 及 β 为端点的闭区间上具有一阶连续导数,且 $\varphi'^2(t)+\psi'^2(t) \neq 0$,则曲线积分

$$\int_L P(x,y)\mathrm{d}x + Q(x,y)\mathrm{d}y$$

存在,且

$$\int_L P(x,y)\mathrm{d}x + Q(x,y)\mathrm{d}y = \int_\alpha^\beta \left[P(\varphi(t),\psi(t))\varphi'(t) + Q(\varphi(t),\psi(t))\psi'(t) \right]\mathrm{d}t.$$

$$(11.2.6)$$

证明略. 式(11.2.6)表明,计算对坐标的曲线积分

$$\int_L P(x,y)\mathrm{d}x + Q(x,y)\mathrm{d}y$$

时,只要把 $x,y,\mathrm{d}x,\mathrm{d}y$ 依次换为 $\varphi(t),\psi(t),\varphi'(t)\mathrm{d}t,\psi'(t)\mathrm{d}t$,然后从 L 的起点所对应的参数值 α 到 L 的终点所对应的参数值 β 作定积分就行了. 这里必须注意,下限 α 对应于 L 的起点,上限 β 对应于 L 的终点,α 不一定小于 β.

如果 L 由方程 $y = y(x)$ 给出,可视 x 为参数,则

$$\int_L P(x,y)\mathrm{d}x + Q(x,y)\mathrm{d}y = \int_a^b \left[P(x,y(x)) + Q(x,y(x))y'(x) \right]\mathrm{d}x.$$

如果 L 由方程 $x = x(y)$ 给出,可视 y 为参数,则

$$\int_L P(x,y)\mathrm{d}x + Q(x,y)\mathrm{d}y = \int_a^b \left[P(x(y),y)x'(y) + Q(x(y),y) \right]\mathrm{d}y,$$

这里下限 a 对应于 L 的起点,上限 b 对应于 L 的终点.

式(11.2.6)可推广到空间曲线 Γ 由参数方程

$$x = \varphi(t), \quad y = \psi(t), \quad z = \omega(t)$$

给出的情形,这样便得到

$$\int_\Gamma P(x,y,z)\mathrm{d}x + Q(x,y,z)\mathrm{d}y + R(x,y,z)\mathrm{d}z$$

$$= \int_\alpha^\beta \left[P(\varphi(t),\psi(t),\omega(t))\varphi'(t) + Q(\varphi(t), \right.$$

$$\left. \psi(t),\omega(t))\psi'(t) + R(\varphi(t),\psi(t),\omega(t))\omega'(t) \right]\mathrm{d}t \qquad (11.2.7)$$

这里下限 α 对应于 Γ 的起点,上限 β 对应于 Γ 的终点.

例 2　计算 $\displaystyle\int_L y^2 \mathrm{d}x$，其中 L 为（见图 11.2.2）：

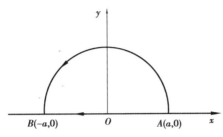

图 11.2.2

（1）半径为 a、圆心在原点、按逆时针方向绕行的上半圆周；

（2）从点 $A(a,0)$ 沿 x 轴到点 $B(-a,0)$ 的直线段.

解　（1）L 是参数方程

$$x = a\cos\theta, \quad y = a\sin\theta.$$

对 θ 从 0 变到 π 的曲线弧，因此

$$\int_L y^2 \mathrm{d}x = \int_0^\pi (a\sin\theta)^2(-a\sin\theta)\mathrm{d}\theta = a^3 \int_0^\pi (1-\cos^2\theta)\mathrm{d}\cos\theta$$

$$= a^3 \left[\cos\theta - \frac{1}{3}\cos^3\theta\right]\Big|_0^\pi = -\frac{4}{3}a^3.$$

（2）L 的方程为 $y=0$，x 从 a 变到 $-a$，则

$$\int_L y^2 \mathrm{d}x = \int_a^{-a} 0\mathrm{d}x = 0.$$

由此例可知，虽然两个曲线积分的被积函数相同，起点和终点也相同，但沿不同路径得出的值并不相等.

例 3　计算 $\displaystyle\int_L (x+y)\mathrm{d}x + (x-y)\mathrm{d}y$，其中 L 为（见图 11.2.3）：

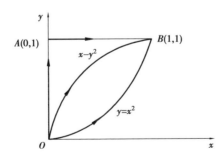

图 11.2.3

（1）抛物线 $y=x^2$ 上从 $O(0,0)$ 到 $B(1,1)$ 的一段弧；

（2）抛物线 $x=y^2$ 上从 $O(0,0)$ 到 $B(1,1)$ 的一段弧；

（3）有向折线 $\overrightarrow{OAB}$，这里 O,A,B 依次是点 $(0,0),(0,1),(1,1)$.

解　（1）$L: y=x^2$，x 从 0 变到 1，故

$$\int_L (x + y)\,dx + (x - y)\,dy = \int_0^1 [(x + x^2) + (x - x^2) \cdot 2x]\,dx$$

$$= \int_0^1 (x + 3x^2 - 2x^3)\,dx = 1.$$

(2) $L: x = y^2$, y 从 0 变到 1, 故

$$\int_L (x + y)\,dx + (x - y)\,dy = \int_0^1 [(y^2 + y) \cdot 2y + (y^2 - y)]\,dy$$

$$= \int_0^1 (2y^3 + 3y^2 - y)\,dy = 1.$$

(3) $\int_L (x + y)\,dx + (x - y)\,dy = \int_{\overline{OA}} (x + y)\,dx + (x - y)\,dy + \int_{\overline{AB}} (x + y)\,dx + (x - y)\,dy.$

在 OA 上, $x = 0$, y 从 0 变到 1, 故

$$\int_{\overline{OA}} (x + y)\,dx + (x - y)\,dy = \int_0^1 [y \cdot 0 + (-y)]\,dy = -\frac{1}{2}.$$

在 AB 上, $y = 1$, x 从 0 变到 1, 故

$$\int_{\overline{AB}} (x + y)\,dx + (x - y)\,dy = \int_0^1 [(x + 1) + (x - 1) \cdot 0]\,dx = \frac{3}{2},$$

从而

$$\int_L (x + y)\,dx + (x - y)\,dy = -\frac{1}{2} + \frac{3}{2} = 1.$$

由此例可知, 虽然路径不同, 曲线积分的值可以相等.

例 4 计算 $\int_\Gamma x\,dx + y\,dy + (x + y - 1)\,dz$, 其中 Γ 是从点 $A(1,1,1)$ 到点 $B(2,3,4)$ 的直线段.

解 线段 AB 的方程为

$$\frac{x - 1}{1} = \frac{y - 1}{2} = \frac{z - 1}{3},$$

化为参数方程, 得

$$x = 1 + t, \quad y = 1 + 2t, \quad z = 1 + 3t.$$

t 从 0 到 1, 于是得

$$\int_\Gamma x\,dx + y\,dy + (x + y - 1)\,dz$$

$$= \int_0^1 [(1 + t) \times 1 + (1 + 2t) \times 2 + (1 + t + 1 + 2t - 1) \times 3]\,dt$$

$$= \int_0^1 (6 + 14t)\,dx = 13.$$

11. 2. 4 两类曲线积分的联系

对弧长的曲线积分与对坐标的曲线积分的定义是不同的. 由于都是沿曲线的积分, 两者之间又有密切关系. 因此, 可将一个对坐标的曲线积分化为对弧长的曲线积分, 反之也一样. 下面

讨论这两类积分的转换关系. 设有向曲线弧 L 的参数方程为

$$\begin{cases} x = \varphi(t) \\ y = \psi(t) \end{cases},$$

L 的起点 A、终点 B 分别对应参数 t 的值为 α, β. 函数 $\varphi(t), \psi(t)$ 在以 α, β 为端点的闭区间上具有一阶连续导数, 且 $\varphi'^2(t) + \psi'^2(t) \neq 0$. 又设 $P(x, y), Q(x, y)$ 为定义在曲线 L 上的连续函数, 则根据对坐标的曲线积分计算公式为

$$\int_L P(x, y) \mathrm{d}x + Q(x, y) \mathrm{d}y = \int_\alpha^\beta (P(\varphi(t), \psi(t)) \varphi'(t) + Q(\varphi(t), \psi(t)) \psi'(t)) \mathrm{d}t.$$

注意到有向曲线 L 的切向量为 $\boldsymbol{t} = (\varphi'(t), \psi'(t))$, 它的方向指向 $\boldsymbol{t}$ 增大的方向, 其方向余弦为

$$\cos \alpha = \frac{\varphi'(t)}{\sqrt{\varphi'^2(t) + \psi'^2(t)}},$$

$$\cos \beta = \frac{\psi'(t)}{\sqrt{\varphi'^2(t) + \psi'^2(t)}}.$$

由对弧长的曲线积分的计算公式, 可得

$$\int_L (P(x, y) \cos \alpha + Q(x, y) \cos \beta) \mathrm{d}s(x, y)$$

$$= \int_\alpha^\beta \Big(P(\varphi(t), \psi(t)) \frac{\varphi'(t)}{\sqrt{\varphi'^2(t) + \psi'^2(t)}} + Q(\varphi(t), \psi(t)) \frac{\psi'(t)}{\sqrt{\varphi'^2(t) + \psi'^2(t)}} \Big)$$

$$\sqrt{\varphi'^2(t) + \psi'^2(t)} \, \mathrm{d}t$$

$$= \int_\alpha^\beta (P(\varphi(t), \psi(t)) \varphi'(t) + Q(\varphi(t), \psi(t)) \psi'(t)) \mathrm{d}t.$$

一般地, 平面曲线 L 上的两类曲线积分之间有关系为

$$\int_L P \mathrm{d}x + Q \mathrm{d}y = \int_L (P \cos \alpha \mathrm{d}x + Q \cos \beta) \mathrm{d}s,$$

其中, $\alpha(x, y), \beta(x, y)$ 为有向曲线弧 L 上点 (x, y) 处的切向量的方向角.

类似地, 空间曲线 Γ 上的两类曲线积分之间有关系为

$$\int_L P \mathrm{d}x + Q \mathrm{d}y + R \mathrm{d}z = \int_L (P \cos \alpha + Q \cos \beta + R \cos \gamma) \mathrm{d}s,$$

其中, $\alpha(x, y, z), \beta(x, y, z), \gamma(x, y, z)$ 为有向曲线弧 Γ 上点 (x, y, z) 处的切向量的方向角.

习题 11.2

1. 设 L 为 xOy 面内 x 轴上从点 $(a, 0)$ 到点 $(b, 0)$ 的一段直线, 证明:

$$\int_L P(x, y) \mathrm{d}x = \int_a^b P(x, 0) \mathrm{d}x,$$

其中, $P(x, y)$ 在 L 上连续.

2. 计算下列对坐标的曲线积分:

(1) $\int_L xy \mathrm{d}x$, 其中 L 为抛物线 $y^2 = x$ 上从点 $A(1, -1)$ 到点 $B(1, 1)$ 的一段弧;

(2) $\int_L (x^2 - y^2)\mathrm{d}x$,其中 L 是抛物线 $y = x^2$ 上从点 $(0,0)$ 到点 $(2,4)$ 的一段弧;

(3) $\oint_L xy\mathrm{d}x$,其中 L 为圆周 $(x - a)^2 + y^2 = a^2 (a > 0)$ 及 x 轴所围成的在第 I 象限内的区域的整个边界(按逆时针方向绕行);

(4) $\int_L y\mathrm{d}x + x\mathrm{d}y$,其中 L 为圆周 $x = R\cos t, y = R\sin t$ 上对应 t 从 0 到 $\frac{\pi}{2}$ 的一段弧;

(5) $\oint_L \frac{(x + y)\mathrm{d}x - (x - y)\mathrm{d}y}{x^2 + y^2}$,其中 L 为圆周 $x^2 + y^2 = a^2$(按逆时针方向绕行);

(6) $\int_L x^2\mathrm{d}x + z\mathrm{d}y - y\mathrm{d}z$,其中 L 为曲线 $x = k\theta, y = a\cos\theta, z = a\sin\theta$ 上对应 θ 从 0 到 π 的一段弧;

(7) $\int_L x^3\mathrm{d}x + 3zy^2\mathrm{d}y + (-x^2y)\mathrm{d}z$,其中 L 是从点 $(3,2,1)$ 到点 $(0,0,0)$ 的一段直线;

(8) $\int_L (x^2 - 2xy)\mathrm{d}x + (y^2 - 2xy)\mathrm{d}y$,其中 L 是抛物线 $y = x^2$ 上从点 $(-1,1)$ 到点 $(1,1)$ 的一段弧;

(9) $\int_L xy\mathrm{d}x + (x - y)\mathrm{d}y + x^2\mathrm{d}z$,其中 L 为螺旋线 $x = a\cos t, y = a\sin t, z = bt, 0 \leqslant t \leqslant \pi$ 上从点 $A(a,0,0)$ 到点 $B(-a,0,b\pi)$ 的一段弧.

3. 计算 $\int_L (x + y)\mathrm{d}x + (y - x)\mathrm{d}y$,其中 L 分别是:

(1) 抛物线 $y^2 = x$ 上从点 $(1,1)$ 到点 $(4,2)$ 的一段弧;
(2) 从点 $(1,1)$ 到点 $(4,2)$ 的直线段;
(3) 先沿直线从点 $(1,1)$ 到点 $(1,2)$,再沿直线到点 $(4,2)$ 的折线;
(4) 曲线 $x = 2t^2 + t + 1, y = t^2 + 1$ 上从点 $(1,1)$ 到点 $(4,2)$ 的一段弧.

11.3　曲线积分与路径无关的条件

牛顿-莱布尼茨公式 $\int_a^b F'(x) = F(b) - F(a)$,将定积分通过它的原函数 $F(x)$ 在这个区间的端点上的值来表达. 下面介绍格林(Green)公式,在平面闭区域 D 上的二重积分可通过闭区域 D 的边界曲线 L 上的曲线积分来表达.

11.3.1　格林公式

首先介绍**平面单连通区域**的概念. 设 D 为平面区域,如果 D 内任一闭曲线所围的部分都属于 D,则 D 为平面**单连通区域**,否则称为**多连通区域**.

通俗地说,平面单连通区域就是不含有"洞"(包括点"洞")的区域,多连通区域是含有"洞"(包括点"洞")的区域.

例如,平面上的圆形区域 $\{(x,y)\mid x^2+y^2\leqslant 1\}$,上半平面 $\{(x,y)\mid y>0\}$ 都是单连通区域,圆环域 $\{(x,y)\mid 1<x^2+y^2<4\}$, $\{(x,y)\mid 0<x^2+y^2<2\}$ 都是多连通区域.

平面区域 D 的边界曲线 L ,规定 L 的正向为当观察者沿 L 的这个方向行走时, D 内在他近处的那一部分总在他的左边. 相反的方向,则为负方向. 曲线 L 取负方向,则记作 $-L$.

例如, D 是边界曲线 l 及 L 所围成的复连通区域(见图 11.3.1),作为 D 的正向边界, L 的正向是逆时针方向,而 l 的正向是顺时针方向.

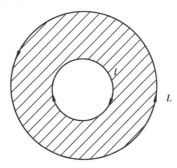

图 11.3.1

定理 1 设闭区域 D 由分段光滑的曲线 L 所围成. 函数 $P(x,y)$ 及 $Q(x,y)$ 在 D 上具有一阶连续偏导数,则有

$$\iint\limits_{D}\left(\frac{\partial Q}{\partial x}-\frac{\partial P}{\partial y}\right)\mathrm{d}x\mathrm{d}y = \oint_{L}P\mathrm{d}x + Q\mathrm{d}y, \tag{11.3.1}$$

其中, L 是 D 的取正向的边界曲线. 式(11.3.1)称为**格林公式**.

证 首先设闭区域 D 为单连通区域,且边界曲线 $L=L_1+L_2$ 与任一平行于坐标轴的直线至多交两点,如图 11.3.2 所示.

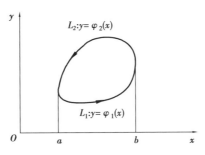

图 11.3.2

设 $D = \{(x,y)\mid \varphi_1(x)\leqslant y\leqslant\varphi_2(x), a\leqslant x\leqslant b\}$,因 $\dfrac{\partial P}{\partial y}$ 连续,故由二重积分的计算法,有

$$\iint\limits_{D}\frac{\partial P}{\partial y}\,\mathrm{d}x\mathrm{d}y = \int_{a}^{b}\mathrm{d}x\int_{\varphi_1(x)}^{\varphi_2(x)}\frac{\partial P(x,y)}{\partial y}\,\mathrm{d}y$$

$$= \int_{a}^{b}\left[P(x,\varphi_2(x)) - P(x,\varphi_1(x))\right]\mathrm{d}x;$$

另一方面,由对坐标的曲线积分的性质及计算法,有

$$\oint_{L}P\mathrm{d}x = \int_{L_1}P\mathrm{d}x + \int_{L_2}P\mathrm{d}x = \int_{a}^{b}P(x,\varphi_1(x))\,\mathrm{d}x + \int_{b}^{a}P(x,\varphi_2(x))\,\mathrm{d}x$$

$$= \int_a^b [P(x, \varphi_1(x)) - P(x, \varphi_2(x))] dx,$$

因此

$$-\iint\limits_D \frac{\partial P}{\partial y} dxdy = \oint_L Pdx. \tag{11.3.2}$$

设

$$D = \{(x, y) \mid \psi_1(y) \leq x \leq \psi_2(y), c \leq y \leq d\},$$

类似可证

$$\iint\limits_D \frac{\partial Q}{\partial x} dxdy = \oint_L Qdx. \tag{11.3.3}$$

由于 D 既是 X-型又是 Y-型,式(11.3.2)、式(11.3.3)同时成立. 因此,合并后即得式(11.3.1).

若 D 是一般单连通区域,这时可用几段光滑曲线将 D 分成若干个既是 X-型又是 Y-型的区域. 即可证得区域 D 上格林公式成立. 若 D 为多连通区域,这时可用光滑曲线将 D 分成若干个单连通区域,再加以证明,此处不再赘述.

下面举例说明格林公式的应用.

例1 计算 $\oint_L (x+y)dx + (y-x)dy$,其中 L 是椭圆 $\dfrac{x^2}{4} + \dfrac{y^2}{3} = 1$ 的正向边界.

解
$$P(x, y) = x + y, \quad Q(x, y) = y - x$$
及其偏导数均在由以 L 为边界的区域 D 内及其边界 L 上连续,且

$$\frac{\partial Q}{\partial x} - \frac{\partial P}{\partial y} = -2.$$

于是,由格林公式,得

$$\oint_L (x+y)dx + (y-x)dy = \iint\limits_D -2dxdy = -4\sqrt{3}\pi.$$

例2 计算 $\iint\limits_D e^{-y^2} dxdy$,其中 D 是以 $O(0,0)$,$A(1,1)$,$B(0,1)$ 为顶点的三角形闭区域(见图11.3.3).

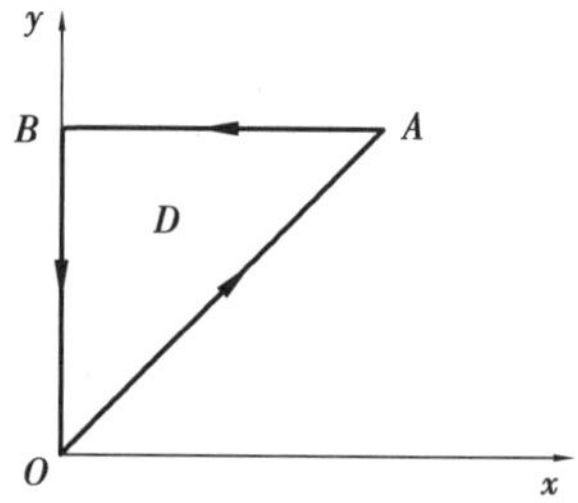

解 令 $P = 0$, $Q = xe^{-y^2}$,则

$$\frac{\partial Q}{\partial x} - \frac{\partial P}{\partial y} = e^{-y^2}.$$

由式(11.3.1),有

图 11.3.3

$$\iint\limits_D e^{-y^2} dxdy = \int_{OA+AB+BO} xe^{-y^2} dy = \int_{OA} xe^{-y^2} dy = \int_0^1 xe^{-x^2} dx = \frac{1}{2}(1 - e^{-1}).$$

若 L 不是闭曲线,但较复杂,在计算时可引入简单的有向辅助线段 L',使得 $L+L'$ 构成闭曲线. 再利用格林公式计算,在 $L+L'$ 上的曲线积分值,因辅助线段 L' 上的对坐标的曲线积分一般较简单,故由性质1即可计算出结果.

例3 计算 $\int_{\widehat{AB}} xdy$,其中 $\widehat{AB}$ 是半径为 r 的圆在第 I 象限的部分(见图11.3.4).

解 引入辅助曲线 OA, BO,令 $L = OA + \widehat{AB} + BO$,应用格林公式,因为 $P = 0, Q = x$,则

$$\frac{\partial Q}{\partial x} - \frac{\partial P}{\partial y} = 1.$$

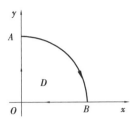

图 11.3.4

应用格林公式,有

$$\iint\limits_{D} \mathrm{d}x\mathrm{d}y = \int_{-L} x\mathrm{d}y = -\int_{L} x\mathrm{d}y.$$

而

$$\int_{L} x\mathrm{d}y = \int_{OA} x\mathrm{d}y + \int_{\overset{\frown}{AB}} x\mathrm{d}y + \int_{BO} x\mathrm{d}y,$$

又因为

$$\int_{OA} x\mathrm{d}y = 0, \quad \int_{BO} x\mathrm{d}y = 0,$$

所以

$$\int_{\overset{\frown}{AB}} x\mathrm{d}y = -\iint\limits_{D} \mathrm{d}x\mathrm{d}y = -\frac{1}{4}\pi r^2.$$

下面说明格林公式在求图形面积上的应用.

在式(11.3.1)中取 $P = -y$, $Q = x$,即得

$$2\iint\limits_{D} \mathrm{d}x\mathrm{d}y = \oint_{L} x\mathrm{d}y - y\mathrm{d}x.$$

因此,区域 D 的面积 A 为

$$A = \frac{1}{2}\oint_{L} x\mathrm{d}y - y\mathrm{d}x. \tag{11.3.4}$$

若令 $p = 0$, $Q = x$,则得

$$A = \oint_{L} x\mathrm{d}y. \tag{11.3.5}$$

例 4　求椭圆 $x = a\cos\theta$, $y = b\sin\theta$ 所围成图形的面积 A.

解　根据式(11.3.4),有

$$A = \frac{1}{2}\oint_{L} x\mathrm{d}y - y\mathrm{d}x = \frac{1}{2}\int_{0}^{2\pi}(ab\cos^2\theta + ab\sin^2\theta)\mathrm{d}\theta$$

$$= \frac{1}{2}ab\int_{0}^{2\pi}\mathrm{d}\theta = \pi ab.$$

11.3.2　平面上曲线积分与路径无关的条件

一般来说,给定函数的曲线积分与路径和路径的起点、终点均有关系.但在被积函数满足一定条件下,积分值只决定于积分曲线的起点和终点,接下来就给出平面上曲线积分与路径无关的条件.

定理 2　设 $P(x,y)$, $Q(x,y)$ 在单连通区域 D 内有连续偏导数,则下列条件相互等价:

①沿 D 中任一分段光滑的闭曲线 L 有

$$\oint_{L} P\mathrm{d}x + Q\mathrm{d}y = 0;$$

②对 D 中任一分段光滑曲线 L,曲线积分 $\oint_{L} P\mathrm{d}x + Q\mathrm{d}y$ 与路径无关,只与 L 的起点与终点有关;

③ $P\mathrm{d}x + Q\mathrm{d}y$ 是 D 内某一函数 u 的全微分,即在 D 内存在函数 $u(x,y)$,使得

$$du = Pdx + Qdy;$$

④在 D 内每点处有

$$\frac{\partial P}{\partial y} = \frac{\partial Q}{\partial x}.$$

定理 2 中 4 个命题相互等价的意思是指它们之间互为充分与必要条件. 例如, 从定理 2 中得出结论"曲线积分 $\int_L Pdx + Qdy$ 与路径无关的充要条件是: $\frac{\partial P}{\partial y} = \frac{\partial Q}{\partial x}$ 在 D 内恒成立"等.

定理 2 中要求区域 D 为单连通区域, 且函数 $P(x,y)$, $Q(x,y)$ 在 D 内具有一阶连续偏导数. 如果这两个条件之一不能满足, 那么定理的结论不能保证成立.

例 5 计算 $\int_L (1 + xy^2)dx + x^2ydy$, 其中 L 是椭圆 $\frac{x^2}{4} + y^2 = 1$ 在第 Ⅰ、第 Ⅱ 象限的部分, 方向从点 A 到点 B (见图 11.3.5).

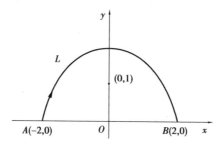

图 11.3.5

解 因为在此椭圆曲线上进行积分计算较繁, 能否换一条路径呢?

由于 $P(x,y) = 1 + xy^2$, $Q(x,y) = x^2y$, 得 $\frac{\partial P}{\partial y} = 2xy = \frac{\partial Q}{\partial x}$ 在整个 xOy 平面上(单连通域)成立. 因此, 该曲线积分与路径无关, 故取 x 轴上线段 AB 作为积分路径.

AB 的方程为 $y = 0$, 且 x 从 -2 变到 2, 从而

$$\int_L (1 + xy^2)dx + x^2ydy = \int_{AB} (1 + xy^2)dx + x^2ydy = \int_{-2}^{2} 1dx = 4.$$

例 6 证明: 在整个 xOy 面内, 曲线积分 $\int_L (x + y)dx + (x - y)dy$ 与路径无关, 并计算

$$\int_{(1,1)}^{(2,3)} (x + y)dx + (x - y)dy.$$

解 $\quad\quad\quad P(x,y) = x + y, \quad Q(x,y) = x - y, \quad \frac{\partial P}{\partial y} = 1, \quad \frac{\partial Q}{\partial x} = 1.$

由定理值曲线积分与积分路径无关, 选择从 $A(1,1)$ 到 $C(2,1)$ 及从 $C(2,1)$ 到 $B(2,3)$ 的直线段作为积分路径, 故有

$$\int_{(1,1)}^{(2,3)} (x + y)dx + (x - y)dy$$

$$= \int_{AC} (x + y)dx + (x - y)dy + \int_{CB} (x + y)dx + (x - y)dy$$

$$= \int_{1}^{2} (x + 1)dx + \int_{1}^{3} (2 - y)dy$$

$$= \frac{5}{2}.$$

习题 11.3

1. 应用格林公式计算下列积分：

(1) $\oint_L (2x - y + 4)\mathrm{d}x + (3x + 5y - 6)\mathrm{d}y$，其中 L 为 3 顶点分别为 $(0,0)$，$(3,0)$ 和 $(3,2)$ 的三角形正向边界；

(2) $\oint_L (x^2 y \cos x + 2xy \sin x - y^2 e^x)\mathrm{d}x + (x^2 \sin x - 2y e^x)\mathrm{d}y$，其中 L 为正向星形线 $x^{\frac{2}{3}} + y^{\frac{2}{3}} = a^{\frac{2}{3}}\,(a > 0)$；

(3) $\int_L (2xy^3 - y^2 \cos x)\mathrm{d}x + (1 - 2y \sin x + 3x^2 y^2)\mathrm{d}y$，其中 L 为抛物线 $2x = \pi y^2$ 上由点 $(0,0)$ 到点 $\left(\dfrac{\pi}{2}, 1\right)$ 的一段弧；

(4) $\int_L (x^2 - y)\mathrm{d}x - (x + \sin^2 y)\mathrm{d}y$，其中 L 是圆周 $y = \sqrt{2x - x^2}$ 上由点 $(0,0)$ 到 $(1,1)$ 的一段弧；

(5) $\int_L (e^x \sin y - my)\mathrm{d}x + (e^x \cos y - m)\mathrm{d}y$，其中 m 为常数，L 为由点 $(a,0)$ 到 $(0,0)$ 经过圆 $x^2 + y^2 = ax$ 上半部分的路线（a 为正数）.

2. 设 a 为正常数，利用曲线积分，求下列曲线所围成的图形的面积：

(1) 星形线 $x = a\cos^3 t, y = a\sin^3 t$；

(2) 双纽线 $r^2 = a^2 \cos 2\theta$；

(3) 圆 $x^2 + y^2 = 2ax$.

3. 证明下列曲线积分与路径无关，并计算积分值：

(1) $\int_{(0,0)}^{(1,1)} (x - y)(\mathrm{d}x - \mathrm{d}y)$；

(2) $\int_{(1,2)}^{(3,4)} (6xy^2 - y^3)\mathrm{d}x + (6x^2 y - 3xy^2)\mathrm{d}y$；

(3) $\int_{(1,1)}^{(1,2)} \dfrac{y\mathrm{d}x + x\mathrm{d}y}{x^2}$ 沿在右半平面的路径；

(4) $\int_{(1,0)}^{(6,8)} \dfrac{x\mathrm{d}x + y\mathrm{d}y}{\sqrt{x^2 + y^2}}$ 沿不通过原点的路径.

*11.4　对面积的曲面积分

本节讨论在空间曲面上的函数和式的极限，即对面积的曲面积分和对坐标的曲面积分.

11.4.1　对面积的曲面积分的概念

在 11.1 节中求曲线形物体的质量，如果把曲线改为曲面，并相应地把线密度 $\rho(x, y)$ 改为

面密度 $\rho(x,y,z)$,用类似的方法求曲面壳的质量 M 就是和式的极限

$$M = \lim_{\lambda \to 0} \sum_{i=1}^{n} \rho(\xi_i, \eta_i, \zeta_i) \Delta s_i,$$

其中,λ 表示 n 小块曲面的直径的最大值.

在其他的问题中也会遇到与上式类似的极限,于是对面积的曲面积分的定义.

定义 设函数 $f(x,y,z)$ 在分片光滑曲面 Σ 上有界,任意分割 Σ 成 n 小片 ΔS_i,第 i 小片面积也记作 $\Delta S_i (i=1,2,\cdots,n)$,在 ΔS_i 上任取一点 (ξ_i, η_i, ζ_i),作和式

$$\sum_{i=1}^{n} f(\xi_i, \eta_i, \zeta_i) \Delta S_i.$$

当 ΔS_i 的最大直径(曲面上两点的最大距离)$\lambda \to 0$ 时,如果上述和式的极限存在,则此极限值称为函数 $f(x,y,z)$ **在曲面 Σ 上对面积的曲面积分**,记作

$$\iint_{\Sigma} f(x,y,z) \mathrm{d}S = \lim_{\lambda \to 0} \sum_{i=1}^{n} f(\xi_i, \eta_i, \zeta_i) \Delta S_i,$$

其中,$f(x,y,z)$ 称为**被积函数**,S 称为**积分曲面**.

当函数 $f(x,y,z)$ 在曲面 Σ 上连续,或除有限条逐段光滑的曲线外在 Σ 上连续且在 Σ 上有界,则 $f(x,y,z)$ 在 Σ 上对面积的曲面积分存在.

对面积的曲面积分有类似于对弧长的曲线积分的一些性质.

11.4.2 对面积的曲面积分的计算

对面积的曲面积分可化为二重积分来计算.设曲面 Σ 的方程为

$$z = z(x,y),$$

于是,曲面 S 的面积元素为

$$\mathrm{d}S = \sqrt{1 + \left(\frac{\partial z}{\partial x}\right)^2 + \left(\frac{\partial z}{\partial y}\right)^2} \mathrm{d}x\mathrm{d}y,$$

所以

$$\iint_{\Sigma} f(x,y,z) \mathrm{d}S = \iint_{D} f(x,y,z(x,y)) \sqrt{1 + \left(\frac{\partial z}{\partial x}\right)^2 + \left(\frac{\partial z}{\partial y}\right)^2} \mathrm{d}x\mathrm{d}y. \tag{11.4.1}$$

其中,D 为曲面 Σ 在 xOy 平面上的投影.

例1 计算 $I = \iint_{\Sigma}(2x+y+2z)\mathrm{d}S$,其中 Σ 为平面 $x+y+z=1$ 在第一卦限的部分.

解 Σ 在 xOy 面(也可考虑其他坐标面)上的投影区域 D_{xy} 为 $x+y=1$,$x=0$ 和 $y=0$ 所围成的闭区域(见图 11.4.1),Σ 的方程可表示为

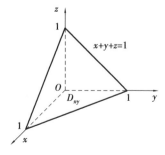

图 11.4.1

$$z = 1 - x - y, \quad (x,y) \in D_{xy},$$

$$\mathrm{d}S = \sqrt{1 + z_x^2 + z_y^2}\, \mathrm{d}x\mathrm{d}y = \sqrt{3}\, \mathrm{d}x\mathrm{d}y.$$

$$I = \iint_{\Sigma}(2x+y+2z)\mathrm{d}S = \sqrt{3} \iint_{D_{xy}}(2-y)\mathrm{d}x\mathrm{d}y$$

$$= \sqrt{3}\int_0^1 \mathrm{d}x \int_0^{1-x}(2-y)\mathrm{d}y = \sqrt{3}\int_0^1 \left(\frac{3}{2} - x - \frac{1}{2}x^2\right)\mathrm{d}x$$

$$= \frac{5\sqrt{3}}{6}.$$

例 2 计算 $I = \iint\limits_{\Sigma}(x+z)\mathrm{d}S$,其中 Σ 为曲面 $z = \sqrt{R^2 - x^2 - y^2}, x^2 + y^2 \leqslant a^2 (0 < a < R)$.

解 Σ 在 xOy 面的投影区域

$$D_{xy} = \{(x,y) \mid x^2 + y^2 \leqslant a^2\},$$

$$\mathrm{d}S = \sqrt{1 + z_x^2 + z_y^2}\mathrm{d}x\mathrm{d}y = \frac{R\mathrm{d}x\mathrm{d}y}{\sqrt{R^2 - x^2 - y^2}}$$

$$I = \iint\limits_{\Sigma}(x+z)\mathrm{d}S = 0 + \iint\limits_{\Sigma}z\mathrm{d}S$$

$$= \iint\limits_{D_{xy}}\sqrt{R^2 - x^2 - y^2} \cdot \frac{R\mathrm{d}x\mathrm{d}y}{\sqrt{R^2 - x^2 - y^2}}$$

$$= \iint\limits_{D_{xy}}R\mathrm{d}x\mathrm{d} = \pi Ra^2.$$

习题 11.4

1. 计算曲面积分 $\iint\limits_{\Sigma}\mathrm{d}S$,其中 Σ 为抛物面 $z = 2 - (x^2 + y^2)$ 在 xOy 面上方的部分.

2. 计算 $\iint\limits_{\Sigma}(x^2 + y^2)\mathrm{d}S$,其中 Σ 是:

(1) 锥面 $z = \sqrt{x^2 + y^2}$ 及平面 $z = 1$ 所围成的区域的整个边界曲面;

(2) 锥面 $z^2 = 3(x^2 + y^2)$ 被平面 $z = 0$ 和 $z = 3$ 所截得的部分.

3. 计算下列对面积的曲面积分:

(1) $\iint\limits_{\Sigma}\left(z + 2x + \frac{4}{3}y\right)\mathrm{d}S$,其中 Σ 为平面 $\frac{x}{2} + \frac{y}{3} + \frac{z}{4} = 1$ 在第 Ⅰ 卦限中的部分;

(2) $\iint\limits_{\Sigma}(2xy - 2x^2 - x + z)\mathrm{d}S$,其中 Σ 为平面 $2x + 2y + z = 6$ 在第 Ⅰ 卦限中的部分;

(3) $\iint\limits_{\Sigma}(x + y + z)\mathrm{d}S$,其中 Σ 为球面 $x^2 + y^2 + z^2 = a^2$ 上 $z \geqslant h(0 < h < a)$ 的部分;

(4) $\iint\limits_{\Sigma}(xy + yz + zx)\mathrm{d}S$,其中 Σ 为锥面 $z = \sqrt{x^2 + y^2}$ 被柱面 $x^2 + y^2 = 2ax$ 所截得的有限部分;

(5) $\iint\limits_{\Sigma}\sqrt{R^2 - x^2 - y^2}\mathrm{d}S$,其中 Σ 为上半球面 $z = \sqrt{R^2 - x^2 - y^2}$.

*11.5 对坐标的曲面积分

11.5.1 对坐标的曲面积分的概念与性质

为了给曲面确定方向,先要说明曲面的侧的概念. 设曲面 Σ 为光滑曲面,即曲面 Σ 上到处都有连续变动的切平面(或法线),M 为曲面 Σ 上的一点,曲面在 M 点处的法线有两个方向:当指定一个方向为正向时,则另一个方向被认定为负向. 设 M_0 为 Σ 上任一点,L 为 Σ 上任一经过点 M_0,且不超过 Σ 的边界的闭曲线. 又设 M 为动点,它在 M_0 处与 M_0 有相同的法方向. 同时有以下特性:当 M 从 M_0 出发沿 L 连续移动,这时作为曲面上的点 M,它的法线方向也会连续变动. 最后当 M 沿 L 回到 M_0 时,若这时 M 的法线方向仍与 M_0 的法线方向一致,则说曲面 Σ 是**双侧曲面**;若与 M_0 的法线方向相反,则 Σ 为**单侧曲面**. 一般遇到的曲面都是双侧的. 例如,由方程 $z = z(x,y)$ 表示的曲面,有**上侧**与**下侧**之分;又如,一张包围某一空间区域的闭曲面,有**外侧**与**内侧**之分. 以后总假定所考虑的曲面是双侧的.

在讨论对坐标的曲面积分时,需要指定曲面的侧,可通过曲面上法向量的指向来定出曲面的侧. 例如,对曲面 $z = z(x,y)$,如果取定的法向量 n 的指向朝上,则认为取定曲面的上侧;又如,对闭曲面,如果取定的法向量的指向朝外,则认为取定曲面的外侧. 这种取定了法向量即取定了侧的曲面,则称为**有向曲面**.

设 Σ 为有向曲面. 在 Σ 上取一小块曲面 ΔS,把 ΔS 投影到 xOy 面上得一投影区域,这投影区域的面积记为 $(\Delta\sigma)_{xy}$. 定 ΔS 上各点处的法向量与 z 轴的夹角 γ 的余弦 $\cos\gamma$ 有相同的符号(即 $\cos\gamma$ 都是正的或都是负的). 假定 ΔS 在 xOy 面上的投影 $(\Delta S)_{xy}$ 为

$$(\Delta S)_{xy} \begin{cases} (\Delta\sigma)_{xy} & \cos\gamma > 0 \\ -(\Delta\sigma)_{xy} & \cos\gamma < 0 \\ 0 & \cos\gamma \equiv 0 \end{cases},$$

其中,$\cos\gamma \equiv 0$ 也就是 $(\Delta\sigma)_{xy} = 0$ 的情形. ΔS 在 xOy 面上的投影 $(\Delta S)_{xy}$ 实际就是 ΔS 在 xOy 面上的投影区域的面积附以一定的正负号. 类似地,可定义 ΔS 在 yOz 面及 zOx 面上的投影 $(\Delta S)_{yz}$ 及 $(\Delta S)_{zx}$.

定义 设 Σ 为光滑的有向曲面,函数 $R(x,y,z)$ 在 Σ 上有界,把 Σ 任意分成 n 块小曲面 ΔS_i,ΔS_i 同时又表示第 i 块小曲面的面积,ΔS_i 在 xOy 面上的投影为 $(\Delta S_i)_{xy}$,(ξ_i,η_i,ζ_i) 是 ΔS_i 上任意取定的一点. 如果当各小块曲面的直径的最大值 $\lambda \to 0$ 时,有

$$\lim_{\lambda \to 0} \sum_{i=1}^{n} R(\xi_i,\eta_i,\zeta_i)(\Delta S_i)_{xy}$$

总存在,则称此极限为函数 $R(x,y,z)$ 在有向曲面 Σ 上对**坐标 x,y 的曲面积分**,记作

$$\iint_{\Sigma} R(x,y,z)\mathrm{d}x\mathrm{d}y,$$

即

$$\iint_{\Sigma} R(x,y,z)\mathrm{d}x\mathrm{d}y = \lim_{\lambda \to 0} \sum_{i=1}^{n} R(\xi_i,\eta_i,\zeta_i)(\Delta S_i)_{xy},$$

其中,$R(x,y,z)$ 称为**被积函数**,Σ 称为**积分曲面**.

类似地,可定义函数 $P(x,y,z)$ 在有向曲面 Σ 上对坐标 y,z 的曲面积分 $\iint_{\Sigma} P(x,y,z)\mathrm{d}y\mathrm{d}z$,以及函数 $Q(x,y,z)$ 在有向曲面 Σ 上对坐标 z,x 的曲面积分 $\iint_{\Sigma} Q(x,y,z)\mathrm{d}z\mathrm{d}x$ 分别为

$$\iint_{\Sigma} P(x,y,z)\mathrm{d}y\mathrm{d}z = \lim_{\lambda \to 0} \sum_{i=1}^{n} P(\xi_i,\eta_i,\zeta_i)(\Delta S_i)_{yz},$$

$$\iint\limits_{\Sigma} Q(x,y,z)\mathrm{d}z\mathrm{d}x = \lim_{\lambda \to 0} \sum_{i=1}^{n} Q(\xi_i,\eta_i,\zeta_i)(\Delta S_i)_{zx}.$$

以上 3 个曲面积分也称**第二类曲面积分**.

可以指出,当 $P(x,y,z)$,$Q(x,y,z)$,$R(x,y,z)$ 在有向光滑曲面 Σ 上连续时,对坐标的曲面积分总是存在的,以后总假设 P,Q,R 在 Σ 上连续.

在应用上出现较多的是

$$\iint\limits_{\Sigma} P(x,y,z)\mathrm{d}y\mathrm{d}z + \iint\limits_{\Sigma} Q(x,y,z)\mathrm{d}z\mathrm{d}x + \iint\limits_{\Sigma} R(x,y,z)\mathrm{d}x\mathrm{d}y$$

这种合并起来的形式. 为简便起见,把它写为

$$\iint\limits_{\Sigma} P(x,y,z)\mathrm{d}y\mathrm{d}z + Q(x,y,z)\mathrm{d}z\mathrm{d}x + R(x,y,z)\mathrm{d}x\mathrm{d}y.$$

如果 Σ 是分片光滑的有向曲面,则规定函数在 Σ 上对坐标的曲面积分等于函数在各片光滑曲面上对坐标的曲面积分之和.

与第二类曲线积分一样,第二类曲面积分也有以下性质:

性质 1　如果把 Σ 分成 Σ_1 和 Σ_2,则

$$\iint\limits_{\Sigma} P\mathrm{d}y\mathrm{d}z + Q\mathrm{d}z\mathrm{d}x + R\mathrm{d}x\mathrm{d}y \tag{11.5.1}$$

$$= \iint\limits_{\Sigma_1} P\mathrm{d}y\mathrm{d}z + Q\mathrm{d}z\mathrm{d}x + R\mathrm{d}x\mathrm{d}y + \iint\limits_{\Sigma_2} P\mathrm{d}y\mathrm{d}z + Q\mathrm{d}z\mathrm{d}x + R\mathrm{d}x\mathrm{d}y.$$

式(11.5.1)可推广到 Σ 分成 $\Sigma_1,\Sigma_2,\cdots,\Sigma_n$ 的情形.

性质 2　设 Σ 是有向曲面,$-\Sigma$ 表示与 Σ 取相反侧的有向曲面,则

$$\iint\limits_{-\Sigma} P(x,y,z)\mathrm{d}y\mathrm{d}z = -\iint\limits_{\Sigma} P(x,y,z)\mathrm{d}y\mathrm{d}z,$$

$$\iint\limits_{-\Sigma} Q(x,y,z)\mathrm{d}z\mathrm{d}x = -\iint\limits_{\Sigma} Q(x,y,z)\mathrm{d}z\mathrm{d}x, \tag{11.5.2}$$

$$\iint\limits_{-\Sigma} R(x,y,z)\mathrm{d}x\mathrm{d}y = -\iint\limits_{\Sigma} R(x,y,z)\mathrm{d}x\mathrm{d}y.$$

式(11.5.2)表示,当积分曲面改变为相反侧时,对坐标的曲面积分要改变符号. 因此,关于对坐标的曲面积分,要注意积分曲面所取的侧.

11.5.2　对坐标的曲面积分的计算

对坐标的曲面积分也是把它化为二重积分来计算. 设积分曲面 Σ 是由方程 $z = z(x,y)$ 所给出的曲面上侧,Σ 在 xOy 面上的投影区域为 D_{xy},函数 $z = z(x,y)$ 在 D_{xy} 上具有一阶连续偏导数,被积函数 $R(x,y,z)$ 在 Σ 上连续.

按对坐标的曲面积分的定义,有

$$\iint\limits_{\Sigma} R(x,y,z)\mathrm{d}x\mathrm{d}y = \lim_{\lambda \to 0} \sum_{i=1}^{n} R(\xi_i,\eta_i,\zeta_i)(\Delta S_i)_{xy}.$$

因为 Σ 取上侧,$\cos \gamma > 0$,所以

$$(\Delta S_i)_{xy} = (\Delta\sigma_i)_{xy}.$$

又因 (ξ_i,η_i,ζ_i) 是 Σ 上的一点,故 $\zeta_i = z(\xi_i,\eta_i)$. 从而有

$$\sum_{i=1}^{n} R(\xi_i, \eta_i, \zeta_i)(\Delta S_i)_{xy} = \sum_{i=1}^{n} R[\xi_i, \eta_i, z(\xi_i, \eta_i)](\Delta \sigma_i)_{xy}.$$

令 $\lambda \to 0$ 取上式两端的极限,就得到

$$\iint_{\Sigma} R(x, y, z) \, dxdy = \iint_{D_{xy}} R[x, y, z(x, y)] \, dxdy. \tag{11.5.3}$$

这就是把**对坐标的曲面积分化为二重积分的公式**. 式(11.5.3)表明,计算曲面积分 $\iint_{\Sigma} R(x, y, z) \, dxdy$ 时,只要把其中变量 z 换为表示 Σ 的函数 $z = z(x, y)$,然后在 Σ 的投影区域 D_{xy} 上计算二重积分即可.

必须注意,式(11.5.3)的曲面积分是取在曲面 Σ 上侧的;如果曲面积分取在 Σ 的下侧,这时 $\cos \gamma < 0$,则

$$(\Delta S_i)_{xy} = -(\Delta \sigma_i)_{xy}.$$

从而有

$$\iint_{\Sigma} R(x, y, z) \, dxdy = -\iint_{D_{xy}} R[x, y, z(x, y)] \, dxdy. \tag{11.5.3'}$$

类似地,如果 Σ 由 $x = x(y, z)$ 给出,则有

$$\iint_{\Sigma} P(x, y, z) \, dydz = \pm \iint_{D_{xy}} P[x(y, z), y, z] \, dydz. \tag{11.5.4}$$

等式右端的符号这样决定:如果积分曲面 Σ 是由方程 $x = x(y, z)$ 所给的曲面前侧,即 $\cos \alpha > 0$,应取正号;反之,如果 Σ 取后侧,即 $\cos \alpha < 0$,应取负号.

如果 Σ 由 $y = y(z, x)$ 给出,则有

$$\iint_{\Sigma} Q(x, y, z) \, dzdx = \pm \iint_{D_{zx}} Q[x, y(z, x), z] \, dzdx. \tag{11.5.5}$$

等式右端的符号这样决定:如果积分曲面 Σ 是由方程 $y = y(z, x)$ 所给出的曲面右侧,即 $\cos \beta > 0$,应取正号;反之,如果 Σ 取左侧,即 $\cos \beta < 0$,应取负号.

例1 计算 $\iint_{\Sigma} x \, dydz + y \, dzdx + z \, dxdy$,其中 Σ 为平面 $x + y + z = a(a > 0)$ 在第 I 卦限的部分,取上侧.

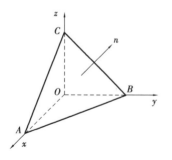

图 11.5.1

解 如图 11.5.1 所示,为了方便,首先计算 $\iint_{\Sigma} z \, dxdy$. 易知 Σ 的法向量与 z 轴正向的夹角为锐角,故二重积分取正号,Σ 在 xOy 面上的投影为三角形区域 AOB,其中

$$D_{xy}: 0 \leqslant y \leqslant a - x, \quad 0 \leqslant x \leqslant a,$$

所以

$$\iint_{\Sigma} z \, dxdy = \iint_{D_{xy}} (a - x - y) \, dxdy$$

$$= \int_0^a dx \int_0^{a-x} (a - x - y) \, dy = \frac{1}{6} a^3.$$

由于在此曲面积分中,x, y, z 是对称的,从而有

$$\iint\limits_{\Sigma} x\mathrm{d}y\mathrm{d}z = \iint\limits_{\Sigma} y\mathrm{d}z\mathrm{d}x = \frac{1}{6}a^3,$$

因此,得到

$$\iint\limits_{\Sigma} x\mathrm{d}y\mathrm{d}z + y\mathrm{d}z\mathrm{d}x + z\mathrm{d}x\mathrm{d}y = \frac{3}{6}a^3 = \frac{1}{2}a^3.$$

例 2　计算曲面积分 $\iint\limits_{\Sigma} xyz\mathrm{d}x\mathrm{d}y$,其中 Σ 是球面 $x^2 + y^2 + z^2 = 1$ 外侧在 $x \geqslant 0, y \geqslant 0$ 的部分.

解　把 Σ 分为 Σ_1 和 Σ_2 两部分(见图 11.5.2),则 Σ_1 的方程为

$$z_1 = -\sqrt{1 - x^2 - y^2};$$

Σ_2 的方程为

$$z_2 = \sqrt{1 - x^2 - y^2}.$$

因此

$$\iint\limits_{\Sigma} xyz\mathrm{d}x\mathrm{d}y = \iint\limits_{\Sigma_2} xyz\mathrm{d}x\mathrm{d}y + \iint\limits_{\Sigma_1} xyz\mathrm{d}x\mathrm{d}y.$$

上式右端的第一个积分曲面 Σ_2 取上侧,第二个积分曲面 Σ_1 取下侧. 因此,分别应用式(11.5.3)及式(11.5.3′),则有

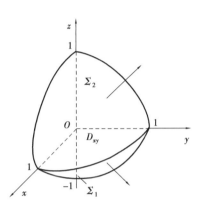

图 11.5.2

$$\begin{aligned}
\iint\limits_{\Sigma} xyz\mathrm{d}x\mathrm{d}y &= \iint\limits_{D_{xy}} xy\sqrt{1 - x^2 - y^2}\mathrm{d}x\mathrm{d}y - \iint\limits_{D_{xy}} xy\left(-\sqrt{1 - x^2 - y^2}\right)\mathrm{d}x\mathrm{d}y \\
&= 2\iint\limits_{D_{xy}} xy\sqrt{1 - x^2 - y^2}\mathrm{d}x\mathrm{d}y \\
&= 2\iint\limits_{D_{xy}} r^2\sin\theta\cos\theta\sqrt{1 - r^2} \cdot r\mathrm{d}r\mathrm{d}\theta \\
&= \int_0^{\frac{\pi}{2}} \sin 2\theta\mathrm{d}\theta\int_0^1 r^3\sqrt{1 - r^2}\mathrm{d}r \\
&= 1 \cdot \frac{2}{15} = \frac{2}{15}.
\end{aligned}$$

11.5.3　两类曲面积分之间的联系

与曲线积分一样,两类曲面积分也有密切关系,可将一个对坐标的曲面积分化为对面积的曲面积分,反之也一样. 仍然用显式方程 $z = z(x, y)$ 表示的有向曲面 Σ 来说明. 设 Σ 在 xOy 平面上的投影区域为 D_{xy},函数 $z = z(x, y)$ 在 D_{xy} 上具有一阶连续偏导数,$R(x, y, z)$ 在 Σ 上连续,Σ 取上侧. 由对坐标的曲面积分的计算公式,有

$$\iint\limits_{\Sigma} R(x, y, z)\mathrm{d}x\mathrm{d}y\mathrm{d}z = \iint\limits_{D_{xy}} R(x, y, z)\mathrm{d}x\mathrm{d}y\mathrm{d}z .$$

另外,曲面 Σ 的法向量的方向余弦为

$$\cos\alpha = \frac{-z_x}{\sqrt{1 + z_x^2 + z_y^2}},$$

$$\cos \beta = \frac{-z_y}{\sqrt{1 + z_x^2 + z_y^2}},$$

$$\cos \gamma = \frac{1}{\sqrt{1 + z_x^2 + z_y^2}}.$$

由对面积的曲面积分计算公式,有

$$\iint_{\Sigma} R(x,y,z)\cos \gamma \mathrm{d}S = \iint_{D_{xy}} R(x,y,z(x,y))\mathrm{d}x\mathrm{d}y.$$

于是,有

$$\iint_{\Sigma} R(x,y,z)\mathrm{d}x\mathrm{d}y = \iint_{\Sigma} R(x,y,z)\cos \gamma \mathrm{d}S. \tag{11.5.6}$$

如果 Σ 取下侧,则有

$$\iint_{\Sigma} R(x,y,z)\mathrm{d}x\mathrm{d}y = -\iint_{D_{xy}} R(x,y,z(x,y))\mathrm{d}x\mathrm{d}y,$$

此时,$\cos \gamma = \dfrac{-1}{\sqrt{1 + z_x^2 + z_y^2}}$. 因此,式(11.5.6)仍然成立.

类似地,有

$$\iint_{\Sigma} P(x,y,z)\mathrm{d}y\mathrm{d}z = \iint_{\Sigma} R(x,y,z)\cos \alpha \mathrm{d}S, \tag{11.5.7}$$

$$\iint_{\Sigma} Q(x,y,z)\mathrm{d}z\mathrm{d}x = \iint_{\Sigma} Q(x,y,z)\cos \beta \mathrm{d}S. \tag{11.5.8}$$

合并式(11.5.6)、式(11.5.7)、式(11.5.8),得两类曲面积分之间的联系为

$$\iint_{\Sigma} P\mathrm{d}y\mathrm{d}z + Q\mathrm{d}z\mathrm{d}x + R\mathrm{d}x\mathrm{d}y = \iint_{\Sigma} (P\cos \alpha + Q\cos \beta + R\cos \gamma)\mathrm{d}S. \tag{11.5.9}$$

其中,$\cos \alpha, \cos \beta, \cos \gamma$ 是曲面 Σ 上点 (x,y,z) 处法向量的方向余弦.

例 3 曲面积分 $\iint_{\Sigma} (z^2 + x)\mathrm{d}y\mathrm{d}z - z\mathrm{d}x\mathrm{d}y$,其中 Σ 是旋转抛物面 $z = \dfrac{1}{2}(x^2 + y^2)$ 介于平面 $z = 0$ 及 $z = 2$ 之间的部分的下侧.

解 由两类曲线积分之间的联系式(11.5.7),可得

$$\iint_{\Sigma} (z^2 + x)\mathrm{d}y\mathrm{d}z = \iint_{\Sigma} (z^2 + x)\cos \alpha \mathrm{d}S = \iint_{\Sigma} (z^2 + x) \frac{\cos \alpha}{\cos \gamma}\mathrm{d}x\mathrm{d}y.$$

在曲面 Σ 上,有

$$\cos \alpha = \frac{x}{\sqrt{1 + x^2 + y^2}},$$

$$\cos \gamma = \frac{-1}{\sqrt{1 + x^2 + y^2}}.$$

因此

$$\iint_{\Sigma} (z^2 + x)\cos \alpha \mathrm{d}y\mathrm{d}z - z\mathrm{d}x\mathrm{d}y = \iint_{\Sigma} [(z^2 + x)(-x) - z]\mathrm{d}x\mathrm{d}y$$

$$= \iint_{D_{xy}} \left\{ \left[\frac{1}{4}(x^2 + y^2)^2 + x \right](-x) - \frac{1}{2}(x^2 + y^2) \right\}\mathrm{d}x\mathrm{d}y.$$

注意到 $\iint\limits_{D_{xy}}\frac{1}{4}(x^2+y^2)^2\mathrm{d}x\mathrm{d}y = 0$,故

$$\iint\limits_{\Sigma}(z^2+x)\mathrm{d}y\mathrm{d}z - z\mathrm{d}x\mathrm{d}y = \iint\limits_{D_{xy}}\left[x^2+\frac{1}{2}(x^2+y^2)\right]\mathrm{d}x\mathrm{d}y$$

$$= \int_0^{2\pi}\mathrm{d}\theta\int_0^2\left(r^2\cos^2\theta+\frac{1}{2}r^2\right)r\mathrm{d}r$$

$$= 8\pi.$$

习题 11.5

1. 当 Σ 为 xOy 面内的一个闭区域时,曲面积分 $\iint\limits_{\Sigma}R(x,y,z)\mathrm{d}x\mathrm{d}y$ 与二重积分有什么关系?

2. 计算下列对坐标的曲面积分:

$(1)\iint\limits_{\Sigma}(x^2y^2z)\mathrm{d}x\mathrm{d}y$,其中 Σ 是球面 $x^2+y^2+z^2=R^2$ 的下半部分的下侧;

$(2)\iint\limits_{\Sigma}z\mathrm{d}x\mathrm{d}y + x\mathrm{d}y\mathrm{d}z + y\mathrm{d}z\mathrm{d}x$,其中 Σ 是柱面 $x^2+y^2=1$ 被平面 $z=0$ 及 $z=3$ 所截得的在第 Ⅰ 卦限内的部分的前侧;

$(3)\iint\limits_{\Sigma}(f(x,y,z)+x)\mathrm{d}y\mathrm{d}z + (2f(x,y,z)+y)\mathrm{d}z\mathrm{d}x + (f(x,y,z)+z)\mathrm{d}x\mathrm{d}y$,其中 $f(x,y,z)$ 为连续函数,Σ 是平面 $x-y+z=1$ 在第 Ⅳ 卦限部分的上侧;

$(4)\oiint\limits_{\Sigma}xz\mathrm{d}y\mathrm{d}z + xy\mathrm{d}z\mathrm{d}x + yz\mathrm{d}x\mathrm{d}y$,其中 Σ 是平面 $x=0,y=0,z=0,x+y+z=1$ 所围成的空间区域的整个边界曲面的外侧;

$(5)\oiint\limits_{\Sigma}(y-z)\mathrm{d}y\mathrm{d}z + (z-x)\mathrm{d}z\mathrm{d}x + (x-y)\mathrm{d}x\mathrm{d}y$,其中 Σ 为曲面 $z=\sqrt{x^2+y^2}$ 与平面 $z=h$ $(h>0)$ 所围成的立体的整个边界曲面,取外侧为正向;

$(6)\oiint\limits_{\Sigma}y(x-z)\mathrm{d}y\mathrm{d}z + x^2\mathrm{d}z\mathrm{d}x + (y^2+xz)\mathrm{d}x\mathrm{d}y$,其中 Σ 为 $x=y=z=0,x=y=z=a$ 所围成的正方体表面,取外侧为正向.

*11.6　高斯公式与斯托克斯公式

11.6.1　高斯公式

格林公式揭示了平面闭区域上的二重积分与围成该区域的闭曲线上的第二类曲线积分之间的关系,而这里所提出的高斯(Gauss)公式,则揭示了空间闭区域上的三重积分与围成该区域的边界闭曲面上的第二类曲面积分之间的联系,可认为高斯公式是格林公式在三维空间的一个推广.

定理 1　设空间闭区域 Ω 是由分片光滑的闭曲面 Σ 所围成,函数 $P(x,y,z),Q(x,y,z),$

$R(x,y,z)$ 在 Ω 及 Σ 上具有关于 x,y,z 的连续偏导数,则有

$$\iiint_{\Omega}\left(\frac{\partial P}{\partial x}+\frac{\partial Q}{\partial y}+\frac{\partial R}{\partial z}\right)dxdydz = \oiint_{\Sigma}Pdydz + Qdzdx + Rdxdy. \tag{11.6.1}$$

这里 Σ 是 Ω 整个边界曲面的外侧. 式(11.6.1)称为**高斯公式**.

若曲面 Σ 与平行于坐标轴的直线相交,其交点多于两点,可用光滑曲面将有界闭区域分割成若干个小区域,使围成每个小区域的闭曲面与平行于坐标轴的直线的交点最多两个. 要做到这点,只需在曲面 Σ 的基础上,再增加若干个曲面块,增加的曲面块称为辅助曲面块. 这些辅助曲面有一个共同的特点,即曲面的每一侧既是某个区域的内侧又是另一个区域的外侧. 注意到沿辅助曲面的相反两侧的两个曲面积分的和为零. 因此,高斯公式(11.6.1)仍然是成立的.

例1 利用高斯公式计算

$$\oiint_{\Sigma}xdydz + ydzdx + zdxdy,$$

其中,Σ 为球面 $x^2 + y^2 + z^2 = R^2$ 的外侧.

解 由高斯公式

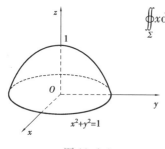

图 11.6.1

$$\oiint_{\Sigma}xdydz + ydzdx + zdxdy = \iiint_{x^2+y^2+z^2\leqslant R^2}(1 + 1 + 1)dxdydz = 4\pi R^3.$$

例2 计算 $\iint_{\Sigma}(z^2 - y)dzdx + (x^2 - z)dxdy$,其中 Σ 为旋转抛物面 $z = 1 - x^2 - y^2$ 在 $0 \leqslant z \leqslant 1$ 部分的外侧.

解 作辅助平面 $z = 0$,则平面 $z = 0$ 与旋转抛物面 $z = 1 - x^2 - y^2$ 围成空间有界闭区域 Ω,如图 11.6.1 所示. Ω 的底面 $S_1:z = 0, x^2 + y^2 \leqslant 1$,取下侧 S_1^-.

由高斯公式

$$\iint_{\Sigma}(z^2 - y)dzdx + (x^2 - z)dxdy$$

$$= \oiint_{\Sigma \cup S_1^-}(z^2 - y)dzdx + (x^2 - z)dxdy - \iint_{S_1^-}(z^2 - y)dzdx + (x^2 - z)dxdy$$

$$= \iiint_{\Omega}(-2)dv + \iint_{D_{xy}}x^2dxdy$$

$$= -2\int_0^{2\pi}d\theta\int_0^1 dr\int_0^{1-r^2}rdz + \int_0^{2\pi}d\theta\int_0^1 r^2\cos^2\theta rdr$$

$$= -\pi + \frac{\pi}{4}$$

$$= -\frac{3\pi}{4}.$$

11.6.2　斯托克斯公式

高斯公式揭示了沿闭曲面 Σ 第二类曲面积分与该曲面所围成的闭区域 Ω 上的三重积分之间的内在联系,可认为格林公式在三维空间的推广. 而格林公式还可从另一方面进行推广, 就是将曲面积分与沿该曲面的边界闭曲线的积分联系起来.

设 Σ 为分片光滑的有向曲面,其边缘是分段光滑的空间有向曲线 Γ,这里规定曲面 Σ 的正向与闭曲线 Γ 的正向符合右手法则,即右手的四指按 Γ 的正向弯曲时,大拇指则指向曲面 Σ 的正向;反之亦然.

定理 2　设分片光滑的曲面 Σ 的边界是分段光滑闭曲线 Γ,函数 $P(x,y,z)$,$Q(x,y,z)$, $R(x,y,z)$ 及其偏导数在曲面 Σ 上连续,则

$$\oint_{\Gamma} P\mathrm{d}x + Q\mathrm{d}y + R\mathrm{d}z = \iint_{\Sigma}\left(\frac{\partial R}{\partial y} - \frac{\partial Q}{\partial z}\right)\mathrm{d}y\mathrm{d}z + \left(\frac{\partial P}{\partial z} - \frac{\partial R}{\partial x}\right)\mathrm{d}z\mathrm{d}x + \left(\frac{\partial Q}{\partial x} - \frac{\partial P}{\partial y}\right)\mathrm{d}x\mathrm{d}y .$$

$$(11.6.2)$$

这里曲面 Σ 的正侧与曲线 Γ 的正向符合右手法则. 式(11.6.2)称为**斯托克斯(Stokes) 公式**.

为了便于记忆,利用行列式记号把公式写成

$$\oint_{\Gamma} P\mathrm{d}x + Q\mathrm{d}y + R\mathrm{d}z = \iint_{\Sigma}\begin{vmatrix} \mathrm{d}y\mathrm{d}z & \mathrm{d}z\mathrm{d}x & \mathrm{d}x\mathrm{d}y \\ \dfrac{\partial}{\partial x} & \dfrac{\partial}{\partial y} & \dfrac{\partial}{\partial z} \\ P & Q & R \end{vmatrix} .$$

如果 Σ 是 xOy 平面上的一块平面闭区域,斯托克斯公式就变成格林公式. 因此,格林公式是斯托克斯公式的一个特殊情形.

式(11.6.2)在此不证,下面仅举例说明其应用.

例 3　利用斯托克斯公式,计算曲线积分 $\oint_{\Gamma} z\mathrm{d}x + x\mathrm{d}y + y\mathrm{d}z$,其中 Γ 为平面 $x + y + z = 1$ 被 3 个坐标面所截成的三角形的整个边界,它的正向与这个三角形上侧的法向量之间符合右手规则.

解　按斯托克斯公式,有

$$\oint_{\Gamma} z\mathrm{d}x + x\mathrm{d}y + y\mathrm{d}z = \iint_{\Sigma}\mathrm{d}y\mathrm{d}z + \mathrm{d}z\mathrm{d}x + \mathrm{d}x\mathrm{d}y.$$

由于 Σ 的法向量的 3 个方向余弦都为正,又由于对称性,上式右端等于

$$3\iint_{D_{xy}}\mathrm{d}\sigma ,$$

其中,D_{xy} 为 xOy 平面上由直线 $x + y = 1$ 及两条坐标轴围成的三角形闭区域(见图 11.6.2). 因此

$$\oint_{\Gamma} z\mathrm{d}x + x\mathrm{d}y + y\mathrm{d}z = \frac{3}{2}.$$

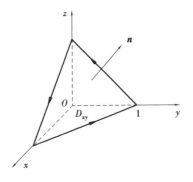

图 11.6.2

习题 11.6

1. 利用高斯公式,计算下列曲面积分:

(1)$\oiint\limits_{\Sigma} x^2 \mathrm{d}y\mathrm{d}z + y^2 \mathrm{d}z\mathrm{d}x + z^2 \mathrm{d}x\mathrm{d}y$,其中 Σ 为平面 $x = 0, y = 0, z = 0, x = a, y = a, z = a$ 所围成的立体的表面的外侧;

(2)$\oiint\limits_{\Sigma} x^3 \mathrm{d}y\mathrm{d}z + y^3 \mathrm{d}z\mathrm{d}x + z^3 \mathrm{d}x\mathrm{d}y$,其中 Σ 为球面 $x^2 + y^2 + z^2 = a^2$ 的外侧;$x^2 + y^2 = 9$ 的整个表面的外侧.

2. 利用斯托克斯公式,计算下列曲线积分:

(1)$\oint\limits_{\Gamma} y\mathrm{d}x + z\mathrm{d}y + x\mathrm{d}z$,其中 Γ 为圆周 $x^2 + y^2 + z^2 = a^2, x + y + z = 0$,若从 x 轴的正向看去,这圆周是取逆时针的方向;

(2)$\oint\limits_{\Gamma} 3y\mathrm{d}x - xz\mathrm{d}y + yz^2\mathrm{d}z$,其中 Γ 是圆周 $x^2 + y^2 = 2z, z = 2$,若从 z 轴正向看去,这圆周是取逆时针方向.

习题 11

1. 填空题:

(1)已知曲线 $L: y = \ln x$ 是在点 $(1, 0)$ 与 $(2, \ln 2)$ 上的一段弧,则曲线积分 $\int\limits_{L} x^2 \mathrm{d}s = $ _____.

(2)设 L 是圆心在原点,半径为 a 的右半圆周,则 $\int\limits_{L} x\mathrm{d}s = $ _____.

(3)设 L 为正向圆周 $x^2 + y^2 = 2$ 在第 I 象限中的部分,则曲线积分 $\int\limits_{L} x\mathrm{d}y - 2y\mathrm{d}x$ 的值为 _____.

(4)设 Σ 为球面 $x^2 + y^2 + z^2 = a^2$,则 $\iint\limits_{\Sigma} 3(x^2 + y^2 + z^2)\mathrm{d}S = $ _____.

*(5)设曲面 Σ 半球面是 $z = \sqrt{4 - x^2 - y^2}$ 的上侧,则 $\iint\limits_{\Sigma} x^2 \mathrm{d}y\mathrm{d}z = $ _____.

2. 选择题:

(1)L 为从 $A(0,0)$ 到 $B(4,3)$ 的直线,则 $\int\limits_{L} (x - y)\mathrm{d}s = ($ $)$.

A. $\int_0^4 (x - \frac{3}{4}x)\mathrm{d}x$

B. $\int_0^4 \left(x - \frac{3}{4}x\right)\sqrt{1 + \frac{9}{16}}\,\mathrm{d}x$

C. $\int_0^3 \left(\frac{4}{3}y - y\right)\mathrm{d}y$

D. $\int_0^3 \left(\frac{4}{3}y - y\right)\sqrt{1 + \frac{9}{16}}\,\mathrm{d}y$

（2）设 L 是直线 $x - 2y = 4$ 上从点 $A(0, -2)$ 到点 $B(4, 0)$ 的一段，则 $\displaystyle\int_L \frac{1}{x-y}\mathrm{d}s = ($　　$)$.

    A. $\sqrt{5}\ln 2$　　　　　　B. $\ln 2$　　　　　　　C. $\sqrt{5}$　　　　　　　D. $\sqrt{3}\ln 2$

（3）设 L 是圆周 $x^2 + y^2 = 4$，则 $\displaystyle\oint_L (x^2 + y^2 + 5)\mathrm{d}s = ($　　$)$.

    A. 10π　　　　　　　B. 12π　　　　　　　C. 14π　　　　　　　D. 36π

（4）设 L 是圆周 $y = \sqrt{2ax - x^2}$ 自 $O(0, 0)$ 到 $A(2a, 0)$ 的上半圆弧，则 $\displaystyle\int_L (x^2 - y)\mathrm{d}x -$
$(x + \sin^2 y)\mathrm{d}y = ($　　$)$.

    A. a^3　　　　　　　　B. $\dfrac{1}{3}\pi a^3$　　　　　　C. $\dfrac{8}{3}a^3$　　　　　　D. $\dfrac{1}{3}a^3$

（5）设 L 是圆周 $x^2 + y^2 = ax (a > 0)$ 正向闭路，则 $\displaystyle\oint_L (xe^y - 2y)\mathrm{d}y + (x + e^y)\mathrm{d}x = ($　　$)$.

    A. a^3　　　　　　　　B. 0　　　　　　　　C. $\dfrac{8}{3}$　　　　　　　D. $2a$

（6）设 Σ 为球面 $x^2 + y^2 + z^2 = a^2$，则 $\displaystyle\oiint_\Sigma \mathrm{d}S = ($　　$)$.

    A. πa^2　　　　　　　B. $2\pi a^2$　　　　　　C. $3\pi a^2$　　　　　　D. $4\pi a^2$

*（7）设 Σ 为平面 $x + y + z = 1$ 在卦限的上侧，则 $\displaystyle\iint_\Sigma (x + 2y + 3z)\mathrm{d}x\mathrm{d}y = ($　　$)$.

    A. 3　　　　　　　　　B. 2　　　　　　　　C. 1　　　　　　　　D. 0

（8）设 $P(x, y), Q(x, y)$ 在单连通区域内具有连续的偏导数，L 是区域 D 内任一分段光滑的曲线，且 $\displaystyle\int_L P(x, y)\mathrm{d}x + Q(x, y)\mathrm{d}y$ 与路径无关，则下面不正确的是（　　）.

    A. $\displaystyle\oint_L P(x, y)\mathrm{d}x + Q(x, y)\mathrm{d}y = 0$

    B. 在 D 内恒有，$\dfrac{\partial P}{\partial y} = \dfrac{\partial Q}{\partial x}$

    C. $\displaystyle\int_L P(x, y)\mathrm{d}x + Q(x, y)\mathrm{d}y = 0$

    D. 在 D 内，存在函数 $u(x, y)$，使 $\mathrm{d}u = P\mathrm{d}x + Q\mathrm{d}y$

（9）曲面积分 $\displaystyle\iint_\Sigma (x^2 + y^2)\mathrm{d}S$ 在数值上等于（　　）.

    A. 面密度 $\rho = x^2 + y^2$ 的曲面 Σ 的质量

    B. 均匀曲面（$\rho = 1$）关于 z 轴的转动惯量

    C. 流体以速度 $v = (x^2 + y^2)k$ 穿过曲面 Σ 的流量

    D. 流体以速度 $v = (x^2 + y^2)i$ 穿过曲面 Σ 的流量

3. 计算下列对弧长的曲线积分：

（1）$\displaystyle\int_\Gamma x^2 yz\mathrm{d}s$，其中 Γ 为折线 $ABCD$，这里 A, B, C, D 依次为点 $(0, 0, 0), (0, 0, 2), (1, 0, 2),$
$(1, 3, 2)$；

(2) $\int_L y^2 \mathrm{d}s$，其中 L 为摆线的一拱 $x = a(t - \sin t), y = a(1 - \cos t)(0 \leqslant t \leqslant 2\pi)$；

(3) $\int_L (x^2 + y^2) \mathrm{d}s$，其中 L 为曲线 $x = a(\cos t + t \sin t), y = a(\sin t - t \cos t)(0 \leqslant t \leqslant 2\pi)$；

(4) $\int_\Gamma \dfrac{z^2}{x^2 + y^2} \mathrm{d}s$，其中 Γ 为螺旋线 $x = a\cos t, y = a\sin t, z = at(0 \leqslant t \leqslant 2\pi)$.

4. 计算变力 $F = (y^2 - x, x^2 - y)$ 沿曲线 L 所做的功，其中 L 为从点 $A(0,0)$ 沿抛物线 $y = x^2$ 到点 $B(1,1)$，再从点 B 沿直线段 $y = 2 - x$ 到点 $C(0,2)$ 的路径.

5. 计算下列对坐标的曲线积分：

(1) 设 L 是第 I 象限中从点 $(0,0)$ 沿圆周 $x^2 + y^2 = 2x$ 到点 $(2,0)$，再沿圆周 $x^2 + y^2 = 4$ 到点 $(0,2)$ 的曲线段，计算曲线积分 $\int_L 3x^2 y \mathrm{d}x + (x^3 + x - 2y) \mathrm{d}y$；

(2) L 是曲线 $y = \sin x$ 上从点 $(0,0)$ 到点 $(\pi, 0)$ 的一段，计算曲线积分 $\int_L \sin 2x \mathrm{d}x + 2(x^2 - 1)y \mathrm{d}y$；

(3) $L: \dfrac{x^2}{9} + \dfrac{y^2}{4} = 1$ 为逆时针方向，计算曲线积分 $\oint_L \left(x - \dfrac{y}{x^2 + y^2}\right) \mathrm{d}x + \left(y + \dfrac{x}{x^2 + y^2}\right) \mathrm{d}y$.

6. 设 Σ 是平面 $x + y + z = 3$ 被柱面 $x^2 + y^2 = 1$ 所截的部分，求曲面积分 $\iint_\Sigma (x^2 + y^2) \mathrm{d}S$.

*7. 计算 $I = \iint_\Sigma xz\mathrm{d}y\mathrm{d}z + yz\mathrm{d}z\mathrm{d}x$，其中 Σ 是 yOz 平面上抛物线 $z = 2y^2$ 绕 z 轴旋转得到的旋转曲面和平面 $z = 2$ 所围封闭曲面的外侧.

*8. 设 S 为上半球面 $z = \sqrt{1 - x^2 - y^2}$ 的下侧，计算曲面积分 $\iint_S (z - 1) \mathrm{d}x\mathrm{d}y$.

第 11 章参考答案

第**12**章

无穷级数

无穷级数是高等数学课程的重要内容. 它以极限理论为基础,是研究函数的性质及进行数值计算方面的重要工具. 本章首先讨论常数项级数,介绍无穷级数的一些基本概念和基本内容,然后讨论函数项级数,着重讨论如何将函数展开成幂级数和三角级数的问题,最后介绍工程中常用的傅里叶级数.

12.1 常数项级数的概念和性质

12.1.1 常数项级数的概念

在中学课程中,就已遇到过"无穷项之和"的运算,如等比数列的所有项和

$$a + ar + ar^2 + \cdots + ar^n + \cdots.$$

另外,无限小数其实也是"无穷项的和",如

$$\sqrt{2} = 1.414\ 2\cdots$$

$$= 1 + \frac{4}{10} + \frac{1}{10^2} + \frac{4}{10^3} + \frac{2}{10^4} + \cdots.$$

对有限项之和,在初等数学里已详尽地研究了;对"无穷项之和",这是一个未知的新概念,不能简单地引用有限项相加的概念,而必须建立一套严格的理论.

定义 1 给定一个数列 $\{u_n\}$,将它的各项依次用"$+$"号连接起来的表达式

$$u_1 + u_2 + u_3 + \cdots + u_n + \cdots \tag{12.1.1}$$

称为(**常数项**)**无穷级数**,简称(**常数项**)**级数**,记为 $\sum\limits_{n=1}^{\infty} u_n$,即

$$\sum_{n=1}^{\infty} u_n = u_1 + u_2 + u_3 + \cdots + u_n + \cdots,$$

其中,$u_1, u_2, \cdots, u_n, \cdots$ 都称为级数(12.1.1)的项,u_n 称为级数(12.1.1)的**一般项**或**通项**.

级数 $\sum\limits_{n=1}^{\infty} u_n$ 是"无限多个数的和". 但怎样由人们熟知的"有限多个数的和"的计算转化到

"无限多个数的和"的计算呢?这里借助极限这个工具来实现.

设级数 $\sum\limits_{n=1}^{\infty} u_n$ 的前 n 项的和为 s_n,即

$$s_n = u_1 + u_2 + \cdots + u_n, \qquad (12.1.2)$$

或

$$s_n = \sum_{k=1}^{n} u_k,$$

则称 s_n 为级数 $\sum\limits_{n=1}^{\infty} u_n$ 的**前 n 项部分和**,简称**部分和**. 显然,这个级数的所有前 n 项部分和 s_n 构成一个数列 $\{S_n\}$,则称此数列为级数 $\sum\limits_{n=1}^{\infty} u_n$ 的**部分和数列**.

定义 2 若级数 $\sum\limits_{n=1}^{\infty} u_n$ 的部分和数列 $\{s_n\}$ 收敛于 s(即 $\lim\limits_{n\to\infty} s_n = s$),则称级数 $\sum\limits_{n=1}^{\infty} u_n$ 收敛,或称 $\sum\limits_{n=1}^{\infty} u_n$ 为收敛级数,称 s 为这个级数的和,记作

$$s = u_1 + u_2 + u_3 + \cdots + u_n + \cdots = \sum_{n=1}^{\infty} u_n.$$

而

$$r_n = s - s_n = u_{n+1} + u_{n+2} + \cdots,$$

称为级数 $\sum\limits_{n=1}^{\infty} u_n$ 的**余项**,显然有

$$\lim_{n\to\infty} r_n = \lim_{n\to\infty}(s - s_n) = 0.$$

若 $\{s_n\}$ 是发散数列,则称级数 $\sum\limits_{n=1}^{\infty} u_n$ 发散,此时这个级数没有和.

由此可知,级数的收敛与发散是借助于级数的部分和数列的收敛与发散定义的. 于是,研究级数及其和,只不过是研究与其相对应的一个数列及其极限的一种新形式.

例 1 设 a, q 为非零常数,无穷级数

$$\sum_{n=0}^{\infty} aq^n = a + aq + aq^2 + \cdots + aq^n + \cdots \qquad (12.1.3)$$

称为**等比级数**(又称**几何级数**),q 称为**级数的公比**. 试讨论级数(12.1.3)的敛散性.

解 如果 $q \neq 1$,则部分和

$$s_n = a + aq + aq^2 + \cdots + aq^{n-1} = \frac{a - aq^n}{1 - q} = \frac{a}{1 - q} - \frac{aq^n}{1 - q}.$$

当 $|q| < 1$ 时,因为 $\lim\limits_{n\to\infty} s_n = \dfrac{a}{1-q}$,所以此时级数 $\sum\limits_{n=0}^{\infty} aq^n$ 收敛,其和为 $\dfrac{a}{1-q}$.

当 $|q| > 1$ 时,因为 $\lim\limits_{n\to\infty} s_n = \infty$,所以此时级数 $\sum\limits_{n=0}^{\infty} aq^n$ 发散.

如果 $|q| = 1$,则当 $q = 1$ 时,$s_n = na \to \infty$,因此级数 $\sum\limits_{n=0}^{\infty} aq^n$ 发散;

当 $q = -1$ 时,级数 $\sum\limits_{n=0}^{\infty} aq^n$ 成为

$$a - a + a - a + \cdots,$$

因为 s_n 随着 n 为奇数或偶数而等于 a 或零,所以 s_n 的极限不存在,从而这时级数 $\sum\limits_{n=0}^{\infty} aq^n$ 发散.

综上所述,如果 $|q| < 1$,则级数 $\sum\limits_{n=0}^{\infty} aq^n$ 收敛,其和为 $\dfrac{a}{1-q}$;如果 $|q| \geqslant 1$,则级数 $\sum\limits_{n=0}^{\infty} aq^n$ 发散.

例 2　证明级数

$$\frac{1}{1 \cdot 3} + \frac{1}{3 \cdot 5} + \cdots + \frac{1}{(2n-1) \cdot (2n+1)} + \cdots$$

收敛,并求其和.

解　由于

$$u_n = \frac{1}{(2n-1) \cdot (2n+1)} = \frac{1}{2}\left(\frac{1}{2n-1} - \frac{1}{2n+1}\right),$$

因此

$$
\begin{aligned}
s_n &= \frac{1}{1 \cdot 3} + \frac{1}{3 \cdot 5} + \cdots + \frac{1}{(2n-1) \cdot (2n+1)} + \cdots \\
&= \frac{1}{2}\left(1 - \frac{1}{3}\right) + \frac{1}{2}\left(\frac{1}{3} - \frac{1}{5}\right) + \cdots + \frac{1}{2}\left(\frac{1}{2n-1} - \frac{1}{2n+1}\right) \\
&= \frac{1}{2}\left(1 - \frac{1}{2n+1}\right),
\end{aligned}
$$

从而 $\lim\limits_{n\to\infty} s_n = \dfrac{1}{2}$,故该级数收敛,它的和为 $\dfrac{1}{2}$.

例 3　证明调和级数

$$\sum_{n=1}^{\infty} \frac{1}{n} = 1 + \frac{1}{2} + \frac{1}{3} + \cdots + \frac{1}{n} + \cdots$$

是发散的.

证　假若级数 $\sum\limits_{n=1}^{\infty} \dfrac{1}{n}$ 收敛且其和为 s,s_n 是它的部分和.

显然有 $\lim\limits_{n\to\infty} s_n = s$ 及 $\lim\limits_{n\to\infty} s_{2n} = s$. 于是

$$\lim_{n\to\infty}(s_{2n} - s_n) = 0 \,.$$

但另一方面

$$s_{2n} - s_n = \frac{1}{n+1} + \frac{1}{n+2} + \cdots + \frac{1}{2n} > \frac{1}{2n} + \frac{1}{2n} + \cdots + \frac{1}{2n} = \frac{1}{2},$$

故 $\lim\limits_{n\to\infty}(s_{2n} - s_n) \neq 0$,矛盾. 这矛盾说明级数 $\sum\limits_{n=1}^{\infty} \dfrac{1}{n}$ 必定发散.

12.1.2　常数项级数的性质

性质 1　若级数 $\sum\limits_{n=1}^{\infty} u_n$ 收敛于和 s,k 为任意常数,则 $\sum\limits_{n=1}^{\infty} ku_n$ 也收敛,且其和为 ks.

证　设级数 $\sum\limits_{n=1}^{\infty} u_n$ 与级数 $\sum\limits_{n=1}^{\infty} ku_n$ 的部分和分别为 s_n 与 s_n^*,显然有 $s_n^* = ks_n$. 于是

$$\lim_{n \to \infty} {s_n}^* = \lim_{n \to \infty} k s_n = k \lim_{n \to \infty} s_n = k \cdot s.$$

这表明级数 $\lim_{n \to \infty} k u_n$ 收敛,且和为 ks.

需要指出,若级数 $\sum\limits_{n=1}^{\infty} u_n$ 发散,即 $\{s_n\}$ 无极限,且 k 为非零常数,那么 $\{{s_n}^*\}$ 也不可能存在极限,即 $\sum\limits_{n=1}^{\infty} k u_n$ 也发散. 因此,可得出以下结论:级数的每一项同乘以一个不为零的常数后,其敛散性不变.

上述性质的结果可改写为

$$\sum_{n=1}^{\infty} k u_n = k \sum_{n=1}^{\infty} u_n \qquad (k \neq 0 \text{ 为常数}),$$

即**收敛级数满足分配律**.

性质2 若级数 $\sum\limits_{n=1}^{\infty} u_n$, $\sum\limits_{n=1}^{\infty} v_n$ 分别收敛于 s_1, s_2,则级数 $\sum\limits_{n=1}^{\infty} (u_n \pm v_n)$ 也收敛,且其和为 $s_1 \pm s_2$.

可利用数列极限的运算法则给出证明.

性质2的结果表明,两个收敛级数可逐项相加或逐项相减.

性质3 在级数中去掉、增加或改变有限项,不会改变级数的敛散性.

证 只需证明"去掉、改变级数前面的有限项,或在级数前面增加有限项,不会改变级数的敛散性".

设将级数 $\sum\limits_{n=1}^{\infty} u_n = u_1 + u_2 + \cdots + u_n + \cdots$ 的前 k 项去掉,得新的级数

$$u_{k+1} + u_{k+2} + \cdots + k_{k+n} + \cdots.$$

此级数的前 n 项部分和为

$$A_n = u_{k+1} + u_{k+2} + \cdots + u_{k+n} = s_{k+n} - s_k,$$

其中,s_{k+n} 是原来级数的前 $k+n$ 项的和. 因为 s_k 是常数,所以当 $n \to \infty$ 时,A_n 与 s_{k+n} 或同时存在极限,或同时不存在极限.

类似地,可证明改变级数前面的有限项,或在级数的前面加上有限项,不会改变级数的敛散性.

性质4 收敛级数加括弧后所成的级数仍收敛,且其和不变.

证 设级数 $\sum\limits_{n=1}^{\infty} u_n$ 的部分和为 s_n,加括弧后的级数(把每一括弧内的项之和视为一项)为

$$(u_1 + u_2 + \cdots + u_{n_1}) + (u_{n_1+1} + u_{n_1+2} + \cdots + u_{n_2}) + \cdots + (u_{n_{k-1}+1} + u_{n_{k-1}+2} + \cdots + u_{n_k}) + \cdots,$$

设其前 k 项之和为 A_k,则有

$$A_1 = u_1 + u_2 + \cdots + u_{n_1} = s_{n_1},$$

$$A_2 = (u_1 + u_2 + \cdots + u_{n_1}) + (u_{n_1+1} + u_{n_1+2} + \cdots + u_{n_2}) = s_{n_2},$$

$$\vdots$$

$$A_k = (u_1 + u_2 + \cdots + u_{n_1}) + (u_{n_1+1} + u_{n_1+2} + \cdots + u_{n_2}) + \cdots + (u_{n_{k-1}+1} + u_{n_{k-1}+2} + \cdots + u_{n_k}) = s_{n_k},$$

$$\vdots$$

可知,数列 $\{A_k\}$ 是数列 $\{s_n\}$ 的一个子列. 由收敛数列与其子列的关系可知,数列 $\{A_k\}$ 必定

收敛,且有 $\lim\limits_{k \to \infty} A_k = \lim\limits_{n \to \infty} s_n$,即加括弧后所成的级数收敛,且其和不变.

注意 若加括弧后所成的级数收敛,则不能断定原来的级数也收敛.

例如,$(1-1) + (1-1) + \cdots$ 收敛于零,但级数 $\sum\limits_{i=1}^{n} (-1)^{n-1} = 1 - 1 + 1 - 1 + \cdots$ 却是发散的.

推论 若加括弧后所成的级数发散,则原来的级数也发散.

性质5(级数收敛的必要条件) 若级数 $\sum\limits_{n=1}^{\infty} u_n$ 收敛,则它的一般项 u_n 趋于零,即 $\lim\limits_{n \to \infty} u_n = 0.$

证 设级数 $\sum\limits_{n=1}^{\infty} u_n$ 的部分和为 s_n,且 $s_n \to s (n \to \infty)$,则

$$\lim_{n \to \infty} u_n = \lim_{n \to \infty} (s_n - s_{n-1})$$
$$= \lim_{n \to \infty} s_n - \lim_{n \to \infty} s_{n-1} = s - s = 0.$$

由性质5可知,若 $n \to \infty$ 时级数的一般项不趋于零,则该级数必定发散. 例如,级数

$$\sum_{n=1}^{\infty} \frac{n}{3n+1} = \frac{1}{4} + \frac{2}{7} + \frac{3}{10} + \cdots + \frac{n}{3n+1} + \cdots$$

的一般项 $u_n = \dfrac{n}{3n+1}$ 当 $n \to \infty$ 时,不趋于零. 因此,该级数是发散的.

注意 级数的一般项趋于零,并不是级数收敛的充分条件.

例如,在例3中讨论的调和级数 $\sum\limits_{n=1}^{\infty} \dfrac{1}{n}$,虽然它的一般项 $u_n = \dfrac{1}{n} \to 0$,但它是发散的.

*12.1.3 柯西审敛原理

因级数 $\sum\limits_{n=1}^{\infty} u_n$ 的敛散性与它的部分和数列 $\{s_n\}$ 的敛散性是等价的,故由数列的柯西审敛原理可得下面的定理.

定理(柯西审敛原理) 级数 $\sum\limits_{n=1}^{\infty} u_n$ 收敛的充分必要条件为:$\forall \varepsilon > 0$,总存在自然数 N,使得当 $n > N$ 时,对任意的自然数 p,都有

$$|u_{n+1} + u_{n+2} + \cdots + u_{n+p}| < \varepsilon$$

成立.

证 设级数 $\sum\limits_{n=1}^{\infty} u_n$ 的部分和为 s_n,因为

$$|u_{n+1} + u_{n+2} + \cdots + u_{n+p}| = |s_{n+p} - s_n|,$$

所以由数列的柯西审敛原理,即得本定理结论.

例4 利用柯西审敛原理证明级数 $\sum\limits_{n=1}^{\infty} \dfrac{\cos 2^n}{2^n}$ 收敛.

证 对任意自然数 p,都有

$$|s_{n+p} - s_n| = \left| \frac{\cos 2^{n+1}}{2^{n+1}} + \frac{\cos 2^{n+2}}{2^{n+2}} + \cdots + \frac{\cos 2^{n+p}}{2^{n+p}} \right|$$

$$\leqslant \frac{1}{2^{n+1}} + \frac{1}{2^{n+2}} + \cdots + \frac{1}{2^{n+p}}$$

$$= \frac{\frac{1}{2^{n+1}}\left(1 - \frac{1}{2^p}\right)}{1 - \frac{1}{2}}$$

$$= \frac{1}{2^n}\left(1 - \frac{1}{2^p}\right) < \frac{1}{2^n}.$$

于是,对 $\forall \varepsilon > 0 \, (0 < \varepsilon < 1)$,$\exists N = \left[\log_2 \frac{1}{\varepsilon}\right]$,当 $n > N$ 时,对任意的自然数 p 都有 $\left| s_{n+p} - s_n \right| < \frac{1}{2^n} < \varepsilon$,从而该级数收敛.

例 5 证明级数 $\displaystyle\sum_{n=1}^{\infty} \frac{1}{\sqrt{n}}$ 发散.

证 对任意自然数 p,都有

$$\left| s_{n+p} - s_n \right| = \left| \frac{1}{\sqrt{n+1}} + \frac{1}{\sqrt{n+2}} + \cdots + \frac{1}{\sqrt{n+p}} \right|$$

$$> \frac{p}{\sqrt{n+p}}.$$

特别地,取 $p = n$,得 $\left| s_{2n} - s_n \right| > \frac{\sqrt{n}}{2}$,故级数 $\displaystyle\sum_{n=1}^{\infty} \frac{1}{\sqrt{n}}$ 发散.

习题 12.1

1. 写出下列级数的一般项:

(1) $1 + \dfrac{1}{3} + \dfrac{1}{5} + \dfrac{1}{7} + \cdots$;

(2) $\dfrac{\sqrt{x}}{2} + \dfrac{x}{2 \cdot 4} + \dfrac{x\sqrt{x}}{2 \cdot 4 \cdot 6} + \dfrac{x^2}{2 \cdot 4 \cdot 6 \cdot 8} + \cdots$;

(3) $\dfrac{a^3}{3} - \dfrac{a^5}{5} + \dfrac{a^7}{7} - \dfrac{a^9}{9} + \cdots$.

2. 求下列级数的和:

(1) $\dfrac{1}{5} + \dfrac{1}{5^2} + \dfrac{1}{5^3} + \cdots$;

(2) $\displaystyle\sum_{n=1}^{\infty} \frac{1}{n(n+1)(n+2)}$;

(3) $\displaystyle\sum_{n=1}^{\infty} \left(\sqrt{n+2} - 2\sqrt{n+1} + \sqrt{n}\right)$.

3. 判定下列级数的敛散性:

(1) $\displaystyle\sum_{n=1}^{\infty} \left(\sqrt{n+1} - \sqrt{n}\right)$;

(2) $\dfrac{1}{1 \cdot 6} + \dfrac{1}{6 \cdot 11} + \dfrac{1}{11 \cdot 16} + \cdots + \dfrac{1}{(5n-4)(5n+1)} + \cdots$;

$(3) \dfrac{2}{3} - \dfrac{2^2}{3^2} + \dfrac{2^3}{3^3} - \cdots + (-1)^{n-1} \dfrac{2^n}{3^n} + \cdots;$

$(4) \dfrac{1}{5} + \dfrac{1}{\sqrt{5}} + \dfrac{1}{\sqrt[3]{5}} + \cdots + \dfrac{1}{\sqrt[n]{5}} + \cdots.$

12.2　正项级数敛散性判别法

本节讨论各项都是非负数的级数,这种级数称为正项级数. 研究正项级数的敛散性十分重要,因为许多其他级数的敛散性问题都可归结为正项级数的敛散性问题.

设级数

$$u_1 + u_2 + \cdots + u_n + \cdots \qquad (12.2.1)$$

是一个正项级数$(u_n \geq 0)$,它的部分和为 s_n,显然,数列$\{s_n\}$满足

$$s_1 \leq s_2 \leq \cdots \leq s_n \leq \cdots,$$

即$\{s_n\}$是单调增加的数列. 而单调增加的数列收敛的充要条件是该数列有上界,于是可得到下面的定理.

定理 1　正项级数 $\displaystyle\sum_{n=1}^{\infty} u_n$ 收敛的充分必要条件是:它的部分和数列$\{s_n\}$ 有上界.

以定理 1 为基础,可导出判断正项级数是否收敛的几种方法.

定理 2(比较审敛法)　设 $\displaystyle\sum_{n=1}^{\infty} u_n$ 和 $\displaystyle\sum_{n=1}^{\infty} v_n$ 都是正项级数,且存在自然数 N 和正常数 k,当 $n \geq N$ 时,有 $u_n \leq kv_n$,则有:

①若级数 $\displaystyle\sum_{n=1}^{\infty} v_n$ 收敛,则级数 $\displaystyle\sum_{n=1}^{\infty} u_n$ 也收敛;

②若级数 $\displaystyle\sum_{n=1}^{\infty} u_n$ 发散,则级数 $\displaystyle\sum_{n=1}^{\infty} v_n$ 也发散.

证　根据级数的性质,改变级数前面有限项,并不改变级数的敛散性. 因此,不妨设对任意自然数 n 都有 $u_n \leq kv_n (n=1,2,3,\cdots)$. 设级数 $\displaystyle\sum_{n=1}^{\infty} u_n$ 与 $\displaystyle\sum_{n=1}^{\infty} v_n$ 的部分和分别为 A_n 与 B_n,由上面的不等式有

$$A_n = u_1 + u_2 + \cdots + u_n \leq kv_1 + kv_2 + \cdots + kv_n = kB_n.$$

①若级数 $\displaystyle\sum_{n=1}^{\infty} v_n$ 收敛,根据定理 1 的必要性,数列$\{B_n\}$ 有上界,由不等式 $A_n \leq kB_n$ 知,数列 $\{A_n\}$ 也有上界,于是 $\displaystyle\sum_{n=1}^{\infty} u_n$ 收敛.

②采用反证法. 若 $\displaystyle\sum_{n=1}^{\infty} v_n$ 收敛,则由 ① 可知 $\displaystyle\sum_{n=1}^{\infty} u_n$ 收敛,与已知矛盾. 因此,$\displaystyle\sum_{n=1}^{\infty} v_n$ 发散.

推论　设 $\displaystyle\sum_{n=1}^{\infty} u_n$ 和 $\displaystyle\sum_{n=1}^{\infty} v_n$ 都是正项级数,且

$$\lim_{n \to \infty} \frac{u_n}{v_n} = k \qquad (0 \leq k \leq +\infty, v_n \neq 0),$$

则有:

①若 $0 < k < +\infty$,则级数 $\sum\limits_{n=1}^{\infty} u_n$ 与 $\sum\limits_{n=1}^{\infty} v_n$ 同时收敛或同时发散;

②若 $k = 0$,则当 $\sum\limits_{n-1}^{\infty} v_n$ 收敛时,$\sum\limits_{n=1}^{\infty} u_n$ 收敛;

③若 $k = +\infty$,则当 $\sum\limits_{n=1}^{\infty} v_n$ 发散时,$\sum\limits_{n=1}^{\infty} u_n$ 发散.

例 1 讨论 p 级数

$$\sum_{n=1}^{\infty} \frac{1}{n^p} = 1 + \frac{1}{2^p} + \frac{1}{3^p} + \cdots + \frac{1}{n^p} + \cdots \qquad (12.2.2)$$

的敛散性,其中 $p > 0$ 为常数.

解 先考虑 $p > 1$ 的情形,因为当 $n-1 \leqslant x \leqslant n$ 时,有 $\frac{1}{n^p} \leqslant \frac{1}{x^p}$,所以

$$\frac{1}{n^p} = \int_{n-1}^{n} \frac{1}{n^p}\,\mathrm{d}x \leqslant \int_{n-1}^{n} \frac{1}{x^p}\,\mathrm{d}x = \frac{1}{p-1}\left(\frac{1}{(n-1)^{p-1}} - \frac{1}{n^{p-1}}\right) \qquad (n = 2,3,\cdots).$$

考虑级数

$$\sum_{n=2}^{\infty} \left(\frac{1}{(n-1)^{p-1}} - \frac{1}{n^{p-1}}\right). \qquad (12.2.3)$$

级数(12.2.3)的部分和为

$$s_n = \left(1 - \frac{1}{2^{p-1}}\right) + \left(\frac{1}{2^{p-1}} - \frac{1}{3^{p-1}}\right) + \cdots + \left(\frac{1}{n^{p-1}} - \frac{1}{(n+1)^{p-1}}\right)$$

$$= 1 - \frac{1}{(n+1)^{p-1}}.$$

因 $\lim\limits_{n\to\infty} s_n = \lim\limits_{n\to\infty}\left(1 - \frac{1}{(n+1)^{p-1}}\right) = 1$,故级数(12.2.3)收敛,根据定理 2,原级数收敛.

当 $0 < p \leqslant 1$ 时,有 $\frac{1}{n^p} \geqslant \frac{1}{n}$,而 $\sum\limits_{n=1}^{\infty} \frac{1}{n}$ 发散,根据定理 2,原级数发散.

例 2 判别下列正项级数的敛散性:

$(1)\ \sum\limits_{n=1}^{n} \sin\frac{1}{n}$; $(2)\ \sum\limits_{n=1}^{n} \ln\left(1 + \frac{1}{n^2}\right)$.

解 (1)因为 $\lim\limits_{n\to\infty} \dfrac{\sin\dfrac{1}{n}}{\dfrac{1}{n}} = 1$,而 $\sum\limits_{n=1}^{\infty} \frac{1}{n}$ 发散,根据推论 1,该级数发散;

(2)考察 $\lim\limits_{n\to\infty} \dfrac{\ln\left(1 + \dfrac{1}{n^2}\right)}{\dfrac{1}{n^2}}$,用实变量 x 代替 $\dfrac{1}{n^2}$,并应用洛必达法则,有

$$\lim_{n\to\infty} \frac{\ln(1+x)}{x} = \lim_{x\to 0} \frac{1}{1+x} = 1.$$

因此，$\lim\limits_{n\to\infty}\dfrac{\ln\left(1+\dfrac{1}{n^2}\right)}{\dfrac{1}{n^2}}$，而 $\sum\limits_{n=1}^{\infty}\dfrac{1}{n^2}$ 收敛，故该级数收敛.

定理 3（比值审敛法，达朗贝尔（D'Alembert）判别法）　若对正项级数 $\sum\limits_{n=1}^{\infty}u_n$，有

$$\lim_{n\to\infty}\frac{u_{n+1}}{u_n}=\rho,$$

则：

①当 $\rho<1$ 时，级数收敛；

②$\rho>1\left(\text{或}\lim\limits_{n\to\infty}\dfrac{u_{n+1}}{u_n}=+\infty\right)$ 时，级数发散；

③$\rho=1$ 时级数可能收敛，也可能发散.

例 3　判断下列正项级数的敛散性：

$(1)\sum\limits_{n=1}^{\infty}\dfrac{n}{2^{n-1}}$；　　　　$(2)\sum\limits_{n=1}^{\infty}\dfrac{n!}{n^n}$；　　　　$(3)\sum\limits_{n=1}^{\infty}\dfrac{6^n}{n^6}$.

解　$(1)\lim\limits_{n\to\infty}\dfrac{u_{n+1}}{u_n}=\lim\limits_{n\to\infty}\dfrac{\dfrac{n+1}{2^n}}{\dfrac{n}{2^{n-1}}}=\lim\limits_{n\to\infty}\dfrac{n+1}{2n}=\dfrac{1}{2}<1$，故级数收敛；

$(2)\lim\limits_{n\to\infty}\dfrac{u_{n+1}}{u_n}=\lim\limits_{n\to\infty}\dfrac{\dfrac{(n+1)!}{(n+1)^{n+1}}}{\dfrac{n!}{n^n}}=\lim\limits_{n\to\infty}\left(\dfrac{n}{n+1}\right)^n=\dfrac{1}{\mathrm{e}}<1$，故级数收敛；

$(3)\lim\limits_{n\to\infty}\dfrac{u_{n+1}}{u_n}=\lim\limits_{n\to\infty}\dfrac{\dfrac{6^{n+1}}{(n+1)^6}}{\dfrac{6^n}{n^6}}=\lim\limits_{n\to\infty}6\times\left(\dfrac{n}{n+1}\right)^6=6>1$，故级数发散.

定理 4（根值判别法，柯西判别法）　若对正项级数 $\sum\limits_{n=1}^{\infty}u_n$，有

$$\lim_{n\to\infty}\sqrt[n]{u_n}=\rho,$$

则：

①当 $\rho<1$ 时，级数收敛；

②$\rho>1$（或 $\lim\limits_{n\to\infty}\sqrt[n]{u_n}=+\infty$）时，级数发散；

③$\rho=1$ 时，级数可能收敛也可能发散.

例 4　判断下列正项级数的敛散性：

$(1)\sum\limits_{n=1}^{\infty}\left(\dfrac{3n}{2n+1}\right)^n$；　　　　　　$(2)\sum\limits_{n=2}^{\infty}\dfrac{1}{(\ln n)^n}$；　　　　　　$(3)\sum\limits_{n=1}^{\infty}\dfrac{5^n}{3^{\ln n}}$.

解　$(1)\lim\limits_{n\to\infty}\sqrt[n]{u_n}=\lim\limits_{n\to\infty}\dfrac{3n}{2n+1}=\dfrac{3}{2}>1$，故级数发散；

$(2)\lim\limits_{n\to\infty}\sqrt[n]{u_n}=\lim\limits_{n\to\infty}\dfrac{1}{\ln n}=0<1$，故级数收敛；

(3) $\lim\limits_{n\to\infty}\sqrt[n]{u_n}=\lim\limits_{n\to\infty}\dfrac{5}{3^{\frac{\ln n}{n}}}=5>1$,故级数发散.

习题 12.2

1. 用比较判别法判别下列级数的敛散性:

(1) $\dfrac{1}{4\cdot6}+\dfrac{1}{5\cdot7}+\cdots+\dfrac{1}{(n+3)(n+5)}+\cdots$;

(2) $1+\dfrac{1+2}{1+2^2}+\dfrac{1+3}{1+3^2}+\cdots+\dfrac{1+n}{1+n^2}+\cdots$;

(3) $\sum\limits_{n=1}^{\infty}\sin\dfrac{\pi}{3^n}$;

(4) $\sum\limits_{n=1}^{\infty}\dfrac{1}{\sqrt{2+n^3}}$;

(5) $\sum\limits_{n=1}^{\infty}\dfrac{1}{1+a^n}(a>0)$;

(6) $\sum\limits_{n=1}^{\infty}(2^{\frac{1}{n}}-1)$.

2. 用比值判别法判别下列级数的敛散性:

(1) $\sum\limits_{n=1}^{\infty}\dfrac{n^2}{3^n}$;　　　　　　　　　　(2) $\sum\limits_{n=1}^{\infty}\dfrac{n!}{3^n+1}$;

(3) $\dfrac{3}{1\cdot2}+\dfrac{3^2}{2\cdot2^2}+\dfrac{3^3}{3\cdot2^3}+\cdots+\dfrac{3^n}{n\cdot2^n}+\cdots$;　　(4) $\sum\limits_{n=1}^{\infty}\dfrac{2^n\cdot n!}{n^n}$.

3. 用根值判别法判别下列级数的敛散性:

(1) $\sum\limits_{n=1}^{\infty}\left(\dfrac{5n}{3n+1}\right)^n$;

(2) $\sum\limits_{n=1}^{\infty}\dfrac{1}{[\ln(n+1)]^n}$;

(3) $\sum\limits_{n=1}^{\infty}\left(\dfrac{n}{3n-1}\right)^{2n-1}$;

(4) $\sum\limits_{n=1}^{\infty}\left(\dfrac{b}{a_n}\right)^n$,其中 $a_n\to a(n\to\infty)$, a_n,b,a 均为正数.

12.3　任意项级数敛散性判别法

上一节讨论了正项级数的敛散性判别问题.对任意项级数的敛散性判别要比正项级数复杂,这里先讨论一种特殊的非正项级数的收敛性问题.

12.3.1　交错级数收敛性判别法

定义 1　如果级数的各项是正、负交错的,即

$$\sum_{n=1}^{\infty} (-1)^{n-1} u_n = u_1 - u_2 + u_3 - u_4 + \cdots, \qquad (12.3.1)$$

或

$$\sum_{n=1}^{\infty} (-1)^{n} u_n = - u_1 + u_2 - u_3 + u_4 - \cdots, \qquad (12.3.2)$$

其中，$u_n \geqslant 0 (n = 1, 2, \cdots)$，则称此级数为交错级数.

定理 1（莱布尼茨（Leibniz）判别法）　如果交错级数 $\sum\limits_{n=1}^{\infty} (-1)^{n-1} u_n$ 满足条件：

① $u_n \geqslant u_{n+1} (n = 1, 2, 3, \cdots)$；

② $\lim\limits_{n \to \infty} u_n = 0$.

则级数收敛，且其和 $s \leqslant u_1$，其余项 r_n 的绝对值 $|r_n| \leqslant u_n + 1$.

证　先证明级数前 $2n$ 项的和 s_{2n} 的极限存在. 因此，把 s_{2n} 写成两种形式，即

$$s_{2n} = (u_1 - u_2) + (u_3 - u_4) + \cdots + (u_{2n-1} - u_{2n})$$

及

$$s_{2n} = u_1 - (u_2 - u_3) - (u_4 - u_5) - \cdots - (u_{2n-2} - u_{2n-1}) - u_{2n}.$$

根据条件①可知，所有括弧中的差都是非负的，由第一种形式可知，数列 $\{s_{2n}\}$ 是单调增加的.

由第二种形式可知，$s_{2n} \leqslant u_1$. 于是，由"单调有界数列必有极限"的准则可知，$\lim\limits_{n \to \infty} s_{2n}$ 存在，记为 s，则有

$$\lim_{n \to \infty} s_{2n} = s \leqslant u_1.$$

下面证明级数的前 $2n+1$ 项的和 s_{2n+1} 的极限也是 s. 事实上，有

$$s_{2n+1} = s_{2n} + u_{2n+1}.$$

由条件②可知，$\lim\limits_{n \to \infty} u_{2n+1} = 0$，因此

$$\lim_{n \to \infty} s_{2n+1} = \lim_{n \to \infty} (s_{2n} + u_{2n+1}) = s.$$

由数列 $\{s_{2n}\}$ 与 $\{s_{2n+1}\}$ 趋于同一极限 s，不难证明级数 $\sum\limits_{n=1}^{\infty} (-1)^{n-1} u_n$ 的部分和数列 $\{s_n\}$ 收敛，且其极限为 s，因此，级数 $\sum\limits_{n=1}^{\infty} (-1)^{n-1} u_n$ 收敛于和 s，并且有 $s \leqslant u_1$.

最后，由于

$$r_n = u_{n+1} - u_{n+2} + \cdots,$$

或

$$r_n = - u_{n+1} + u_{n+2} - \cdots,$$

因此

$$|r_n| = u_{n+1} - u_{n+2} + \cdots.$$

这也是一个满足定理条件的交错级数，根据上面所证，有 $|r_n| \leqslant u_{n+1}$.

例 1　判别下列交错级数的收敛性：

$$(1) \sum_{n=1}^{\infty} (-1)^{n-1} \frac{1}{n}; \qquad\qquad (2) \sum_{n=1}^{\infty} (-1)^{n-1} \frac{n}{10^n}.$$

解 (1)因 $\dfrac{1}{n} > \dfrac{1}{n+1}(n=1,2,\cdots)$,$\lim\limits_{n\to\infty}\dfrac{1}{n}=0$,故根据莱布尼茨判别法,级数收敛,其和 $s\leqslant 1$;

(2)易证 $\dfrac{n}{10^n} > \dfrac{n+1}{10^{n+1}}$(利用 $10\cdot n > n+1$),且 $\lim\limits_{n\to\infty}\dfrac{n}{10^n}=0$,根据莱布尼茨判别法,级数收敛,其和 $s\leqslant\dfrac{1}{10}$.

12.3.2 绝对收敛与条件收敛

现在讨论任意项级数 $\sum\limits_{n=1}^{\infty}u_n$ 的敛散性.

定义 2 如果级数 $\sum\limits_{n=1}^{\infty}|u_n|$ 收敛,则称级数 $\sum\limits_{n=1}^{\infty}u_n$ 绝对收敛;如果级数 $\sum\limits_{n=1}^{\infty}u_n$ 收敛,而级数 $\sum\limits_{n=1}^{\infty}|u_n|$ 发散,则称级数 $\sum\limits_{n=1}^{\infty}u_n$ 条件收敛.

定理 2 如果级数 $\sum\limits_{n=1}^{\infty}|u_n|$ 绝对收敛,则级数 $\sum\limits_{n=1}^{\infty}u_n$ 必定收敛.

证 设级数 $\sum\limits_{n=1}^{\infty}|u_n|$ 收敛,令 $v_n=\dfrac{1}{2}(u_n+|u_n|)(n=1,2,3,\cdots)$.显然 $v_n\geqslant 0$,且 $v_n\leqslant|u_n|(n=1,2,3,\cdots)$.由比较审敛法可知,级数 $\sum\limits_{n=1}^{\infty}v_n$ 收敛,从而级数 $\sum\limits_{n=1}^{\infty}2v_n$ 也收敛,而 $u_n=2v_n-|u_n|$.由收敛级数的性质可知,级数

$$\sum_{n=1}^{\infty}u_n = \sum_{n=1}^{\infty}2v_n - \sum_{n=1}^{\infty}|u_n|$$

收敛,定理证毕.

注 上述定理 2 的逆定理不成立.

定理 2 说明,对任意项级数 $\sum\limits_{n=1}^{\infty}u_n$,若用正项级数的审敛法判定出级数 $\sum\limits_{n=1}^{\infty}|u_n|$ 收敛,则 $\sum\limits_{n=1}^{\infty}u_n$ 也收敛,这就使一大类级数的收敛性判别问题可转化为正项级数的收敛性判别问题.

一般来说,如果级数 $\sum\limits_{n=1}^{\infty}|u_n|$ 发散,不能断定级数 $\sum\limits_{n=1}^{\infty}u_n$ 一定发散.但是,如果级数 $\sum\limits_{n=1}^{\infty}|u_n|$ 的一般项数列 $\{|u_n|\}$ 不收敛于零,即 $|u_n|\nrightarrow 0(n\to\infty)$,则必定可得到 $u_n\nrightarrow 0(n\to\infty)$.由级数收敛的必要条件,则一定可断定级数 $\sum\limits_{n=1}^{\infty}|u_n|$ 发散.

例 2 判别级数 $\sum\limits_{n=1}^{\infty}\dfrac{\cos nx}{n^2}$ 的收敛性.

解 因为 $\left|\dfrac{\cos nx}{n^2}\right|\leqslant\dfrac{1}{n^2}$,而级数 $\sum\limits_{n=1}^{\infty}\dfrac{1}{n^2}$ 收敛.所以级数 $\sum\limits_{n=1}^{\infty}\left|\dfrac{\cos nx}{n^2}\right|$ 也收敛.由定理 2 可知,级数 $\sum\limits_{n=1}^{\infty}\dfrac{\cos nx}{n^2}$ 绝对收敛.

例 3　判别级数 $\sum\limits_{n=1}^{\infty} (-1)^n \dfrac{1}{2^n} \cdot \left(1 + \dfrac{1}{n}\right)^{n^2}$ 的敛散性.

解　由 $u_n = \dfrac{1}{2^n}\left(1 + \dfrac{1}{n}\right)^{n^2}$，则有

$$\sqrt[n]{|u_n|} = \frac{1}{2}\left(1 + \frac{1}{n}\right)^n$$

$$\lim_{n \to \infty}\sqrt[n]{|u_n|} = \frac{1}{2}\lim_{n \to \infty}\left(1 + \frac{1}{n}\right)^n = \frac{1}{2}e > 1,$$

故由正项级数的根值审敛法可知,级数 $\sum\limits_{n=1}^{\infty} \dfrac{1}{2^n}\left(1 + \dfrac{1}{n}\right)^{n^2}$ 发散. 因此,原级数发散.

绝对收敛级数有一些很好的性质,这是条件收敛级数所不具备的.

习题 12.3

1. 判定下列级数是否收敛. 若收敛,是绝对收敛还是条件收敛?

(1) $1 - \dfrac{1}{\sqrt{2}} + \dfrac{1}{\sqrt{3}} - \dfrac{1}{\sqrt{4}} + \cdots$;

(2) $\sum\limits_{n=1}^{\infty} (-1)^{n-1} \dfrac{1}{\ln(n+1)}$;

(3) $\dfrac{1}{5} \cdot \dfrac{1}{3} - \dfrac{1}{5} \cdot \dfrac{1}{3^2} + \dfrac{1}{5} \cdot \dfrac{1}{3^3} - \dfrac{1}{5} \cdot \dfrac{1}{3^4} + \cdots$;

(4) $\sum\limits_{n=1}^{\infty} (-1)^{n+1} \cdot \dfrac{2^n}{n!}$;

(5) $\sum\limits_{n=1}^{\infty} (-1)^{n-1} \cdot \dfrac{\ln n}{n}$;

(6) $\sum\limits_{n=1}^{\infty} \left(1 + \dfrac{1}{2} + \dfrac{1}{3} + \cdots + \dfrac{1}{n}\right) \cdot \dfrac{(-1)^n}{n}$.

2. 如果级数

$$\frac{1}{2} + \frac{1}{2!}\left(\frac{1}{2}\right)^2 + \frac{1}{3!}\left(\frac{1}{2}\right)^3 + \cdots \frac{1}{n!}\left(\frac{1}{2}\right)^n + \cdots$$

的和用前 n 项的和代替,试估计其误差.

3. 若 $\lim\limits_{n \to \infty} n^2 u_n$ 存在,证明:级数 $\sum\limits_{n=1}^{\infty} u_n$ 收敛.

12.4　函数项级数

本节中进一步研究级数的各项都是某一个变量的函数的情况,即函数项级数.

12.4.1　函数项级数的概念

定义　设 $\{u_n(x)\}: u_1(x), u_2(x), u_3(x), \cdots, u_n(x), \cdots$ 为定义在数集 I 上的一个函数序列,则由此函数列构成的表达式

$$\sum_{n=1}^{\infty} u_n(x) = u_1(x) + u_2(x) + u_3(x) + u_4(x) + \cdots + u_n(x) + \cdots, \quad (12.4.1)$$

称为定义在数集 I 上的**(函数项)无穷级数**,简称**(函数项)级数**.

对每一个确定的值 $x_0 \in I$,函数项级数(12.4.1)成为常数项级数

$$\sum_{n=1}^{\infty} u_n(x_0) = u_1(x_0) + u_2(x_0) + u_3(x_0) + \cdots + u_n(x_0) + \cdots \qquad (12.4.2)$$

若级数(12.4.2)收敛,则称点 x_0 是函数项级数(12.4.1)的**收敛点**;若级数(12.4.2)发散,则称点 x_0 为函数项级数(12.4.1)的**发散点**. 函数项级数(12.4.1)的收敛点的全体构成的集,称为其**收敛域**,发散点的全体构成的集,称为**发散域**.

对应于收敛域内的任意一个数 x,函数项级数成为一个收敛的常数项级数,因而有一确定的和,记为 $s(x)$. 于是,在收敛域上,函数项级数的和 $s(x)$ 是 x 的函数,通常称 $s(x)$ 为函数项级数的和函数. 和函数的定义域是级数的收敛域,在收敛域内有

$$s(x) = u_1(x) + u_2(x) + u_3(x) + \cdots + u_n(x) + \cdots = \sum_{n=1}^{\infty} u_n(x).$$

把函数项级数(12.4.1)的前 n 项的部分和记作 $s_n(x)$,$\{s_n(x)\}$ 称为函数项级数的**部分和函数列**. 在函数项级数的收敛域上有

$$\lim_{n \to \infty} s_n(x) = s(x).$$

仍把 $r_n(x) = s(x) - s_n(x)$ 称为函数项级数的**余项**(当然,只有 x 在收敛域上 $r_n(x)$ 才有意义). 显然有

$$\lim_{n \to \infty} r_n(x) = 0.$$

与常数项级数一样,函数项级数的敛散性就是指它的部分和函数列的敛散性.

例 1 判断下列级数的收敛性,并求其收敛域与和函数:

$$(1) \sum_{n=1}^{\infty} x^{n-1}; \qquad\qquad (2) \sum_{n=1}^{\infty} \left(\frac{1}{x}\right)^n (x \neq 0).$$

解 (1)此级数为几何级数(即等比级数),由 12.1 节例 1 可知 $|x| < 1$ 时,级数收敛,$|x| \geq 1$ 时级数发散. 故其收敛域为 $(-1, 1)$,和函数为

$$s(x) = \lim_{n \to \infty} s_n(x) = \lim_{n \to \infty} \sum_{n=1}^{\infty} x^{n-1}$$

$$= \lim_{n \to \infty} \frac{1 - x^n}{1 - x} = \frac{1}{1 - x} \qquad (-1 < x < 1).$$

(2)此级数也为几何级数,公比为 $\frac{1}{x}$. 由(1)可知,$\left|\frac{1}{x}\right| < 1$ 时,级数收敛;$\left|\frac{1}{x}\right| \geq 1$ 时,级数发散,其收敛域为 $(-\infty, -1) \cup (1, +\infty)$,和函数为

$$s(x) = \frac{\frac{1}{x}}{\left(1 - \frac{1}{x}\right)} = \frac{1}{x - 1} \qquad (|x| > 1).$$

12.4.2 幂级数及其收敛性

函数项级数中,简单而应用广泛的一类级数就是各项都是幂函数的级数,称为**幂级数**. 它的形式为

$$\sum_{n=0}^{\infty} a_n x^n = a_0 + a_1 x + a_2 x^2 + \cdots + a_n x^n + \cdots, \qquad (12.4.3)$$

或

$$\sum_{n=0}^{\infty} a_n (x - x_0)^n = a_0 + a_1(x - x_0) + a_2(x - x_0)^2 + \cdots + a_n(x - x_0)^n + \cdots,$$

$$(12.4.4)$$

其中,$a_n(n = 0,1,2,\cdots)$ 是常数,称为**幂级数的系数**,x_0 为常数.

对第二种形式的幂级数,只需作代换 $t = x - x_0$,就可化为第一种形式的幂级数. 因此,这里主要讨论第一种形式的幂级数.

显然,$x = 0$ 时幂级数 $\sum_{n=0}^{\infty} a_n x^n$ 收敛于 a_0,因此,幂级数 $\sum_{n=0}^{\infty} a_n x^n$ 至少有一个收敛点 $x = 0$. 除 $x = 0$ 以外,幂级数在数轴上其他的点的收敛性如何呢?

先看下面的例子:

考虑幂级数 $\sum_{n=0}^{\infty} x^n = 1 + x + x^2 + \cdots + x^n + \cdots$,由本节例 1 可知,该级数的收敛域是开区间 $(-1,1)$,发散域是 $(-\infty, -1] \cup [1, +\infty)$.

从这个例子可以看到,这个幂级数的收敛域是一个区间. 事实上,这个结论对一般的幂级数也是成立的.

定理 1(阿贝尔(Abel)定理) 若幂级数 $\sum_{n=0}^{\infty} a_n x^n$ 在 $x = x_0(x_0 \neq 0)$ 处收敛,则对满足 $|x| < |x_0|$ 的一切 x,该级数绝对收敛;反之,若级数 $\sum_{n=0}^{\infty} a_n x^n$ 在 $x = x_0$ 时发散,则对满足 $|x| > |x_0|$ 的一切 x,该级数也发散.

证 先证第一部分. 即要证明若幂级数在 $x = x_0 \neq 0$ 收敛,则对满足 $|x| < |x_0|$ 的每一个固定的 x 都有 $\sum_{n=0}^{\infty} |a_n x^n|$ 收敛. 因为

$$|a_n x^n| = |a_n x_0^n| \cdot \left| \frac{x}{x_0} \right|^n, \quad \text{且} \left| \frac{x}{x_0} \right| < 1,$$

故 $\left| \dfrac{x}{x_0} \right|^n$ 可看成一收敛的几何级数的通项,而由 $\sum_{n=0}^{\infty} a_n x_0^n$ 收敛可知,$\lim_{n \to \infty} a_n x_0^n = 0$. 根据极限的性质,存在 $M > 0$,使得 $|a_n x_0^n| \leqslant M(n = 0,1,2,\cdots)$. 因此,对 $n = 0,1,2,\cdots$,有

$$|a_n x^n| = |a_n x_0^n| \cdot \left| \frac{x}{x_0} \right|^n \leqslant M \cdot \left| \frac{x}{x_0} \right|^n.$$

因为 $\sum_{n=0}^{\infty} \left| \dfrac{x}{x_0} \right|^n$ 是收敛的等比级数(公比为 $\left| \dfrac{x}{x_0} \right| < 1$),根据比较审敛法可知,$\sum_{n=0}^{\infty} |a_n x^n|$ 收敛,也就是 $\sum_{n=0}^{\infty} a_n x^n$ 绝对收敛.

定理 1 的第二部分可用反证法证明. 若幂级数在 $x = x_0$ 发散,而有一点 x_1 使 $|x_1| > |x_0|$ 且幂级数在 x_1 处收敛,则根据定理 1 的第一部分,级数在 $x = x_0$ 应收敛,这与所设矛盾,定理得证.

由阿尔贝定理可知,若幂级数在 $x = x_0(x_0 \neq 0)$ 处收敛,则对开区间 $(-|x_0|, |x_0|)$ 内的任何 x,幂级数都收敛,若级数在 $x = x_1$ 处发散,则对区间 $(-\infty, -|x_1|) \cup (|x_1|, +\infty)$ 上的任何 x,幂级数都发散.

已知幂函数在整个数轴上有定义,对给定的幂级数 $\sum\limits_{n=0}^{\infty} a_n x^n$ 而言,数轴上所有的点都可归为其收敛点和发散点这两类中的一类,而且仅属于其中一类. 因此,幂级数的收敛域必为以原点为中心的区间,该区间包含所有的收敛点. 在前面的讨论中,假设幂级数在 $x = x_1$ 处发散,故 x_1 不属于收敛域. 因此,收敛域包含在区间 $(-|x_1|, |x_1|)$ 内,故幂级数如果既有非零的收敛点又有发散点,则其收敛域是以原点为中心的由 P' 与 P 所确定的有界区间,如图 12.1.1 所示.

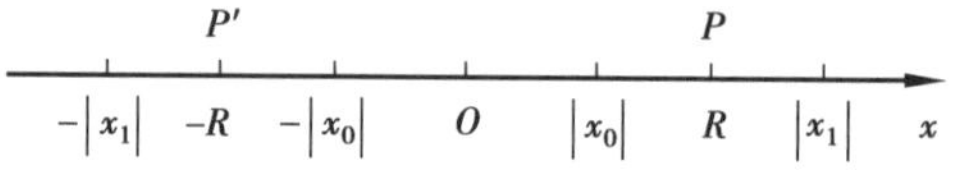

$$P' \qquad\qquad\qquad\qquad P$$
$$-|x_1| \quad -R \quad -|x_0| \quad O \quad |x_0| \quad R \quad |x_1| \quad x$$

图 12. 1. 1

从上面的几何说明可得以下推论.

推论 若幂级数 $\sum\limits_{n=0}^{\infty} a_n x^n$ 在 $(-\infty, +\infty)$ 内既有异于零的收敛点,也有发散点,则必有一个确定的正数 R 存在,使得:

当 $|x| < R$ 时,幂级数在 x 处绝对收敛;

当 $|x| > R$ 时,幂级数在 x 处发散;

当 $|x| = R$ 时,幂级数在 x 处可能收敛,也可能发散.

称上述的正数 R 为幂级数的收敛半径,称 $(-R, R)$ 为幂级数的收敛区间. 幂级数的收敛区间加上它的收敛端点,就是幂级数的收敛域.

若幂级数仅在 $x = 0$ 收敛,为方便计算,规定这时收敛半径 $R = 0$,并说收敛区间只有一点 $x = 0$;若幂级数对一切 $x \in (-\infty, +\infty)$ 都收敛,则规定收敛半径 $R = +\infty$,这时收敛区间为 $(-\infty, +\infty)$.

关于幂级数的收敛半径的求法,有下面的定理.

定理 2 若 $\lim\limits_{n\to\infty} \left| \dfrac{a_{n+1}}{a_n} \right| = \rho$,则幂级数 $\sum\limits_{n=0}^{\infty} a_n x^n$ 的收敛半径

$$R = \begin{cases} \dfrac{1}{\rho} & \rho \neq 0 \\ +\infty & \rho = 0 \\ 0 & \rho = +\infty \end{cases}.$$

证 考察 $\sum\limits_{n=0}^{\infty} a_n x^n$ 的各项取绝对值所成的级数

$$|a_0| + |a_1 x| + |a_2 x^2| + \cdots + |a_n x^n| + \cdots. \tag{12.4.5}$$

该级数相邻两项之比为

$$\left| \frac{a_{n+1} x^{n+1}}{a_n x^n} \right| = \left| \frac{a_{n+1}}{a_n} \right| \cdot |x|.$$

① 若 $\lim\limits_{n\to\infty} \left| \dfrac{a_{n+1}}{a_n} \right| = \rho$ $(\rho \neq 0)$ 存在,根据正项级数的比值审敛法,当 $\rho |x| < 1$,即 $|x| < \dfrac{1}{\rho}$ 时,级数 (12.4.5) 收敛,从而 $\sum\limits_{n=0}^{\infty} a_n x^n$ 绝对收敛;当 $\rho |x| > 1$,即 $|x| > \dfrac{1}{\rho}$ 时,级数 (12.4.5) 发

散,故 $\sum_{n=0}^{\infty} a_n x^n$ 也发散. 这是因为此时有当 $n \to \infty$ 时 $|a_n x^n|$ 不收敛于 0,从而 $a_n x^n$ 也不收敛于 0.

② 若 $\rho = 0$,则对任何 $x \neq 0$,有 $\left| \dfrac{a_{n+1} x^{n+1}}{a_n x^n} \right| \to 0 (n \to \infty)$,所以级数(12.4.5) 收敛,从而级数 $\sum_{n=0}^{\infty} a_n x^n$ 绝对收敛,于是 $R = +\infty$.

③ 若 $\rho = +\infty$,则除掉 $x = 0$ 外,对任意 $x \neq 0$ 都有 $\lim\limits_{n \to \infty} \dfrac{|a_{n+1} x^{n+1}|}{|a_n x^n|} = \lim\limits_{n \to \infty} \left| \dfrac{a_{n+1}}{a_n} \right| \cdot |x| = +\infty$,

即对一切 $x \neq 0$,级数 $\sum_{n=0}^{\infty} a_n x^n$ 都发散,于是 $R = 0$.

例 2　求幂级数

$$\sum_{n=0}^{\infty} (-1)^n \frac{x^{n+1}}{n+1} = x - \frac{x^2}{2} + \frac{x^3}{3} + \cdots + (-1)^{n-1} \frac{x^n}{n} + \cdots$$

的收敛区间与收敛域.

解　因为

$$\rho = \lim_{n \to \infty} \left| \frac{a_{n+1}}{a_n} \right| = \lim_{n \to \infty} \frac{\dfrac{1}{n+1}}{\dfrac{1}{n}} = 1,$$

所以收敛半径为 $R = \dfrac{1}{\rho} = 1$,于是在区间为 $(-1, 1)$ 内收敛. 对端点 $x = 1$,级数成为交错级数 $\sum_{n=1}^{\infty} (-1)^{n-1} \dfrac{1}{n}$,它是收敛的;对端点 $x = -1$,级数成为 $\sum_{n=1}^{\infty} \dfrac{-1}{n} = -\sum_{n=1}^{\infty} \dfrac{1}{n}$,它是发散的. 因此,原幂级数的收敛域为 $(-1, 1]$.

例 3　求幂级数 $\sum_{n=0}^{\infty} n! x^n$ 的收敛半径(这里 $0! = 1$).

解　因为

$$\rho = \lim_{n \to \infty} \left| \frac{a_{n+1}}{a_n} \right| = \lim_{n \to \infty} \frac{(n+1)!}{n!} = +\infty,$$

所以收敛半径 $R = 0$,即级数仅在 $x = 0$ 收敛.

例 4　求幂级数 $1 + x + \dfrac{1}{2!} x^2 + \cdots + \dfrac{1}{n!} x^n + \cdots$ 的收敛区间以及收敛域.

解　因为

$$\rho = \lim_{n \to \infty} \left| \frac{a_{n+1}}{a_n} \right| = \lim_{n \to \infty} \frac{\dfrac{1}{(n+1)!}}{\dfrac{1}{n!}} = \lim_{n \to \infty} \frac{1}{n+1} = 0,$$

所以收敛半径 $R = +\infty$,从而收敛区间为 $(-\infty, +\infty)$,收敛域也是 $(-\infty, +\infty)$.

例 5　求幂级数 $\sum_{n=0}^{\infty} (-1)^n \dfrac{x^{2n}}{2^n}$ 的收敛区间以及收敛域.

解　级数缺少奇次幂的项,定理 2 不能直接应用,故可根据比值审敛法求收敛半径. 因为

$$\lim_{n \to \infty} \left| \frac{(-1)^{n+1} \dfrac{x^{2n+1}}{2^{n+1}}}{(-1)^n \dfrac{x^{2n}}{2^n}} \right| = \lim_{n \to \infty} \frac{x^2}{2} = \frac{x^2}{2},$$

所以当 $\dfrac{x^2}{2} < 1$ 时,级数收敛;$\dfrac{x^2}{2} > 1$ 时,级数发散. 即 $|x| < \sqrt{2}$ 时收敛,$|x| > \sqrt{2}$ 时发散. 收敛半径为 $R = \sqrt{2}$.

$x = \pm\sqrt{2}$ 时,级数均为 $\sum\limits_{n=0}^{\infty} (-1)^n$,故发散. 因此,原幂级数收敛区间与收敛域均为 $(-\sqrt{2}, \sqrt{2})$.

例 6 求幂级数 $\sum\limits_{n=1}^{\infty} \dfrac{(x+1)^n}{2^n \cdot n}$ 的收敛区间以及收敛域.

解 令 $t = x + 1$,上述级数成为 $\sum\limits_{n=1}^{\infty} \dfrac{t^n}{2^n \cdot n}$. 因为

$$\rho = \lim_{n \to \infty} \left| \frac{a_{n+1}}{a_n} \right| = \lim_{n \to \infty} \frac{n \, 2^n}{(n+1) 2^{n+1}} = \frac{1}{2},$$

所以收敛半径为 $R = 2$.

当 $t = 2$ 时,级数为 $\sum\limits_{n=1}^{\infty} \dfrac{1}{n}$,发散;当 $t = -2$ 时,级数为 $\sum\limits_{n=1}^{\infty} \dfrac{(-1)^n}{n}$,收敛. 因此,收敛区间为 $-2 < t < 2$,即 $-2 < x + 1 < 2$,也即 $-3 < x < 1$,故原级数的收敛区间为 $(-3, 1)$,收敛域为 $[-3, 1)$.

12.4.3 幂级数的和函数的性质

已知幂级数在其收敛区间内任一点都是绝对收敛的,因此 12.1 节中常数项级数的运算性质在收敛点都是行得通的. 在收敛区间上定义的和函数有下面的性质.

定理 3 设幂级数 $\sum\limits_{n=0}^{\infty} a_n x^n$ 的收敛域为 I,则其和函数 $s(x)$ 在区间 I 上连续.

由函数在区间上连续的定义可知,如果收敛域 I 包含左(右)端点,则和函数 $S(x)$ 在区间 I 的(右)端点必右(左)连续.

在讨论幂级数的逐项求导与逐项求积之前,先说明这样一个事实,即幂级数(12.4.3)在收敛区间 $(-R, R)$ 内逐项求导与逐项求积之后所得到的幂级数

$$a_1 + 2a_2 x + \cdots + na_n x^{n-1} + \cdots \tag{12.4.6}$$

与

$$a_0 x + \frac{a_1}{2} x^2 + \cdots + \frac{a_n}{n+1} x^{n+1} + \cdots \tag{12.4.7}$$

的收敛区间也是 $(-R, R)$.

事实上,设 x_0 是幂级数(12.4.3)的收敛区间 $(-R, R)$ 内的任意非零点,则必存在 $x_1 \in (-R, R)$,满足

$$|x_0| < |x_1| < R.$$

由于级数 $\displaystyle\sum_{n=0}^{\infty} |a_n x_1{}^n|$ 收敛,有

$$\lim_{n \to \infty} |a_n x_1{}^n| = 0,$$

即 $\{|a_n x_1{}^n|\}$ 为有界数列. 而

$$|a_n x_0{}^n| = \left| a_n x_1{}^n \cdot \left(\frac{x_0}{x_1}\right)^n \right| = |a_n x_1{}^n| \cdot \left|\frac{x_0}{x_1}\right|^n,$$

因此,存在正数 M(可取为数列 $\{|a_n x_1{}^n|\}$ 的上界)及 $r < 1$ $\left(\text{可取 } r = \dfrac{|x_0|}{|x_1|}\right)$,使得对一切正整数 n,有

$$|a_n x_0{}^n| \leqslant M r^n,$$

而

$$|n a_n x_0{}^{n-1}| = \left|\frac{n}{x_0}\right| \cdot |a_n x_0{}^n| \leqslant \frac{M}{|x_0|} n r^n,$$

由级数的比值审敛法可知,$\displaystyle\sum_{n=1}^{\infty} n r^n$ 收敛,故 x_0 也是级数(12.4.5)的绝对收敛点. 因此,幂级数(12.4.6)与幂级数(12.4.3)有相同的收敛区间.

同理,也可得到幂级数(12.4.7)与幂级数(12.4.3)有相同的收敛区间.

定理 4　设幂级数 $\displaystyle\sum_{n=0}^{\infty} a_n x^n$ 在收敛区间 $(-R, R)$ 上和函数为 $s(x)$,若 x 为 $(-R, R)$ 内任意一点,则:

(1)$s(x)$ 在 x 处可导,且

$$s'(x) = \sum_{n=1}^{\infty} n a_n x^{n-1};$$

(2)$s(x)$ 在 0 与 x 构成的区间上可积,且

$$\int_0^x s(t)\,\mathrm{d}t = \sum_{n=0}^{\infty} \frac{a_n}{n+1} x^{n+1}.$$

定理 4 指出幂级数在收敛区间内可逐项求导与逐项求积.

例 7　在区间 $(-1, 1)$ 内求幂级数 $\displaystyle\sum_{n=1}^{\infty} \frac{x^{n-1}}{n+1}$ 的和函数.

解　由于 $\displaystyle\lim_{n \to \infty}\left(\frac{\frac{1}{n+2}}{\frac{1}{n+1}}\right) = 1$,因此,此幂级数的收敛半径为 1,收敛区间为 $(-1, 1)$. 设和函数为 $s(x)$,则

$$s(x) = \sum_{n=1}^{\infty} \frac{x^{n-1}}{n+1}, \quad s(0) = \frac{1}{2}.$$

对 $x^2 s(x) = \displaystyle\sum_{n=1}^{\infty} \frac{x^{n+1}}{n+1}$ 逐项求导,得

$$(x^2 s(x))' = \sum_{n=1}^{\infty} \left(\frac{x^{n-1}}{n+1}\right)' = \sum_{n=1}^{\infty} x^n = \frac{x}{1-x} \qquad (-1 < x < 1).$$

对上式从 0 到 x 积分,得

$$x^2 s(x) = \int_0^x \frac{x}{1-x} dx = -x - \ln(1-x).$$

于是,当 $x \neq 0$ 时,有

$$s(x) = -\frac{x + \ln(1-x)}{x^2},$$

从而

$$s(x) = \begin{cases} -\dfrac{x + \ln(1-x)}{x^2} & 0 < |x| < 1 \\ \dfrac{1}{2} & x = 0 \end{cases}.$$

由幂级数的和函数的连续性可知,这个和函数 $s(x)$ 在 $x = 0$ 处是连续的. 事实上,有

$$\lim_{x \to 0} s(x) = \lim_{x \to 0} \frac{-x - \ln(1-x)}{x^2} = \frac{1}{2} = s(0).$$

12.4.4　幂级数的运算(自学)

设幂级数

$$\sum_{n=0}^{\infty} a_n x^n = a_0 + a_1 x + a_2 x^2 + \cdots + a_n x^n + \cdots \tag{12.4.8}$$

及

$$\sum_{n=0}^{\infty} b_n x^n = b_0 + b_1 x + b_2 x^2 + \cdots + b_n x^n + \cdots \tag{12.4.9}$$

分别在区间 $(-R_1, R_1)$ 及 $(-R_2, R_2)$ 内收敛.

令 $R = \min\{R_1, R_2\}$,则根据收敛级数的性质,在区间 $(-R, R)$ 上对幂级数(12.4.8)和幂级数(12.4.9)可进行下面的加法、减法和乘法运算.

1)加法

$$\sum_{n=0}^{\infty} a_n x^n + \sum_{n=0}^{\infty} b_n x^n = \sum_{n=0}^{\infty} (a_n + b_n) x^n \qquad x \in (-R, R).$$

2)减法

$$\sum_{n=0}^{\infty} a_n x^n - \sum_{n=0}^{\infty} b_n x^n = \sum_{n=0}^{\infty} (a_n - b_n) x^n \qquad x \in (-R, R).$$

3)乘法

$$\sum_{n=0}^{\infty} a_n x^n \cdot \sum_{n=0}^{\infty} b_n x^n = \sum_{n=0}^{\infty} c_n x^n \qquad x \in (-R, R),$$

其中,$c_n = \sum_{k=0}^{n} a_k b_{n-k}.$

4)除法

$$\frac{\sum\limits_{n=0}^{\infty} a_n x^n}{\sum\limits_{n=0}^{\infty} b_n x^n} = \sum_{n=0}^{\infty} c_n x^n,$$

这里假设 $b_0 \neq 0$. 为了决定系数 $c_0, c_1, c_2, \cdots, c_n, \cdots$, 可将级数 $\sum\limits_{n=0}^{\infty} b_n x^n$ 与 $\sum\limits_{n=0}^{\infty} c_n x^n$ 相乘(柯西乘积), 并令乘积中各项的系数分别等于级数 $\sum\limits_{n=0}^{\infty} a_n x^n$ 中同次幂的系数, 即得

$$a_0 = b_0 c_0,$$
$$a_1 = b_1 c_0 + b_0 c_1,$$
$$a_2 = b_2 c_0 + b_1 c_1 + b_0 c_2,$$
$$\vdots$$

由这些方程就可顺次地求出 $c_0, c_1, c_2, \cdots, c_n, \cdots$.

值得注意的是, 幂级数(12.4.8)与幂级数(12.4.9)相除后所得的幂级数 $\sum\limits_{n=0}^{\infty} c_n x^n$ 的收敛区间, 可能比原来两级数的收敛区间小得多.

习题 12.4

1. 求下列函数项级数的收敛域:

$(1) \sum\limits_{n=1}^{\infty} \dfrac{1}{n^x};$
$\qquad$
$(2) \sum\limits_{n=1}^{\infty} (-1)^{n+1} \dfrac{1}{n^x}.$

2. 求下列幂级数的收敛半径及收敛域:

$(1)\ x + 2x^2 + 3x^3 + \cdots + nx^n + \cdots;$
$\qquad$
$(2) \sum\limits_{n=1}^{\infty} \dfrac{n!}{n^n} x^n;$

$(3) \sum\limits_{n=1}^{\infty} \dfrac{x^{2n-1}}{2n-1};$
$\qquad$
$(4) \sum\limits_{n=1}^{\infty} \dfrac{(x-1)^n}{n^2 \cdot 2n}.$

3. 利用幂级数的性质, 求下列级数的和函数:

$(1) \sum\limits_{n=1}^{\infty} nx^{n-1};$
$\qquad$
$(2) \sum\limits_{n=0}^{\infty} \dfrac{x^{2n+2}}{2n+1}.$

习题 12

1. 填空题:

(1) 级数 $\sum\limits_{n=1}^{\infty} \left(\dfrac{1}{n^2+1} \right)^{\frac{1}{n}}$ 的敛散性是 _____.

(2) 级数 $\sum\limits_{n=1}^{\infty} \left(\dfrac{n}{2n-1} \right)^n$ 的敛散性是 _____.

(3) 已知幂级数 $\sum\limits_{n=1}^{\infty} a_n (x+2)^n$ 在 $x = 0$ 处收敛, 又在 $x = -4$ 处发散, 则幂级数 $\sum\limits_{n=1}^{\infty} a_n (x-3)^n$ 的收敛域为 _____.

2. 选择题：

（1）正项级数 $\sum\limits_{n=1}^{\infty} a_n$ 收敛的充分条件是(　　　).

A. $\sum\limits_{n=1}^{\infty} a_n^2$ 收敛

B. $\sum\limits_{n=1}^{\infty} (-1)^{n-1} a_n$ 收敛

C. $\sum\limits_{n=1}^{\infty} (a_{2n-1} + a_n)$ 收敛

D. $\sum\limits_{n=1}^{\infty} (a_{2n-1} - a_n)$ 收敛

（2）设级数 $\sum\limits_{n=1}^{\infty} (-1)^n a_n^2$ 条件收敛,则(　　　).

A. $\sum\limits_{n=1}^{\infty} a_n$ 一定条件收敛

B. $\sum\limits_{n=1}^{\infty} a_n$ 一定绝对收敛

C. $\sum\limits_{n=1}^{\infty} \dfrac{a_n}{n}$ 一定条件收敛

D. $\sum\limits_{n=1}^{\infty} \dfrac{a_n}{n^2}$ 一定绝对收敛

（3）设函数 $f(x)$ 在 $x = 0$ 的某邻域内有一阶连续导数,且 $f(0) = a$, $f'(0) = b$,则级数 $\sum\limits_{n=1}^{\infty} (-1)^n f\left(\dfrac{1}{n}\right)$ 条件收敛的充分条件是(　　　).

A. $a = 0, b \neq 0$　　　　B. $a \neq 0, b = 0$　　　　C. $a = b = 0$　　　　D. $a \neq 0, b \neq 0$

（4）设数列 $\{a_n\}$ 单调减少, $\lim\limits_{x \to \infty} a_n = 0$, $S_n = \sum\limits_{k=1}^{n} a_k (n = 1, 2, \cdots)$ 无界,则幂级数 $\sum\limits_{n=1}^{\infty} a_k (x-1)^n$ 的收敛域为(　　　).

A. $(-1, 1]$　　　　B. $[-1, 1)$　　　　C. $[0, 2)$　　　　D. $(0, 2]$

第 12 章参考答案

参考文献

［1］刘士强.数学分析［M］.南宁:广西民族出版社,2000.

［2］华东师范大学数学系.数学分析(下册)［M］.4 版.北京:高等教育出版社,2010.

［3］黄立宏.高等数学［M］.5 版.上海:复旦大学出版社,2017.

［4］同济大学数学科学学院.高等数学及其应用(下册)［M］.3 版.北京:高等教育出版社,2020.

［5］杨福民.高等数学［M］.北京:北京邮电大学出版社,2014.

［6］魏丽.高等数学及其应用(经管类)［M］.长沙:湖南科学技术出版社,2017.

［7］林伟初,郭安学.高等数学［M］.2 版.上海:复旦大学出版社,2013.

［8］马知恩,王绵森.高等数学疑难问题选讲［M］.北京:高等教育出版社,2014.